本书编委会

2015
北京市互联网信息办公室
北京市社会科学院

The Annual Report of
Beijing Internet Industry 2015

首都互联网发展报告

佟力强◎主编

人民出版社

CONTENTS

目　录

第三部分　行业管理

第四部分　案例分析

图表索引

图 索 引

表　索　引

前　言

　　2014 年是中国互联网全功能接入全球互联网的第 20 年。目前,中国已建成全球最大的 4G 网络;拥有全球最大的用户规模,移动互联网用户总数达到 8.7 亿;在全球十大互联网企业中,中国占有 4 席;2014 年,电子商务步入一个新的发展阶段,交易额突破 12 万亿元;中国互联网已经成为世界互联网格局中的重要一极。

　　对于中国互联网而言,首都互联网的地位和作用举重轻重。据不完全统计,北京现有互联网企业 50 余万家,集中了新浪、搜狐、网易、优酷、凤凰网、中华网、京东等一大批重点网站,也拥有全国最多的互联网创新企业与互联网创新人才,首都地区的网络普及率和移动互联网使用率在国内遥遥领先,北京一直是中国互联网发展的引领者。与首都互联网发展地位与形势相对应,首都互联网需要有一部以专业视角解读当年发展情况、热点重点和趋势预测与分析的年度报告。

　　《首都互联网发展报告(2015)》是首都互联网研究的年度阶段性成果之一,是了解、掌握与研究首都互联网行业发展情况与业界热点问题的重要学术报告。此报告是北京市互联网信息办公室与北京社科院联合编著,研究团队以北京相关行业研究人员与业界人士为核心,还吸收了政府部门、大专院校、第三方机构等方面的专家、学者和观察人士参与到报告写作中。该报告主要对 2014 年度首都互联网发展中的全局性、战略性以及与 2014 年首都互联网发展密切相关的问题进行评述、分析与研究,并提出对策性建议。

　　从 2010 年至今,北京市互联网信息办公室与北京社科院已经联合编著了 5 部《首都互联网发展报告》。今年的报告一方面延续了以往 4 部年度报告的特点:研究目标清晰、研究主体多元、观点内容丰富、研究视角多样;另一方面,又体现出一些与往年报告不同的地方,即今年的报告时空上更加聚焦,着重关注 2014 年度北京地区的互联网行业的代表性事件与趋势,对这些事件与趋势进行了深入的分析与探索,既有业界热点,也有业界前沿;既有深度理论,也有现实对策;既有重点事件的评述,也有未来趋势的探索……总体上来看,今年的报告研究视角更加聚焦,研究深度继续加深,一些具有创新性观点不断出现,报告质量又有了新的提高。

《首都互联网发展报告(2015)》分为总报告、行业发展、行业管理和案例分析四个部分。总报告是本书的核心内容,总报告由 2 篇报告组成,第一篇对 2014 年北京市互联网发展形势进行了深入的分析与解读,报告指出 2014 年的北京互联网行业呈现出极速增长而又纷繁复杂的局面,发展形势可以概括为"竞合、融资、崛起、有序";第二篇报告对北京互联网行业上市公司 2014 年的发展状况进行分析,对上市公司的基本财务状况进行了比较研究,对上市公司今后发展趋势进行了预测与估计。总报告对 2014 年首都互联网鸟瞰式的回顾有助于读者把握行业总体发展情况和代表性企业的运营情况。

"行业发展篇"由 12 篇报告组成,主要对互联网化较深的几个行业进行了重点研究与分析,如对北京市传统企业"互联网+"发展状况进行了研究、对 2014 年首都互联网金融发展情况进行解读与趋势分析、对首都电子商务领域发展中的热点问题进行了探讨、对新兴的智能装备业和互联网旅游市场开展了研究。对于最近发展势头迅猛的车联网市场和在线旅游市场也给予了相当深刻的分析与研究。这些报告明确指出互联网行业发展中遇到的机遇与契机,也明确指出了发展壮大中遇到的问题与难点,并提出了对策性建议。

"行业管理篇"由 7 篇报告组成,主要对 2014 年首都互联网行业治理中的热点问题展开了研究与分析。具体包括:对首都网络文化环境进行了指标化评价并提出了对策性建议;集中分析 2014 年首都互联网舆情热点,对舆情热点信息进行了梳理;对"互联网+"时代的立法与公共政策进行了解读与研究;对最近一阶段成为舆情焦点的打车软件进行了分析与探索;对新《广告法》实施效果和首都微信治理体系建构进行了研究,具有较强的理论参考价值。

"案例分析篇"由 7 篇报告组成,这些报告由首都互联网从业和管理人士撰写,从自身角度出发对一些问题进行深入分析研究,研究对象都是 2014 年首都互联网的知名企业与知名创新产品。这为互联网行业运营、管理人士以及相关研究人员提供了大量的一手资料与素材。这些报告主要有:拉卡拉综合性互联网金融服务平台模式分析、小米品牌发展分析、去哪儿 TTS 商务搜索平台发展模式分析、今日头条产品与业务模式分析、京东主要业务发展状况分析、唱吧移动 K 歌模式分析等。

这 28 篇报告对 2014 年首都互联网发展的主要方面进行了专业的回顾、评述与解读,主要对象集中在北京属地内互联网企业、公司、机构、协会与管理部门,主要围绕着它们在过去一年里发生的大事件进行总结、归纳与分析,并提出预测与对策。作者们在撰写时也学习借鉴了已有的研究成果,吸收了实地调研时获得的意见与建议,在此向研究同行和受访对象表示衷心感谢! 书中必有很多不足之处,欢迎广大专家学者、业界人士以及读者们批评指正。我们相信,随着观念的革新、视角的提高和研究方法的改进,对首都互联网发展形势的认识会有更进一步的深入,报告的质量与水平将会有新的提高。

第一部分　总报告

Part Ⅰ　Main Report

2014 年北京市互联网发展形势分析

李 茂 齐福全 陈 华

◇◆

一、引 言

2014 年是全国深入贯彻落实党的十八届三中全会精神、全面深化改革的第一年,也是中国互联网发展与革新的关键之年。2014 年中国互联网行业呈现出加速发展、极速变革的崭新局面。在过去的一年里,北京互联网的发展速度不断加快,全局带动能力不断增强,全网影响力不断提高,北京互联网正站在时代大潮的最前头,引领中国互联网的飞速发展。

2014 年也是中国与国际互联网全功能连接 20 周年。1994 年 4 月 20 日,中国教育和科研计算机网(CERNET)诞生,中国实现与国际互联网的全功能连接,开启了中国的互联网时代。20 年来,互联网深刻改变着中国人的生活,并成为国民经济发展的重要驱动力。根据 CNNIC 的数据显示,截至 2014 年 12 月中国网民规模达 6.49亿,互联网普及率为 47.9%,中国手机网民规模达 5.57 亿,手机上网人群占比为85.8%,我国域名总数为 2060 万个,网络资源的绝对数量已经远远超过西方发达国家。① 随着 4G、物联网等技术在我国的落地推广,我国已经逐步占据全球移动互联技术高地。

中国在全球互联网发展格局中越发重要,全球互联网发展要看中国,而中国互联网的发展要看北京。

---

① 中国互联网络信息中心(CNNIC):《中国互联网络发展状况统计报告》(第 35 次)。

二、中国互联网发展趋势

（一）"互联网+"成为经济社会发展新动力

2012年11月14日，易观国际集团董事长于扬在2012易观第五届移动博览会上发表以"互联网+"为题的演讲，首次提出了"互联网+"理念。他在演讲中指出，传统和服务都应该被互联网改变，在未被互联网改造的行业内仍然存在着大量的商机，而且这种种商机能产生新的格局。他指出，未来的生活是希望在多屏的环境中随时随地用到，而这样的服务会以一个"互联网+"的公式存在，从而重新改造和创造今天所有的产品，才能真正地转型，创造新的局面。这标志着互联网行业已经清晰地意识到互联网对于今后中国经济社会发展的引领作用。

"互联网+"的理念提出后，对其本质与内涵的解读也与日俱增。尽管业界人士从不同角度对这一理念作出不同解读，但业界普遍认识到"互联网+"的重要意义，互联网已不再单单是一个信息沟通的网络，而是演化成为一个与社会经济发展高度耦合的组成部分，"互联网+"战略将会成为我国经济社会发展的新动力。

现阶段我国经济的主要的产业驱动力来自于第三产业，而第三产业中与互联网相关的行业是产业内部的主要驱动力。根据《中华人民共和国2014年国民经济和社会发展统计公报》数据显示，与互联网高度相关的信息传输、软件与信息技术服务业实现固定资产投资4187亿元，比上年增长38.6%。与互联网紧密相关的批发零售业实现固定资产投资15669亿元，比上年增长25.7%。这些与互联网相关的产业是固定资产投资增速最快的行业，有力地带动了我国经济增长。2014年，全社会商品零售额234534亿元，其中网上零售额达27898亿元，占比为11.9%，比上年增长49.7%，其中限额以上单位网上零售额4400亿元，增长56.2%。[①] 网上零售业已经成为我国零售业的主要形态。根据艾瑞国际的数据显示，中国网络经济营收规模达到8706.2亿元，其中，PC网络经济营收规模为6377.3亿元，营收贡献率为74.4%，移动网络经济营收规模为2228.9亿元，营收贡献率为25.6%，移动互联网对整体网络经济的营收贡献率进一步提升（见图1-1）。[②]

创新是一个民族进步的灵魂，也是一个国家兴旺发达的不竭动力，创新成为决定

---

① 《2014年国民经济和社会发展统计公报》，见 http://www.stats.gov.cn/tjsj/zxfb/201502/t20150226_685799.html，2015年6月7日浏览。

② 艾瑞咨询：《2014年中国网络经济营收规模达8706.2亿》，见 http://news.iresearch.cn/zt/246308.shtml。

（单位：亿人民币）　　　　　　　　　　　　　　　　　　　　　（单位：%）

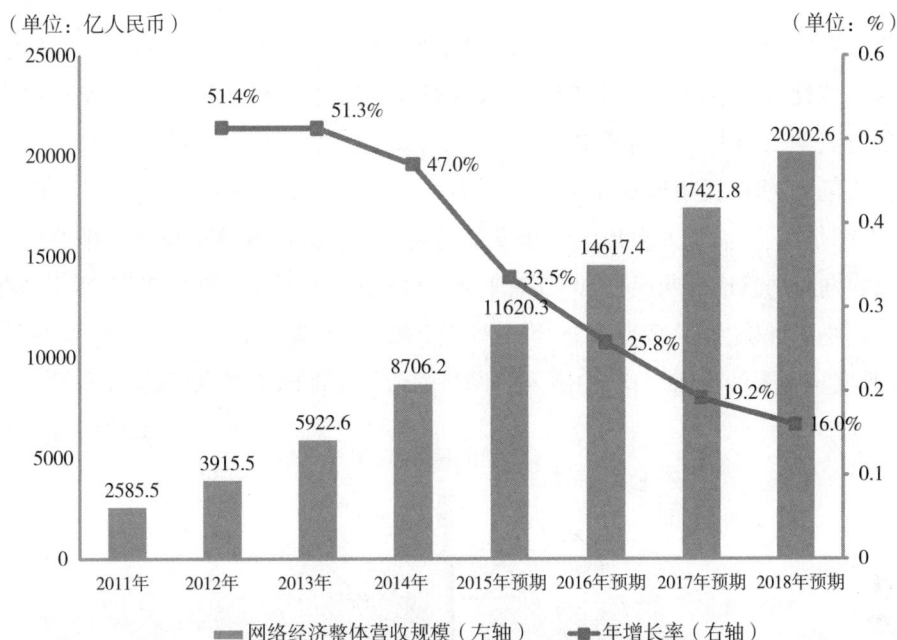

图1-1　2011—2018年中国网络经济市场规模

注：1.网络经济营收规模指基于经营互联网相关业务产生的企业收入规模之和，包括PC网络经济和移动网络经济；
　　2.PC网络经济营收包含PC电商（剔除移动购物）、PC游戏（不含移动游戏）、PC广告（剔除移动广告）、互联网支付（不含移动支付）及PC其他（如网络招聘，在线视频非广告收入等，不含网络教育）；
　　3.移动网络经济营收包含移动购物、移动游戏、移动广告、移动支付及移动增值的营收规模。

一个民族和国家发展进程的关键因素。在"互联网+"的大潮下，互联网产业与各产业特别是传统产业深度融合，促进了大众创业、万众创新，加快形成了一个又一个创新高地。以新一代网络技术为代表的信息产业，在推动我国新一代移动通信、下一代互联网核心设备和智能终端的研发及产业化进程中起到了关键性的引领作用。随着三网融合，物联网、云计算的研发和示范逐步走向应用。集成电路、新型显示、高端软件、高端服务器等核心信息基础产业正逐渐成为我国优势产业。与此同时，软件服务、网络增值服务等信息服务能力不断增强，在一些领域我国的信息化服务水平已经达到国际先进水平。不仅如此，生物、高端装备制造、新能源、新材料、新能源汽车等产业也与互联网产生深度融合，大大提高了技术水平和要素配置效率，基于移动互联网的新产品、新技术层出不穷。2014年，物联网、车联网、互联网教育、互联网医疗、互联网物流等成为"互联网+"模式最为活跃的领域，为广大消费者提供了前所未有的产品与服务体验。与此同时，一批在"互联网+"大潮中人才正在成为"弄潮儿"，一批具有世界影响力的科学家、网络科技领军人才、网络管理人才、网络营销人才、卓越工程师、高水平创新团队涌现出来，如微信团队、京东人才团等。

互联网特别是移动互联网,正在以一个前所未有的速度改变国人的生活方式与习惯。"互联网+"正在渗透到当代国人生活中的方方面面。在桌面互联网时代,网络是以"线性"的速度融入生活中,而在移动互联网时代,网络是以"非线性"与"加速度"的方式融入国人日常生活中去。根据 CNNIC 的数据显示,2014 年中国网民规模达 6.49 亿,手机网民规模达 5.57 亿,其中 10—39 岁年龄段的网民数为 5.06 亿,半数国人都是网民,而绝大多数的青年人都是网民。[1] 随着各类互联网应用的快速发展,互联网越来越成为网民日常工作、生活、学习中必不可少的组成部分,不论是在衣食住行、吃喝玩乐,还是婚丧嫁娶、生老病丧,网络正在发挥着前所未有的作用,也深深地改变了国人的生活方式,中国人对网络的依赖程度越来越高(见图 1-2)。

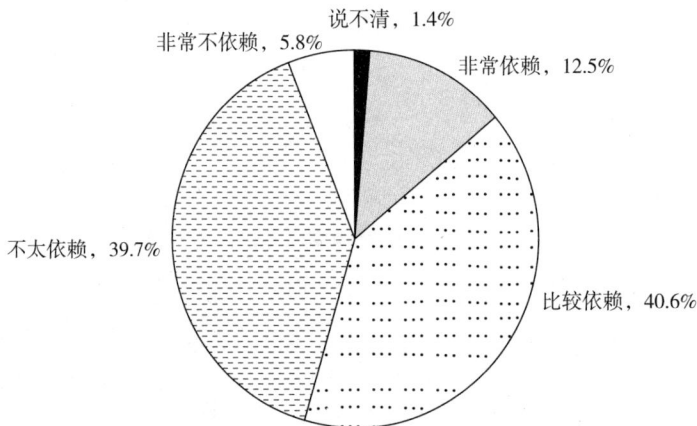

图 1-2　网民对互联网依赖程度

资料来源:CNNIC:《中国互联网络发展状况统计报告》(第 35 次)。

(二) 互联网思维深入人心

2014 年,"互联网思维"一词是中国互联网业界的热点词汇。[2] 根据百度指数的数据显示,"互联网思维"在 2014 年被互联网业界推到风口浪尖。2014 年,小米手机利用互联网传播的"最难抢"的观念,使得小米手机每秒钟卖出 111 部,数据显示 2014 年小米手机的销售额目标 750 亿—800 亿。马佳佳以"互联网思维的代表/90后创业先锋"的身份到万科公司宣讲其用互联网思维做房地产的理念。此外,还有"黄太吉煎饼"和"雕爷牛腩"等互联网思维主导下的营销产品,一时间"互联网思

---

① CNNIC:《中国互联网络发展状况统计报告》(第 35 次)。
② 2011 年李彦宏在《中国互联网创业的三个新机会》中首次提到"互联网思维"这个词。他指出,"我们这些企业家们今后要有互联网思维,可能你做的事情不是互联网,但你的思维方式要逐渐像互联网的方式去想问题"。

维"成为社会各界关注的热点话题(参见图1-3)。

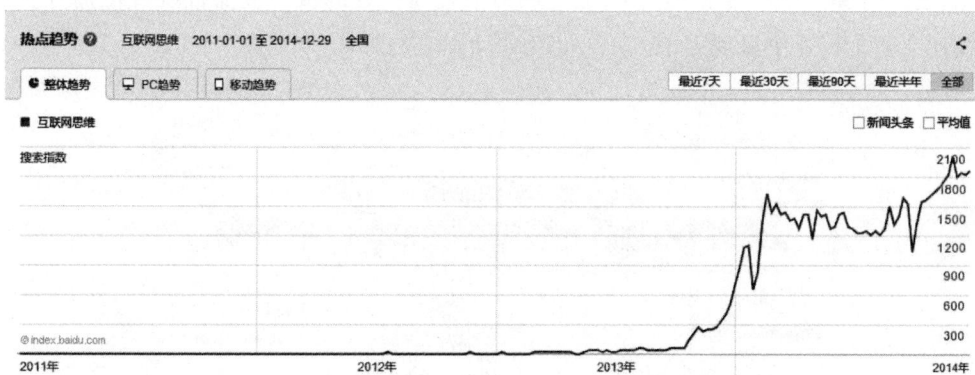

图1-3 "互联网思维"的热点趋势图

数据来源:百度指数。

在2014年,各行各业都在讨论如何用互联网思维改造自身,实现创新与发展。各行业普遍意识到,"互联网思维"具有明确的经济指向性,可以充分利用互联网的特性打破传统思维的局限,突破传统行业和产业的竞争壁垒,实现行业的跨越式发展。社会各行各业人士对"互联网思维"的内涵与特征进行大量的讨论与分析,形成了诸多具有代表性的解读(见表1-1)。

表1-1 "互联网思维"的代表性观点

	提出者	内容	备注
观点1	周鸿祎	用户至上、体验为王、免费模式与颠覆性创新	
观点2	雷军	做少才能做好,扁平才能快,按产品设置组织	
观点3	张近东	用户体验讲效果、经营创新讲效益、制度优化讲效率	简称"三效法则"
观点4	赵大伟	用户思维、简约思维、极致思维、迭代思维、流量思维、社会化思维、大数据思维、平台思维、跨界思维	简称"九大思维"
观点5	唐欣	内容标准化、流量获取与流量变现、传播用户	

资料来源:作者整理。

尽管对"互联网思维"的定义和内容还没有统一的观点,但是从现有的论述和解读来看,"互联网思维"有着以下特点:

第一,强调开放性和可共享性。"互联网思维"是互联网本质的抽象反映。互联网的本质是将信息电子化,并在这个基础上建立一定的连接结构以实现信息的存储和传输。由于电子化信息的传播效率较高,传播成本较低。而传统的信息传播囿于传播方式与传播路径,使得开放性程度较低,共享性较差,难以实现规模效应(见图1-4)。而互联网具有与生俱来的开放性与可共享性,这样就带来了"去中心化"效应,带来规模可观的受众群体。开放性与可共享性带来的是社会信息传播渠道的变化,进而引发了用户需求的变化,也导致了信息提供者的被动应变,这种格局变化正在社会各个行业中显现出来。

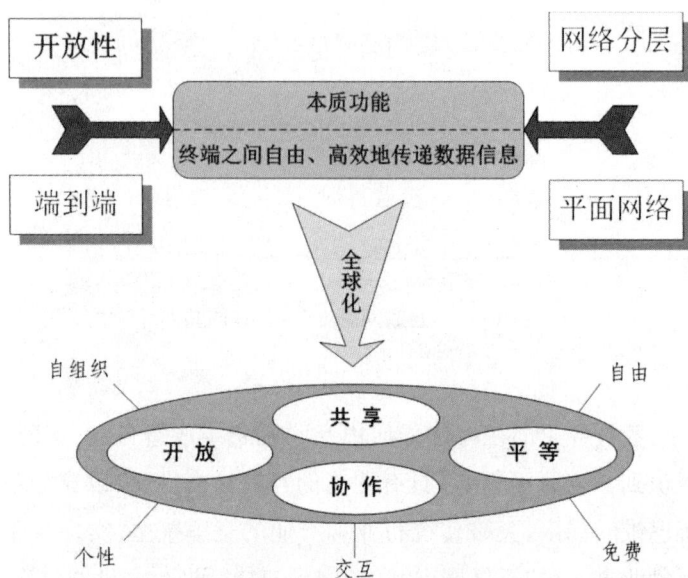

图 1-4　互联网的本质功能与精神特征

资料来源:作者自行收集与整理。

　　第二,强调"万物可连",一切都可以用网络连接起来并加以改造与创新。互联网的连接不仅仅是是软件对软件的连接,而且软件对硬件、硬件对硬件、人与人、人与物都可以用网络连接起来。连接后,信息交流效率极大提高,生产效率显著提升,将会有更多的创新点涌现出来。如物联网就是一个最为现实的例子,通过物联网我们可以实现传感器、控制器、机器、人员和物等通过新的方式联在一起,形成人与物、物与物的相联,实现信息化、远程管理控制和智能化的网络。这种连接可以颠覆传统行业的商业模式和销售供应模式,从而实现商业业态的巨大转变。

　　第三,强调"免费"与"收费"的有机融合。免费的背后实质上是互联网时代供应的充盈。如果世界上只有一个搜索引擎,只有一个通讯工具,那么它们都不会免费。与其他行业同样,互联网行业中既然基础服务难以产生溢价,那么定价策略就必须要向增值服务转移。QQ 解决生存问题的收入就是来自于移动 QQ 的流量收费;宜家不是销售家具,而是推销简洁、美观以及高性价比的解决方案,所以在宜家不同商品的利润也不相同;麦当劳在中国从售卖合家欢的聚餐场所,再到销售快餐中的"快",卖的都不仅仅是汉堡;迪士尼通过电影和乐园所提供的内容服务,一年可以在全球卖掉300 亿美元以上的授权商品。这些都是在互联网时代定价策略的成功案例。

（三）互联网金融如火如荼

2014 年,中国互联网金融行业发展繁荣。艾媒咨询(iMedia Research)数据显示,2014 年中国互联网金融的渗透率已经高达到 61.3%,超过六成网民使用过互联网金融产品和服务。吸引众人眼球的互联网金融大事件不断发生,各种经营模式不断迭代,各种利好政策不断出台,各种创新案例不断涌现。

2014 年 3 月 5 日,李克强总理在政府报告中首次提及互联网金融,指出,"促进互联网金融健康发展,完善金融监管协调机制,密切监测跨境资本流动,守住不发生系统性和区域性金融风险的底线。让金融成为一池活水,更好地浇灌小微企业等实体经济之树"[①]。这标志着中国的互联网金融已经成为我国金融体系中一个不可缺少的组成部分,互联网金融是中国金融体系改革与创新的"桥头堡"和"实验田",成为我国深化金融改革、加快金融创新的关键领域。政府已经将互联网金融视为当前最具创新活力和增长潜力的新兴业态加以重点扶持。

2014 年,中国互联网金融的模式竞争日趋激烈。第三方支付、P2P 个人借贷、股权众筹、债权众筹、电商小额贷款等"群雄"纷纷以各种服务模式创新作为竞争手段,模式创新成为当前互联网金融竞争的关键词。2 月,京东商城推出"京东白条",主要内容是消费者在京东购物便可申请最高 1.5 万元的个人贷款支付,并在 3—24 个月内分期还款。这标志着电商以信贷消费的方式介入互联网金融领域。6 月,桔子理财正式上线,采用了"微金融"运营模式,专注于小微消费金融、债权分散等业务,定期存款利率高达 12%—16%,经过半年的发展,其月交易额已突破亿元。7 月,有利网累计成交金额突破 21 亿元人民币。有利网通过网站平台向个人理财用户推荐安全、有担保的个人借款项目,理财用户通过出借富余、闲置的资金、按月获取利息报酬的方式满足理财需求,实现 11%—13% 的年化利息收益。

2014 年 7 月 25 日,银监会正式批准三家民营银行的筹建申请,其中:腾讯在广东省深圳市设立深圳前海微众银行,这标志着互联网普惠金融网迈出了实质性的一步。在机制设置上,微众银行没有网点,没有低成本存款来源,业务上将自身定位于银行和互联网的中间商。微众银行主要通过提供技术服务,整合资金和优质客户资源:腾讯供给海量用户源,微众进行数据处理提供技术和风控服务,银行提供低成本资金。由此可见,微众的平台具备延展性,在日常经营中以普惠金融为目标,致力于服务工薪阶层、自由职业者、进城务工人员及普通民众,以及符合国家政策导向的小

---

① 《政府工作报告——2014 年 3 月 5 日在第十二届全国人民代表大会第二次会议上》,见 http://news.ifeng.com/gundong/detail_2014_03/15/34799687_0.shtml。

微企业及创业企业。微众银行在今后将接入更多的互联网和金融机构,将自身打造成互联网界和金融界的大平台和大桥梁(见图1-5)。

图1-5 微众银行的业务定位

资料来源:作者自行收集与整理。

2014年,互联网金融正向二三线城市扩展开来。在互联网金融发展的初期,由于规模效应和集聚优势等原因,一线城市成为移动互联网金融的主战场。据不完全统计,2014年,国内获得第三方支付牌照的企业已经达到270多家,不同服务牌照总数共计超过500张,主要集中在北上广深杭等一线城市。90%以上的P2P金融平台集中于北上广深等大城市,P2P投资人有60%—70%来自一线城市。但是,随着规模过于集中,集聚优势不再明显,一些成本因素开始显现,平台同质化竞争十分激烈。中国互联网金融逐渐向二三线城市扩展开来。相较于一线城市,二三线城市金融市场处于尚未成熟的阶段,传统金融存在不少覆盖盲点,以P2P为代表的互联网金融可以有效填补市场的空白,让互联网金融走入寻常百姓家,解决了中小企业融资难问题。根据有关机构的调查数据显示,各大互联网金融机构的理财产品是二三线城市用户最常用的互联网金融产品,渗透率达到41.6%,已经接近第一线城市的水平(43.2%)。[①] 二三线城市有望成为中国互联网金融的蓝海领域。

(四)互联网治理成绩斐然

十八届三中全会《决定》公布后,中国互联网治理中存在的多头管理、职能交叉、权责不一、效率不高等问题得到了很大的改善,多元主体共同参与到网络治理进程中去,各方管理力量逐渐形成了合力。2014年,中国互联网治理逐渐形成了包含政府、组织与企业和网民一套符合自身角色定位的互联网应用原则、标准、规范和行为准

[①] "七大互联网服务在二三线城市的渗透率调查",http://news.zol.com.cn/509/5091167.html。

则,各项治理专项活动有序展开,各项规章制度逐步建立。与此同时,中国互联网治理正在走向世界融入全球互联网治理网络中去。

2014 年 2 月 27 日,中央网络安全和信息化领导小组成立。该领导小组以国家安全和长远发展为战略,统筹协调涉及经济、政治、文化、社会及军事等各个领域的网络安全和信息化重大问题,研究制定网络安全和信息化发展战略、宏观规划和重大政策,推动国家网络安全和信息化法治建设,不断增强安全保障能力。中央网络安全和信息化领导小组办事机构即中央网络安全和信息化领导小组办公室,由国家互联网信息办公室承担具体职责。领导小组的成立标志着互联网治理战略上升到国家发展战略高度,标志着国家网络安全和信息化国家战略实施迈出重要一步,也标志着中国互联网治理体系的进一步健全。

2014 年,针对网络上蔓延开来的一些不良现象与违法犯罪行为,相关部门联合行动,开展了网络治理专项行动,有效地打击了各种网络乱象,涤清了网络风气,宣扬了网络正能量,受到广大网民的普遍好评(见表 1-2)。

表 1-2　2014 年网络专项治理行动一览表

专项行动名称	组织部门	行动时间	行动内容	取得成效
扫黄打非·净网 2014	全国"扫黄打非"办公室、国家网信办、工信部、公安部	2014 年 4 月—11 月	1.全面清查网上淫秽色情信息; 2.依法严惩制作传播淫秽色情信息的企业和人员; 3.严格落实互联网企业主体责任、严肃追究失职渎职责任	依法查处淫秽色情网站 110 家,关闭相关频道、栏目 250 个,关闭微博客等各类账号 3300 个,关停广告链接 7000 个,删除涉黄信息 20 余万条
打击整治"伪基站"专项行动	中央宣传部、国家网信办、最高法、最高检、公安部、工信部、安全部、工商总局、质检总局	2014 年 2 月—6 月	坚决依法严厉打击非法生产、销售和使用"伪基站"设备违法犯罪活动,坚决依法整治影响公共通讯秩序的突出问题	依法捣毁"伪基站"设备生产窝点 24 处,缴获"伪基站"设备 2600 余套,摧毁非法生产、销售、使用"伪基站"设备违法犯罪团伙 314 个,破获诈骗、非法经营等各类刑事案件 3540 起,抓获主要犯罪嫌疑人 1530 名
"剑网 2014"专项行动	国家版权局、国家网信办、工信部、公安部	2014 年 6 月—11 月	1.保护数字版权,保护知识产权; 2.规范网络转载,规划转载行为; 3.支持依法维权,保护著作权; 4.严惩侵权盗版	各地版权行政执法部门共查处案件 440 起,移送司法机关 66 起,罚款人民币 352 万余元,关闭网站 750 家

资料来源:作者自行整理。

2014年,中国互联网规范建设取得新进展。1月20日,国家新闻出版广电总局发布通知,要求进一步完善网络剧、微电影等网络视听节目管理,防止内容低俗、格调低下、渲染暴力色情的网络视听节目对社会产生不良影响。从事生产制作网络剧、微电影等网络视听节目的机构,应依法取得广播影视行政部门颁发的《广播电视节目制作经营许可证》。互联网视听节目服务单位不得播出未取得《广播电视节目制作经营许可证》机构制作的网络剧、微电影等网络视听节目。这为国内网络剧、微电影等网络视听节目在题材选择、节目内容、制作资质等方面提供了法律依据。针对即时通信应用的快速发展的情况,8月7日,国家网信办出台了《即时通信工具公众信息服务发展管理暂行规定》(以下简称《规定》),《规定》主要内容有:服务提供者从事公众信息服务需取得资质,保护隐私,为了进一步方便管理,推行实名注册制,在相关信息推送时要遵守"七条底线",对于公众号需审核备案,在时政新闻发布方面设定相关标准和范围,明确违规违法责任。《规定》为及时通信工具的应用提供了制度保障,也进一步规范即时通信工具服务提供者、使用者的服务和使用行为。11月,《中国网络媒体论坛苏州共识》(以下简称《苏州共识》)正式对外宣布,《苏州共识》主张依法办网是网络媒体发展的基础。所有互联网的参与者都要懂法、知法和守法,要做依法办网的践行者,依法治国的引领者,积极推进网络空间法治化,积极促进网络立法,培养"守法的网民",争做"守法的网站",为网络的健康有序发展作出贡献。《苏州共识》是新时期网络治理的宣言,具有里程碑式的意义。

2014年中国互联网成为全球互联网治理的中坚力量,互联网治理事业正走出国门走向世界,中国互联网治理正在融入全球互联网治理的大格局。11月,我国在"乌镇"举办了首届"世界互联网大会",会议广泛邀请了来自各国政府、跨国企业、国际组织的代表,围绕"互联互通,共享共治"主题,在全球互联网治理等方面展开平等对话。12月初,第七届中美互联网论坛在华盛顿召开,中美双方深度交换了互联网治理的观点与意见,有针对性地提出了在互联网治理领域开展合作的方式与方法,更为今后全球互联治理体系中的两大巨头之间的合作奠定了基础。当前,中国正在从互联网大国迈向互联网强国的进程中,主动、积极参与国际互联网的规则制定不仅涉及维护中国的网络主权,也事关今后中国互联网行业的繁荣与发展。更重要的是,中国可以将更多的主张写入国际互联网的规则当中,更可以将中国在互联网领域的主张、理念贡献给全球,为全球网络空间的繁荣与发展贡献中国智慧。

三、北京市互联网发展形势

作为中国的网都,北京互联网的发展既有中国互联网发展的共性,也有其自身的特点。总体来看,2014 年的北京互联网行业呈现出极速增长而又纷繁复杂的局面,发展形势可以概括为"竞合①、融资、崛起、有序"。

(一) 竞合

北京互联网行业的竞争更加白热化,竞争手段和方式不断变化,激烈程度远远超出业界想象,受到了社会各界普遍关注。有竞争就有合作,在 2014 年内,北京互联网行业内部的合作进一步深入,为了打造其核心竞争力,抢占更多的市场份额,互联网企业之间的合作深度继续加深,合作内容不断扩展。

1. 白热化竞争

2014 年北京互联网行业竞争最白热化的事件莫过于滴滴打车和快的打车的"烧钱大战"。"滴滴打车"(以下简称"滴滴")是北京小桔科技有限公司研发推广的一款手机打车应用程序。"快的打车"(以下简称"快的")是杭州快迪科技有限公司研发推广手机打车应用。经过两年多的发展,滴滴打车和快的打车已经成为中国手机打车应用软件的两大巨头,其占据了市场份额的 90%以上。2014 年,这两大巨头为了抢占市场份额,争坐国内打车软件"头把交椅",开展了"针尖对麦芒"般的竞争(见表 1-3)。

表 1-3　2014 年"滴滴打车"与"快的打车"竞争轮次

	时间段	"滴滴打车"的竞争手段	"快的打车"的营销手段	备注
第一轮	2014 年 1—4 月	1 月 10 日,使用者车费立减 10 元、司机立奖 10 元 2 月 17 日,使用者返现 10—15 元,新司机首单立奖 50 元 2 月 18 日,使用者返现 12—20 元 3 月 7 日,使用者每单随机减免 6—15 元 3 月 23 日,使用者返现 3—5 元	1 月 20 日,使用者车费返现 10 元,司机奖励 10 元 2 月 17 日,使用者返现 11 元,司机返 5—11 元 2 月 18 日,使用者返现 13 元 3 月 4 日,使用者 10 元/单,司机端补贴不变 3 月 5 日,使用者补贴金额变为 5 元 3 月 22 日,使用者返现 3—5 元	
第二轮	2014 年 5—6 月	5 月 23—31 日期间,使用微信成功支付车费后即有机会领到微信红包 6 月 12—14 日,与 500 彩票网联合,领取 3 元红包,用于 500 彩票网购买体育彩票	6 月 11 日,使用者使用快的打车并完成在线支付后,都将得到一定金额的代金券,可以在下次打车支付时直接抵扣车费 6 月 15 日,开展世界杯竞猜活动,猜中比赛结果将得到打车代金券作为奖励	7 月 9 日,滴滴和快的同时宣布将司机的补贴降为 7 元一单 8 月双方则先后取消了对于司机端现金的补贴

———————

① 这里用的"竞合"指的是竞争与合作,而不是管理经济学意义上的"竞合"。

续表

	时间段	"滴滴打车"的竞争手段	"快的打车"的营销手段	备注
第三轮	2014 年 12 月	12月9日,公司获得新一轮超过7亿美元融资	快的打车旗下的一号专车宣布进军企业级市场	2015 年 1 月 15 日,快的打车完成新一轮总额6亿美元的融资

资料来源:作者自行整理。

表1-3内容表明,双方通过"贴钱"的方式给予使用者补贴,以及达到了"不惜成本"的地步,这是典型的掠夺性定价策略。[①] 有媒体报道,仅在2014年1—4月的第一轮竞争中,两家公司为了争夺市场份额已经烧掉了二三十亿元人民币。[②] 通过巨额资金的投入开展市场营销,通过各种花样繁多的营销手段吸引顾客,这样激烈的市场竞争是在中国互联网行业罕见。

北京三快在线科技有限公司推出的"美团外卖"和上海拉扎斯信息科技有限公司推出的"饿了么"的竞争也具有很强的代表性,是典型的行业龙头与新兴力量之间的竞争。作为国内餐饮外卖手机应用的新兴力量,"饿了么"在2014年加快了它的扩张进程,5月,其获大众点评8000万美元战略投资,竞争资本日趋雄厚,补贴力度不断加强,"饿了么"在2014年8月还推出20万份免费午餐活动,其一系列举动的目的就是为了抢占客户群,扩大自身的市场地位。"美团网"在获得C轮3亿美元的融资之后,补贴、打折、送礼券等营销手段多管齐下。从2014年9月份开始,美团外卖每月的补贴额近2亿元,优惠力度堪比"饿了么"。双方为了为争夺有限的线下资源还出现过营销人员冲突的情况,线上的"竞争"演变成线下的"争斗"。[③] 除此之外,作为中国互联网的"三驾马车"的百度、阿里巴巴和腾讯在2014年一齐杀入移动商务用车市场等案例,也具有一定的代表性。

这些纷繁复杂的竞争乱象表现出以下行业逻辑:

第一,成为垄断寡头。垄断能带来的市场支配地位和垄断利润,通过掠夺性定价等手段,目的是消除竞争对手,实现自身的垄断地位,进而挟持商家和用户,获得制定规则的权力,获得的利润将会更大。

第二,在互联网时代,培育用户习惯和抢占市场同等重要。在移动互联网时代,技术门槛已经降低,新的消费模式走向应用时,培育消费者习惯、转变消费观念就与

[①] 掠夺性定价又称劫掠性定价、掠夺价,有时亦称掠夺性定价歧视,是指一个厂商将价格定在牺牲短期利润以消除竞争对手并在长期获得高利润的行为。

[②] 《起底快的打车和滴滴打车的"烧钱大战"》,见 http://www.sootoo.com/content/537109.shtml。

[③] 《美团血战饿了么:烧钱如流水边斗殴边拍照发媒体》,见 http://news.pedaily.cn/201506/20150618384332.shtml。

抢占市场同等重要。"饿了么"就是通过订餐给补贴的方式,吸引了众多手机网民的关注,并让使用者在实际应用中得到实惠,通过实实在在的补贴培育起用户的消费习惯与消费观念。

第三,移动互联网的入口之争是今后竞争的主战场。"滴滴"与"快的"之间的竞争很大程度上是入口的竞争。"滴滴"支持的是微信支付系统,而"快的"支持的是阿里支付宝支付系统。在智能手机日益普及的今天,移动支付的硬件要求已基本达到,竞争的主战场转向支付系统。经过多年的培育,腾讯和阿里这两家国内最大的互联网巨头都想争夺到移动支付入口的主导权。腾讯有微信等移动产品占据着绝大多数智能手机,其用户基础是先天优势,以微信作为移动支付的中介在普及方面毫无难度。而阿里则在支付平台方面有着多年积累,以支付宝为代表的网络支付产品深入人心,进军移动支付在技术层面上更胜一筹。这就能解释在"滴滴"与"快的"竞争中双方所代表的支付系统的商业逻辑,目的是赢得多数用户的支持,将会在很大程度上左右今后移动支付入口的主导权。

第四,"浮点"是"真金白银"。"浮点"就是指大数据分析中的最小数据点。对于移动互联网应用来说,浮点就是每个手机使用者的手机应用使用情况。浮点数据反映了最真实的消费情况,其数据具有真实性,基于庞大用户群体收集起来的浮点数据将是分析研判市场形势的重要资源。"打的"软件可以通过浮点数据来掌控大量用户用车出行数据,对于分析用户行为习惯有着重要意义。外卖手机应用可以通过浮点数据了解不同地域,不同消费群体的消费习惯和消费倾向。这些大数据既可以为我所用,也可以售出为别人所用,是别人难以获得的"真金白银",具有较高的商业价值。在激烈竞争的背后,争夺客户群,收集更多的浮点信息也是一个不容忽视的因素。

2. 深度化合作

竞争和合作永远是市场的两大主题,在互联网行业激烈竞争的时代里,合作是企业提高自身经营能力,扩展自身发展前途的最有效的方式。2014 年,北京互联网行业的合作主题是深度化。企业之间的合作层次从以往的业务合作和人员交往等浅层面深入要素整合、优势互补和核心竞争力再造等战略层次,合作内容不断丰富。

2014 年 3 月 10 日,腾讯向京东购买 3.5 亿股普通股,占后者上市前普通股的 15%。双方资产进行整合,腾讯支付 2.14 亿美元现金,并将 QQ 网购、拍拍的电商和物流部门并入京东。易迅继续以独立品牌运营,京东持易迅少数股权,同时持有其未来的独家全部认购权。双方还签署了战略合作协议,腾讯向京东提供微信和手机 QQ 客户端的一级入口位置及其他主要平台的支持,以助力京东在实物电商领域的发展;双方还在在线支付服务方面进行合作,全面提升顾客的网购体验。

对于腾讯而言,通过剥离其次优业务来换取京东股份和远优于易迅的电商平台,使其能够将企业的核心能力集中在信息服务,并进一步完善微信 O2O 生态圈;通过京东平台,进一步抢占客户群,抢占移动支付的入口,从而全面提高自身的互联网生态的完备程度。对于京东而言,通过吸引腾讯的次优业务来继续扩展自身的核心竞争力。易迅、拍拍网和 QQ 团购并入京东后,可为京东新增 C2C 和团购运营平台,京东旗下将形成"京东+易迅 B2C"、拍拍网 C2C、团购等多业务板块,其在电子商务市场的竞争力全面提升,市场份额显著提高,继续巩固其已有的竞争优势。不仅如此,京东将可获得微信巨量用户关系,为下一步进军 O2O 市场铺平道路,从互联网 B2C 电商快速迈入移动互联网 O2O 竞争高地。

2014 年 12 月 16 日,奇虎 360 宣布与酷派集团成立一家合资公司,前者投入 4.0905 亿美元现金,占有该合资公司 45% 股份,后者持有 55% 股权。奇虎 360 偏向于软件方面,而酷派集团是从事设备生产的企业,这种"软硬"结合是 2014 年北京互联网界跨界合作的具有代表性的案例。

这种跨界合作的原因就是在于双方优势资源的整合。在移动互联网时代,智能硬件是互联网生态系统的硬件环节,也是最为关键的一个环节,这是每一个互联网厂商都要抢夺的高地。但从现有情况来看,智能手环、智能手表、可穿戴设备的发展速度虽快却方向不明,手机仍然是移动互联网的主要入口,抢占手机入口对于奇虎 360 而言显得十分重要。通过战略合作,酷派的一系列机型将整合 360 的服务,为奇虎 360 业绩的增长提供充足的动力;奇虎 360 也在智能设备领域找到了具有市场实力和丰富经验的盟友。对于酷派而言,近年来国内手机市场的竞争日趋激烈,国内外品牌纷纷在这片"红海"展开角逐,压力不断加大。通过与奇虎 360 的战略合作,其直接得到现金的"输血",还能获得用户群和用户流量的支撑,提升自身的售后服务和产品营销水平。

与此类似的还有联想与谷歌、联通与百度的跨界合作。2014 年 1 月 30 日,联想集团与谷歌宣布达成协议。联想将收购摩托罗拉移动(Motorola Mobility)智能手机业务,此项交易最终在 11 月 3 日最终完成。这项交易的完成让联想一步进入了欧美主流市场,也在专利方面有了相当的本钱,使自己的研发能力上了一个台阶。联想继收购 IBM PC 之后再一次动用资本力量弥补短板,同时更获得了与谷歌进行深入合作的桥梁。2014 年 11 月 26 日,中国联通正式与百度知识体系达成战略合作协议,借助百度贴吧、百度知道、百度百科、百度文库、百度直达号产品,构建中国联通知识分享型服务体系。

（二）融资

融资是一个企业或机构的资金筹集的行为,融资的主要目的之一就是企业扩张。一般而言,对于生命周期处于上升期企业,融资的目的就是从一定的渠道向企业的投资者和债权人去筹集资金,组织资金的供应,以保证企业的发展与扩张。中国互联网行业处于上升期,企业融资需求较大;同时,投资人也普遍看好中国互联网产业的发展势头,纷纷投资互联网产业。数据显示,2014 年国内互联网领域总共发生的融资 1878 笔,融资总金额超过 1000 亿元人民币,融资主要集中在电子商务、互联网金融、互联网汽车、互联网医疗、在线教育等细分领域(见图 1-6)。①

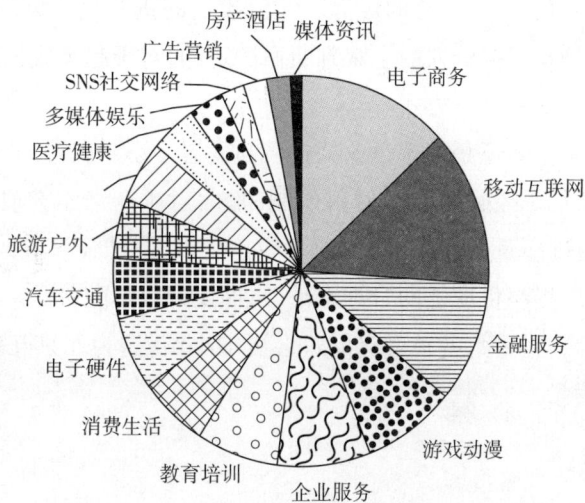

图 1-6　互联网融资的分布图(国内)

数据来源:http://www.investide.cn/news/113692.html。

2014 年北京互联网行业融资领域涉及电子商务、硬件生产与垂直网站等领域,值得关注的融资事件包括:

2014 年 5 月 8 日,移动互联网公司猎豹移动(原金山网络)在美国纽约证券交易所正式挂牌上市,本次 IPO 价格为每股 14 美元,总股本为 1.38 亿股美国存托股(ADS),猎豹移动市值将达到 19.32 亿美元。2014 年 11 月 8 日,陌陌公开向美国证券交易委员会(SEC)提交 IPO 申请,拟融资 3 亿美元。12 月 11 日晚,陌陌宣布其首次公开发行定价为每股美国存托凭证 13.50 美元,共发行 1600 万股 ADS,融资额达到 2.16 亿美元。12 月 29 日,小米完成了最新一轮融资。小米此轮融资的估值 450 亿美元,总融资额 11 亿美元,此轮融资的投资者包括 All-stars、DST、GIC、厚朴投资及

———————————

① 不包括海外融资。

云锋基金等投资机构。此外,北京掌上汇通科技发展有限公司等互联网金融机构也获得了上亿合同。

从融资形式来看,公司上市是主要形式。它对于互联网企业而言具有较多优点。首先,所筹资金没有还款周期压力,避免了还本压力和利息支出;其次,一次筹资金额大、用款限制相对较松,有效降低了融资成本;再次,上市对于一个企业来说意味着有着良好的业绩和信誉度,通过上市融资可以进一步提高企业的知名度,为企业带来良好声誉;通过上市融资还有利于企业建立规范的现代企业制度。特别对于发展潜力巨大、风险也很大的互联网企业,通过在创业板发行股票融资,是加快企业发展的一条有效途径。除了上市融资外,天使投资也占有着一定的比例。与上市融资相比,天使投资这种融资渠道有着其独特的优势。天使投资的机制更为灵活,对象选择也较为多元,它更多的是基于投资人的主观判断而决定的,对于起步成长型的互联网企业来说,天使投资是较好的融资方式。

对于所融资本,主要还是用于企业的扩张与发展。小米获得 11 亿美元的融资之后,将资本用于加大硬件研发和新材料研制,加大对生产新工艺研究的投入;打造MIUI 生态系统,通过一系列途径建设 MIUI 应用生态圈;加强供应链管理,摆脱对传统厂商的依赖程度,提高供应链的管理水平,掌握议价权。随着北京互联网行业的深度发展,融资规模将会扩大,各种融资形式会更加丰富,这为北京互联网企业的成长壮大增添更多的力量。

(三) 崛起

北京互联网是中国互联网发展的高地,新兴力量快速发展。纵观 2014 年北京互联网行业,有三股新兴力量的崛起不容忽视。

1. 青年创业团队的兴起

青年人是创新的主力军,也是中国互联网发展的生力军。近年来,80 后、90 后创业团队逐渐崭露头角,成为互联网发展与创新中一支重要的力量。在北京,一批数量可观的 80 后、90 后创业团队集聚于中关村地区实现自己的梦想,一些 90 后才俊闯出了自己一片天地,成为北京互联网行业中的佼佼者。其中,季逸超、刘成城、蒋磊、李卉等一批青年精英的事迹引领了全国青年互联网创业新浪潮。

季逸超在其高三时就推出了推出"猛犸 1"浏览器,大一时推出"猛犸 4"浏览器,并获得 Macworld2011 的特等奖。季逸超的创新事迹已经受到广大天使投资者的关注,一时成为风险投资者热捧的对象。徐小平领衔的真格基金联合红杉中国已经向季逸超提供了天使投资,这笔投资将用来创立一个以季逸超为主的实验室"PeakLabs"。2010 年,年仅 30 岁的刘成城开办了 36 氪公司。经过五年的发展,刘成城团队的 36 氪已经发展为包括创业媒体 36 氪、创业投资平台氪加及线下创业空间氪空间三大业务在内的互联网创业入口级服务商,行业影响力巨大。2014 年,36 氪举办的 Wise1.0 互联网创业大会。在此次会议上,与会嘉宾对在线教育、互联网金融、企业服务、可穿戴式设备等热点问题展开了激烈的讨论,36 氪通过这次会议的举办宣告了其自身的阶段性演进,36 氪成为全新的创业生态服务平台和融资服务平台。创办铁血网的蒋磊和麦客网的李卉也是北京互联网行业青年创业团队的代表者。

青年创业团队在北京开展互联网创新创业活动的原因,还是与北京互联网发展的大环境息息相关。

第一,北京拥有接触互联网最前端的用户群体。北京是中国互联网发展的最前沿,能及时接触到国内外互联网变化脉络,互联网用户群每天都使用着各类互联网工具,在观念上更具有开放性。大量的用户群体就意味着巨大的市场需求,有市场需求就会引发供给。因此,互联网成为青年创业者最为集中的产业领域,青年创业群体擅长使用大数据、信息技术、人工智能等创业利器,通过链接新技术、新应用、新模式,创造用户使用新习惯。

第二,北京的融资成本较低,融资渠道灵活。创业团队特别是青年创业团队,有想法,也能通过团队运作组建人才队伍,但是资金的匮乏往往是限制青年创业团队发展的主要因素。大量的天使投资和风险投资集聚于北京,可以为广大青年创业团队提供资金支持。如氪空间举办在 2014 年首期 12 个创业项目中,已有 11 个完成融资,融资率高达 92%。所有团队最初入驻成员只有 46 人,在三个月里翻了三倍,达到 120 人;已融资项目中,最快拿到投资的只花了一个小时,而平均完成融资的时间也仅有一个月左右;全部项目总融资额达到 5000 万人民币,最大单笔融资 1000 万;短短三个月时间,有些项目甚至已经进展到第二轮融资。[①]

第三,北京具有的人才存量优势。北京有 70 多所大专院校,280 多家科研院所,各类人才集聚北京。根据中国人才科学研究院承办的《2014 年中国人才集聚报告》数据显示,在全国 31 个省区市中,北京的人才综合集聚度居首,高端人才总数、学历结构、专利结构集聚度等多方面均位于前列。

第四,北京的创业人才培养水平较高。以北京大学、清华大学为代表的高校通过各种创业教育、创业孵化等鼓励大学生创业,高校正在成为中关村青年创业者的大本营。如北京大学创业训练营利用创业教育、创业研究、创业孵化及创投基金全方位扶持大学生创业,为大学生创业者提供创业训练营教学、创业主题活动、创业营友会、导

---

① 《36 氪融资总额达 5000 万元》,见 http://www.bjhd.gov.cn/govinfo/auto4566/201408/t20140826_630329.html 。

师扶持计划、天使投资、产业投资及并购、项目初级孵化服务、二级产业孵化及加速等综合扶植。清华大学经管学院开办面向全校研究生的公共选修课《创办新企业》,设立首期金额2000万元的课程孵化基金,选课的52个团队中半数以上成立公司,10个团队通过课程直接或间接获得投资,融资总额超过3000万元;建设"清华创业行"社区,搭建了交流与分享创业经验的平台。

第五,北京具有包容的创业氛围。从实际情况来看,大量最顶尖最优秀的互联网从业人员都留在了北京,而且在北京形成了高端人才规模。除了中关村创业园、望京、上地、五道口等附近都集中了大量互联网企业,创业的氛围浓厚。

2.垂直网站的快速成长

垂直网站(Vertical Website)是指内容集中在某些特定的领域或某种特定的需求,提供有关领域或需求的全部深度信息和相关服务。和综合性网站、门户网站不同的是,垂直网站的目标群体更为明确,即为特定网民群体提供专门专业的内容信息。从垂直网站的内容来分,可以分为垂直服务网站和垂直领域网站,前者更加专注于为特定的人群提供相应的服务,如搜房网;后者就是为相关的人群提供这个领域资讯网站,如中国钢铁网。

2014年北京垂直网站发展迅猛,一些新的垂直网站涌现出来,迅速抢占相关市场,一些颇具规模的垂直网站又实现了跨越式发展。前者以拉勾网为代表,后者以汽车之家网站为代表。

拉勾网是一家专为拥有3—10年工作经验的资深互联网从业者,提供工作机会的垂直招聘网站,于2013年7月20日在北京正式上线。2014年,拉勾网的成长历程可以用"野蛮生长"来形容。成立之初,拉勾网员工不超过10人,入住企业不超过20家,而经过一年的发展,截至2014年12月底,拉勾网员工规模达到105人,超过38000多家互联网公司入驻拉勾网,既包括了BAT、小米等大牌公司,也有锤子科技、美团等高速成长的黑马公司,覆盖包括移动互联网、电商、游戏、O2O等多个互联网细分领域。每天有1万人在拉勾网上找工作,存量职位达到15万个。

2014年3月,拉勾网获得500万美金A轮融资,投资方为贝塔斯曼亚洲投资基金。2014年8月,拉勾网获得2500万美元的B轮融资,本轮融资由启明创投领投,贝塔斯曼跟投,融资估值达1.5亿美元。拉勾网从产品上线到获得500万美金A轮融资,只用了8个月时间;从A轮融资到B轮融资只用了不到5个月的时间,成长速度之快令业界人士所关注。

拉勾网的快速成长与其特有的经营模式与经营理念有着密不可分的联系。第一,在经营模式上,拉勾网重视用户搜寻工作效率,提高了招聘匹配度,一改传统的互联网招聘从海淘海选模式。拉勾网用户在明确的岗位导航和分类下,实现简历的精准投放,降低了信息不对称度。第二,充分吸取电商营销经验,将岗位和公司的信息标注出来,让求职者对岗位和公司的认识更加明确,从而更加明晰对方要求,减少了乱投滥发简历的情况。拉勾网的用户可以在投放简历过程中,不仅可以看到职位要求、基本工资等情况,也能通过系统了解到商家基本信息、经营情况、经营规模与领域、薪酬待遇(年终分红、股票期权)等内容。第三,在经营理念上,拉勾网将用户定位为核心资源,而不是企业。拉勾网的相关服务设计都是从用户角度出发,从求职者角度去设计经营模式和经营内容。正因为如此,拉勾网获得了用户认同感,形成了规模客观的客户群体。简而言之,拉勾网之所以在2014年取得成功,是在于它重新定义互联网招聘的模式:由广告模式到效果模式的演变,由客户导向到用户体验的演变。拉勾网在引领互联网招聘的体验和风格,注重信息的对称性,注重流程,注重设计风格,让用户从对产品的认同作为使用的出发点。

汽车之家是北京汽车垂直网站领域的代表,于2005年正式上线。汽车之家为广大汽车消费者提供买车、用车、养车及与汽车生活相关的全程服务,以全面、专业、可信赖、高互动性的内容,多层次、多维度地影响最广泛的汽车消费者,业已成为最具价值的互联网汽车营销平台。2014年,"汽车之家"加快其在移动互联网上的布局,通过多样化服务吸引消费者的关注,日均覆盖人数达到830万,月度覆盖人数达到9200万。2014年11月,"汽车之家双11疯狂购车节"当天订购总量为37117辆,订购总金额为60.54亿元;其中全款销量为2488辆,全款销售额为2.23亿元。根据公司2014年底季度财报显示:2014财年全年,汽车之家净营收为人民币21.329亿元(约合3.438亿美元),同比增长75.3%,该涨幅创下3年来的新高。净利润为人民币7.487亿元(约合1.207亿美元),同比增长64.1%。

作为一家发展多年的垂直网站,在2014年快速发展的主要原因有以下几点:第一,赴美上市融资为其提供了雄厚的资金支持。2013年12月,汽车之家首次公开募股共发行782万美国存托股(ADS),募集资金1.33亿美元。第二,汽车之家的核心思路一直是围绕用户来做,做用户需要的。由于我国刚刚迈入汽车时代,时间并不长,很多用户所购的车都是其第一款车,用户所关心的就是产品价格与产品优缺点、售前售后服务等实际内容。同时,汽车之间还在BBS社区的提升用户圈子交流体验,努力将自己形成生态闭环。从现有情况来看,汽车之家网站的闭环程度较高。用户关于汽车的一切问题,都可以在汽车之家网站上得到答案。第三,注重信息质量。网站上很多内容有着较高的理论水平,一些科普性的文章吸引了众多用户的眼球,导购内容比较贴近实际。

3. 手机游戏的快速发展

手机游戏是指运行于手机上的游戏软件。随着移动互联网时代的发展,手机日渐成为人们日常生活必用品,人们休闲时间被手机所占据。由于使用状态和生活方式的变化,网页游戏逐步降温,游戏产业的中的 PC 端游戏和网页游戏团队全面转型手机游戏制作,纷纷加快速度抢占手机屏幕。2014 年,中国手机游戏诞生了刀塔传奇、天天酷跑等多款月流水超 2 亿的手游大作。由于手机游戏连接着智能手机和智能手机的支付出口,手机游戏迅速成为各大互联网公司最重要的流量变现方式,受到了各大互联网公司的热捧。

2014 年,北京手机游戏产业也借助这股"东风"实现了快速发展。据统计,2014 年北京手游企业产值约 190 亿元,约占全国的 69%。乐动卓越的《我叫 MT(微博)》、中清龙图的《刀塔传奇》、蓝港互动的《英雄之剑》、《王者之剑》、《苍穹之剑》等明星产品继续保持高热度。

以中清龙图的《刀塔传奇》为例,这款月流水超过 2 亿的手机游戏有着以下特点。首先,在角色美术上下了很大功夫,视觉体验较好,能与欧美成功游戏相媲美。其次,游戏较为容易上手,程序简化,需要玩家认真研究环节不多,游戏前期缓慢增加难度,激发玩家的信心和好奇心。第三,游戏初期免费"礼包"较多,"礼包"内容丰富,能确保用户长期粘性。第四,由于留存率非常高,随着游戏进程逐步深入,人均付费水平不断提高,从总体上来看,这款游戏阶段性刺激消费能力较强(见图 1-7)。

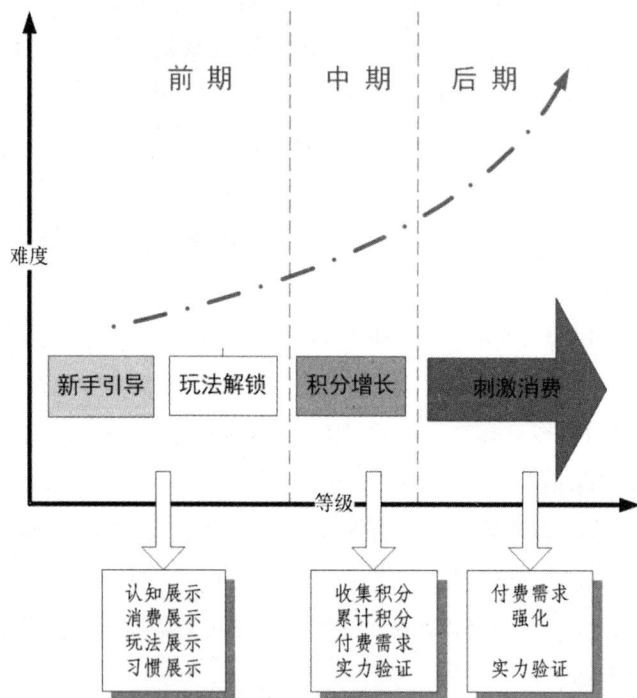

图 1-7 手机游戏的阶段性目标

资料来源:作者自行收集与整理。

伴随北京游戏产业巨头和大资本的加入,市场竞争也日趋白热化。在2014年,游戏知识产权成了企业关注的重中之重,获得优秀内容的知识产权是游戏公司成功的关键,尊重版权已成为业界共识,这宣告游戏产业进入版权运营时代。2014年,《魁拔》《侠岚》等优秀动漫作品的版权均已被游戏公司购买,将制作成游戏产品,良好的版权环境将为更多优秀动漫作品转化为游戏产品提供基础。

(四) 有序

互联网环境是反映互联网治理水平的重要标志之一,地区的互联网环境也是衡量当地互联网发展水平和监管水平的重要尺度。2014年,北京互联网环境的治理继续保持良好有序的势头,各项法规制度进一步落实完善、各项治理活动高效展开、治理团队建设步伐加快,受到了社会各界人士的普遍好评,形成了有北京特色的互联网环境治理体系。

1.法规制度进一步落实完善

即时通信工具程序和APP等应用增长速度较快,给广大手机使用者带来了全新的通信体验,提高了手机用户的通信效率。但由于技术有待于完善和监管不到位的原因,即时通信工具也带来了一系列社会问题,特别是即时通信工具上的公众信息服务,一段时间内成为谣言的滋生地,也成为虚假消息的扩散源,影响了社会稳定。

2014年8月,《即时通信工具公众信息服务发展管理暂行规定》正式公布,为即时通信工具的健康发展建立了制度保证。北京手机上网用户数达2700多万户,北京市手机网民规模达到1600多万人,北京属地内有大量的机构利用即时通信工具上提供公众信息服务。同时,北京又是我国的首都,是我国的政治文化国际交往中心,公共信息服务中存在的问题很容易被放大,起到不良的社会作用。为了贯彻落实规定要求,北京市互联网信息办公室承担起属地责任,发挥首都互联网协会等互联网行业组织的积极作用,统筹协调指导即时通信工具公众信息服务发展管理工作,监督运营企业依法办网、守法经营,对照"七条底线"的要求,建立健全信息安全管理制度,完善用户服务协议,落实真实身份信息注册相关要求,加大对公众账号的管理,凝聚正能量,为广大网民提供更优质的信息服务。与互联网管理相关部门密切配合,对违反《规定》的行为进行严肃处理。相关企业也积极配合,建立了专门举报投诉机制,全天候不间断接受网民举报,对多次发布不良信息的用户给予注销账号和封停设备注册资格等处理,不断提高违规成本,有效保护用户权益。业内知名人士也多次开展宣传,鼓励公众信息服务要以优质内容为导向,主动传播网络"正能量",自觉抵制谣言与虚假信息。从现有情况来看,已经形成了管理部门、企业和业界人士多元治理的格局。

在落实规章制度的同时,相关自律体系也在逐步完善。为了规范和引导北京地区 APP 公众信息服务活动,推动 APP 行业健康有序发展,北京市互联网信息办公室、首都互联网协会联合新浪、网易等数十家属地网站于 2014 年 11 月制定并发布了《北京市移动互联网应用程序公众信息服务自律公约》(以下简称《自律公约》)。这是第一部地方性的应用程序公众信息服务自律公约,也是北京贯彻落实《即时通信工具公众信息服务发展管理暂行规定》的重要举措。《自律公约》提出七条原则,即:带头坚持依法办网、切实维护网络安全、积极传递正能量、坚决抵制违法不良信息、充分保护用户合法权益、共同维护公平竞争环境、勇于承担社会责任。《自律公约》内容显示,各签约互联网企业将通过推行真实身份信息认证,确保技术安全、平台安全、信息安全、应用安全等,推动网络信息安全有序流动,承诺并请求用户不利用 APP 制作、复制、发布、传播违法违规不良信息,不给任何有害信息提供传播空间。公约中还规定,对违约者视情况作出警告、行业谴责、列入黑名单、媒体曝光直至行业禁入处理。

2. 各项治理活动高效展开

2014 年年初,北京市互联网信息办公室、北京市公安局、北京市通信管理局、北京市扫黄打非办打击互联网传播淫秽色情及低俗信息的"清朗"行动。重点清扫各大门户网站、青少年常用网络软件和搜索引擎上的淫秽色情信息。"清朗"行动重点查处了网上淫秽色情及低俗信息,严厉打击网站的"色情营销"、低俗炒作行为,加强对青少年经常使用、易出问题的在线视频播放软件、网络硬盘、网络资源下载工具等网络应用的检查,严防其成为色情低俗内容滋生地。同时严厉打击通过搜索引擎传播的色情低俗信息,及时清理搜索引擎网站中的色情图片、文字信息,重点检查移动智能终端应用程序商店、移动客户端和手机 WAP 网站,坚决下架传播淫秽色情及低俗小说、视频、图片、漫画等应用程序。经过一年的整治,有力地打击了网络犯罪行为,净化了首都互联网环境,督促了基础电信运营企业、接入服务企业完善信息安全管理措施。违法违规的网站已经受到行政处罚,有些严重违法违规的网站依法关闭。

2014 年 6 月。北京开展了治理 APP 专项行动。一些手机应用程序存在恶意扣费、资费消耗、信息窃取、诱骗欺诈等恶意行为,严重损害了人民群众的利益,甚至危害社会稳定和国家安全。2014 年 6 月以来,北京市通信管理局、北京市公安局、北京市工商局、北京市互联网信息办公室等部门,在国家互联网信息办公室、工业和信息化部、公安部、工商总局等国家主管部门的统一部署下,联合开展了打击治理移动互联网恶意程序专项行动。此次行动中,21 款手机应用商店下架了 67 款恶意应用程序。

2014 年,"妈妈评审团"继续发挥作用,净化网络环境。成立于 2010 年的"妈妈评审团"走过了 4 个年头,已经成为北京互联网治理队伍中一支不可或缺的力量。"妈妈评审团"现有成员 116 人,主要通过招募方式由未成年人家长组成。妈妈评审团的成员均为自愿报名,其职业构成兼顾各行业各阶层,如法律工作者、教育工作者、新闻媒体代表、各类企业工作人员、流动务工人员、专职主妇等,其中,中小学生家长所占比例不少于 70%。对于被选中的成员,协会将分批进行培训,培训内容包括国内外互联网领域相关法律法规、如何与孩子交流、妈妈们自身如何培养成熟的媒介素养等。每个成员的个人经历、就业情况和知识背景都不尽相同,最大限度地保证代表性。"妈妈评审团"的日常工作就是依据"儿童利益最大原则"和妈妈对孩子的关爱标准,由"妈妈们"对互联网上影响未成年人身心健康的内容进行举报、评审,形成处置建议反映给相关管理部门,并监督评审结果的执行。由于成员的高度参与自觉奉献,"妈妈评审团"已经成为北京互联网建设的巡视员、监督员和网上不良信息的评审员。2014 年,"妈妈评审团"开展了一系列活动,为引导青少年安全上网,净化首都网络环境,提升青少年和妈妈们的新媒介素养贡献了自己的力量。

表 1-4 2014 年"妈妈评审团"的主要活动

	活动名称	活动内容
1	第一期微活动"我和孩子过大年"	通过新浪微博平台引导父母和孩子共同了解春节民俗礼仪;共同晒出亲子间过年趣事、趣图;共同浏览优秀传统文化页面,增添了更多的互动与亲情,也为马年春节营造了更为多彩的喜庆氛围
2	第二期微活动"开学进行时"	普及对孩子进行手机上网行为的介入与管理知识
3	第三期微活动"网络时代更需要深度阅读"	邀请网友一起来晒晒和孩子的家庭书单,谈谈孩子的读书感受、阅读收获,以此培养网络时代的正确阅读习惯
4	第四期微活动"和孩子共同成长"	"播种春天的绿化行动"为主题,引导广大青少年走出户外、接触自然、践行公益环保
5	第五期微活动"你期许的绿色网络家园"	引导网友畅谈共筑清朗网络空间的净网做法,推动互联网行业自律不断完善,以此弘扬社会主义核心价值观,唱响网上主旋律,培养和提升青少年的网络文明素养
6	发布《上网状况与新媒介素养调查报告》	妈妈评审团与千龙网新媒介素养学院共同发起"上网状况与新媒介素养"调查,调查受访青少年 1340 人,受访妈妈 1173 人,对北京地区青少年上网状况和妈妈们的新媒介素养状况进行了分析
7	推出"孩子诉说 妈妈倾听 社会关爱"互动平台	内含微博、微信、论坛、移动客户端等多端互动功能,可以实现妈妈与孩子之间的跨地域、跨时空对话
8	"为妈妈们上一堂新媒介素养课"	邀请专家们分别就妈妈该如何正确引导孩子上网、新媒介平台的最新应用、如何借助新媒介进行在线教育等问题进行了深入浅出、通俗易懂的专业授课与培训

资料来源:作者收集。

2014年,首都互联网协会新闻评议专委会充分发挥自身职能,以社会热点事件特别是网络热点、重点事件为主题,进行会议讨论,及时形成主导意见。过去的一年里,新闻评议专委会召开了15次会议,会议内容涉及辟谣、打击网络犯罪、净化网络风气、维护知识产权、传递网络"正能量"等内容。新闻评议专委会通过专业知识和科学逻辑,及时客观地形成了主导舆论,有效地压制了网络上的一些杂音、噪音,维护了首都互联网环境。

3. 治理团队建设步伐加快

网络需要多元治理,多元治理需要有过硬的治理队伍。2014年,北京互联网治理团队建设步伐加快。2014年12月,北京市互联网违法和不良信息举报中心、首都互联网协会组织开展"2014网络社会监督工作者培训",邀请相关管理部门、业界专家针对我国网络意识形态安全挑战、移动互联网应用发展趋向以及APP中违法和不良信息的举报方法等进行授课,150余名网络监督志愿者、妈妈评审员、网站自律专员代表参加培训。通过系统培训,学员们提高了对移动互联网的认识水平,加深对网络监督的认识,提升了辨别网络不良和违法信息的能力。

2014年6月5日,经市社团办及上级主管部门登记批准,首都互联网公益联盟专业委员会成立,并公布了委员会章程和组织机构人选。该委员会汇集首都互联网企业、业界人士和相关部门的力量,积极主动传播公益文化,搭建公益平台,推动公益事业发展。同时,专业委员会成员认真践行社会责任,服务他人,让公益贴近生活,让爱心温暖社会。专业委员会将号召北京互联网行业为创建和谐中国、和谐社会,救助改善自然灾害、疾病、教育等不可避免的社会问题而共同努力。

党建工作也是治理团队的重要一环。相关部门创新了党建管理体制,由过去属地"松散型"到"行业抓、抓行业"和"一方主责、双联双管"的新探索,通过抓好影响力大和规模较大互联网企业党建工作,发挥行业管理优势和属地统筹功能。加强互联网行业内企业的党建工作,通过加强对该领域党员的教育,让党员起到模范带头作用促进企业积极规范发展,同时,党员的带头作用带动感染了企业内有能力、求进步的先进个人,为党组织培养输送更多人才。

四、总 结

北京互联网是中国互联网的领军者。2014年北京互联网依旧引人注目,不断地展现出一个又一个亮点:行业内部的激烈竞争与深度合作,巨额融资的此起彼伏,青年创业团队、垂直网站和手机游戏行业的异军突起,还有网络环境的多元治理……这些亮点都标志着北京互联网行业在2014年进入了一个全新的阶段。在这个阶段里,北京互联网的经济牵引力继续加大,成为首都经济新常态下的"稳定引擎";网络信息服务能力显著提升,成为全国乃至全世界的信息汇聚高地;软件硬件技术水平日新月异,成为全球创新创意的原发地;行业增速稳定,行业整体实力继续保持在全国领先的地位。

互联网的本质属性就是开放性,北京互联网不仅是北京本地的互联网,也是中国的互联网、世界的互联网。2013 年 7 月,《麻省理工科技评论》的一篇文章作出了这样的结论:"全世界的城市都在试图复制硅谷,希望能像它那样出色地培育无数创业公司、发展上千亿美元市值的科技公司。但到目前为止,只有一座城市成为硅谷真正的竞争对手,这就是北京。"① 北京已成为全国互联网发展的中心,也成为全球科技创新中心之一。按照当前的发展速度,北京的创业者未来或许可以挑战硅谷在创新方面的垄断地位。北京互联网未来的发展一定会辐射全国,影响世界。

对过去一年北京互联网发展形势的回顾和评述,主要对象集中在北京属地内互联网企业、公司、机构、协会与管理部门,主要围绕着它们在过去一年里发生的大事件进行总结、归纳与分析。但这只是"管中窥豹,只见一斑",还并不能完全反映出北京互联网行业发展的全貌,也难以反映出北京互联网事业的全局。但我们相信,随着观念的革新、视角的提高和研究方法的改进,我们对于北京互联网发展形势的认识会有更进一步的深入。

(作者简介:李茂,北京社科院市情调研中心,博士;齐福全,北京社科院宣传办公室主任,博士;陈华,北京市互联网管理办公室网络新闻管理处处长,博士)

---

① 《中关村——下一个硅谷》,《北京商报》2013 年 8 月 8 日。

2014年北京市互联网资本市场行业发展分析

杨　旭

◇◆◇◆◇◆◇◆◇◆◇◆◇◆◇◆◇◆◇◆◇◆◇◆◇◆◇◆◇◆◇◆◇◆◇◆◇

2014年,资本在互联网行业的表现活跃度大幅提升,表现为:互联网企业再次出现海外上市潮;VC/PE大量进入移动游戏以及移动医疗市场;互联网巨头投资加快移动互联网布局,传统企业通过投资加快与互联网融合。从投资来看,互联网巨头为了加快推进自身业务由PC端向移动端的迁移,加快移动互联生态布局,卡位入口与平台。

一、互联网行业上市公司概况

根据总部所在地域加纳税地点作为依据,本部分所研究的互联网行业上市公司包括:

赴美上市公司,如新浪、途牛旅行网、猎豹移动、聚美优品、京东、智联招聘、迅雷、乐逗游戏、阿里巴巴、一嗨租车以及陌陌共11家。

在中国香港上市公司,如天鸽互动、联众游戏、慧聪网以及神州租车4家。

上述上市公司涉及门户、门户媒体、旅游、网上零售、生活服务、网络游戏、安全、移动IM等行业(见图1-8、图1-9)。

从股价涨跌幅看,截至2014年12月31日收盘股,有14家公司的股价上涨,其中,上涨幅度较大的东方通科技(214.58%)、安硕信息(129.48%)、彩生活(68.50%)、思美传媒(52.25%)、鼎捷软件(43.26%)、途牛旅游网(33.33%);有13家公司的股价下跌,其中,下跌较为明显有百奥家庭互动(-70.23%)、乐居(-60.04%)、聚美优品(-50.02%)、迅雷网络(-48.99%)、迪信通(-36.79%)、9158聚乐网(-31.72%)、联众世界(-25.21%)。在股价上涨的公司多为国内A股公司,而股价下跌的多为港股和美股,且9只港股有6只下跌,12只美股涨跌各一半(见表1-5)。

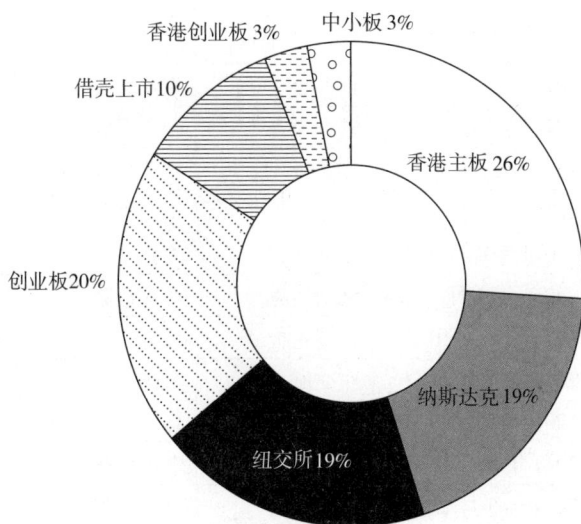

图 1-8　2014 年中国互联网公司上市场所分布情况

资料来源：Analysys 易观智库，见 www.analysys.cn。

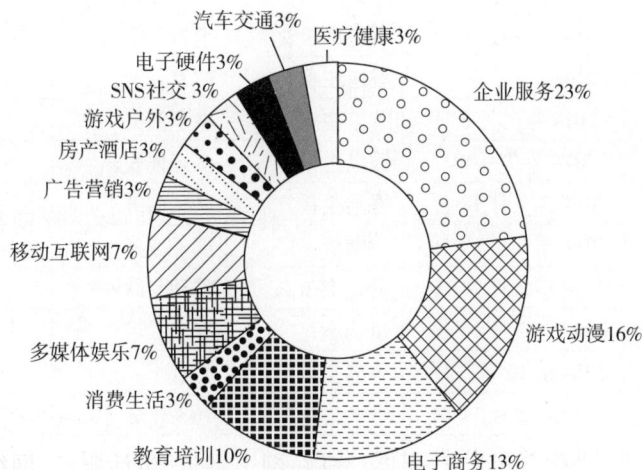

图 1-9　2014 年中国互联网上市公司领域分布情况

资料来源：Analysys 易观智库，见 www.analysys.cn。

表 1-5　2014 年互联网上市公司基本情况

上市企业	上市时间	上市地点	领域	市值（亿元人民币）
天神互动	2014 年 1 月 1 日	借壳上市	游戏	停牌
全通教育	2014 年 1 月 21 日	创业板	教育	停牌
光环新网	2014 年 1 月 23 日	创业板	企业服务	46.69
思美传媒	2014 年 1 月 24 日	中小板	广告营销	39.26

续表

上市企业	上市时间	上市地点	领域	市值（亿元人民币）
鼎捷软件	2014 年 1 月 27 日	创业板	企业服务	55.13
东方通科技	2014 年 1 月 28 日	创业板	企业服务	停牌
安硕信息	2014 年 1 月 28 日	创业板	企业服务	44.18
绿盟科技	2014 年 1 月 29 日	创业板	企业服务	72.13
达内科技	2014 年 4 月 3 日	纳斯达克	教育	5.62
爱康国宾	2014 年 4 月 9 日	纳斯达克	医疗健康	9.71
百奥家庭互动	2014 年 4 月 10 日	香港主板	游戏	17.98
乐居	2014 年 4 月 17 日	纽交所	房产	9.78
猎豹	2014 年 5 月 9 日	纽交所	移动互联网	20.90
聚美优品	2014 年 5 月 16 日	纽交所	电子商务	19.49
京东商城	2014 年 5 月 22 日	纳斯达克	电子商务	316.35
智联招聘	2014 年 6 月 13 日	纽交所	信息服务	7.58
上海昂立教育	2014 年 6 月 23 日	借壳上市	教育	54.02
迅雷网络	2014 年 6 月 24 日	纳斯达克	多媒体娱乐	5.07
畅捷通	2014 年 6 月 26 日	香港主板	企业服务	7.81
彩生活	2014 年 6 月 30 日	香港主板	消费生活	67.40
联众世界	2014 年 6 月 30 日	香港主板	游戏	20.70
迪信通	2014 年 7 月 8 日	香港主板	电子商务	11.02
9158 聚乐网	2014 年 7 月 9 日	香港主板	多媒体娱乐	51.51
科通芯城	2014 年 7 月 18 日	香港主板	电子商务	60.74
阿里巴巴	2014 年 9 月 19 日	纽交所	电子商务	2624.24
好联络	2014 年 9 月 24 日	借壳上市	移动互联网	103.63
一嗨租车	2014 年 11 月 18 日	纽交所	租车	7.62
飞鱼科技	2014 年 12 月 5 日	香港主板	游戏	28.62
陌陌	2014 年 12 月 11 日	纳斯达克	SNS 社交	22.38
途牛	2014 年 12 月 15 日	纳斯达克	在线旅游	5.70
蓝港互动	2014 年 12 月 30 日	香港创业板	游戏	36.24

注：以上市值选取 2014 年 12 月 31 日市值。

资料来源：易观智库整理。

从机构参与方面看，31 家公司共有 25 家获得 VC 机构、战略投资。从投资回报情况看，红杉资本中国是最大赢家，参与了其中的 7 家公司，包括陌陌、好联络、京东、聚美优品、大内科技、百奥家庭互动、光环新网；其次为 IDG 资本和联想系资本各 4 家，经纬中国、腾讯、奇虎 360 等各 3 家，软银、百度、兰馨亚洲、小米和金山等各 2 家（见表 1-6）。

表 1-6　2014 年互联网上市公司投资机构详情

上市企业	上市时间	背后投资机构
天神互动	2014 年 1 月 1 日	投资机构未披露
全通教育	2014 年 1 月 21 日	广东中小股权、中泽高盟、中山市优教投资管理
光环新网	2014 年 1 月 23 日	红杉资本、百汇达投资
思美传媒	2014 年 1 月 24 日	首创投资、阿德投资
鼎捷软件	2014 年 1 月 27 日	投资机构未披露
东方通科技	2014 年 1 月 28 日	盈富泰克
安硕信息	2014 年 1 月 28 日	君联睿智、上海复旦创业管理、张江汉世纪投资
绿盟科技	2014 年 1 月 29 日	联想投资、雷岩投资、Investor AB Limited
达内科技	2014 年 4 月 3 日	红杉资本、IDG 资本
爱康国宾	2014 年 4 月 9 日	华登国际投资、清科创投、经纬中国、美国中经集团、高盛集团、新加坡政府投资公司、中投
百奥家庭互动	2014 年 4 月 10 日	红杉资本中国
乐居	2014 年 4 月 17 日	光线传媒、腾讯
猎豹	2014 年 5 月 9 日	百度投资、小米科技、金山软件、腾讯、经纬中国
聚美优品	2014 年 5 月 16 日	真格基金、险峰华兴、万嘉创投、红杉资本中国、银泰资本、泛大西洋投资
京东商城	2014 年 5 月 22 日	腾讯、今日资本、DST
智联招聘	2014 年 6 月 13 日	兰馨亚洲投资、联想创投、智基创投
上海昂立教育	2014 年 6 月 23 日	投资机构未披露
迅雷网络	2014 年 6 月 24 日	IDG 资本、晨兴创投、小米科技、金山软件、谷歌投资、联创策源
畅捷通	2014 年 6 月 26 日	投资机构未披露
彩生活	2014 年 6 月 30 日	投资机构未披露
联众世界	2014 年 6 月 30 日	伟德沃富投资
迪信通	2014 年 7 月 8 日	奇虎 360、TCL 创投、联想集团、联通
9158 聚乐网	2014 年 7 月 9 日	奇虎 360、新浪、IDG 资本
科通芯城	2014 年 7 月 18 日	慧聪网
阿里巴巴	2014 年 9 月 19 日	中投公司、中信资本、博格资本、国开金融、淡马锡、DST、云峰基金、雅虎、软银、富达、GGV、汇亚投资、瑞典 Investor AB、TDF、日本亚洲投资、新加坡政府科技发展基金
好联络	2014 年 9 月 24 日	红杉资本、光速创投、东方富海
一嗨租车	2014 年 11 月 18 日	鼎晖投资、集富亚洲 JAFCO、启明创投、汉理资本、携程
飞鱼科技	2014 年 12 月 5 日	投资机构未披露
陌陌	2014 年 12 月 11 日	阿里巴巴、58 同城、云峰基金、红杉资本中国、老虎亚洲基金、经纬中国、DST、紫辉创投
途牛	2014 年 12 月 15 日	携程、京东商城、奇虎 360、DCM、红杉资本中国、淡马锡
蓝港互动	2014 年 12 月 30 日	IDG 资本、北极光创投、NEA、复星集团、兰馨亚洲、软银赛富、百度

来源:易观智库整理。

从回报来看,软银资本投资阿里巴巴、今日资本投资京东商城应该是回报率最高的,而且坚定投资多年;经纬、阿里巴巴、紫辉投资等投资陌陌,还有红杉资本、真格、险峰华兴等投资聚美优品,从时间回报周期以及回报比例来看,都有不错的收益。

二、互联网行业上市公司基本财务状况比较分析

随着上市公司群体不断扩大,年报数据已成为观察过去一年国民经济运行整体情况的一个重要窗口。互联网公司的良好业绩表现,在一定程度上折射出我国经济转型的过程、方向和正在形成的突破口。

北京互联网行业上市公司在2014年上市潮中表现出积极稳健的态势,在营收规模、营收同比增长率以及净利润、净利润同比增长率等方面,增长成为主流(见表1-7)。

表1-7　2014年北京互联网行业上市公司营收情况及变化趋势

上市企业	2014年营收（亿元人民币）	营收同比增长率（%）	2014年净利润（亿元人民币）	净利润同比增长率（%）
光环新网	4.35	41.02	0.95	41.51
东方通科技	1.94	7.73	0.57	25.60
绿盟科技	7.02	12.78	1.45	22.39
达内科技	8.44	31.86	1.53	94.10
乐居	30.75	48	5.62	44
猎豹	17.60	135.20	1.75	132.40
聚美优品	39.20	31	0.62	22.11
京东商城	347.20	73	−50	−4.00
智联招聘	10.80	18.80	1.87	19.80
联众世界	4.76	101.30	1.45	238.10
迪信通	143.59	12.07	3.18	19.40
陌陌	2.78	132.40	−1.57	17.38
蓝港互动	6.70	31.80	1.64	95.40

来源:易观智库整理。

2014年,在13家上市公司中,营收同比实现增长。其中,猎豹的营收同比增长率最快,同比增长135.20%;陌陌的增长率也较高,同比增长达132.40%;联众世界同比增长101.30%,增幅翻倍。此外,2014年京东商城营收规模达347.2亿元人民币,凸显出了其良好的发展前景。随着电商企业的纷纷上市,电商市场的后续能量变得越来越热,竞争也将更加多元。社会化平台广告营销、信息服务、生活服务、企业应用服务、移动安全、房地产市场等领域的进一步深耕发展,开始获得规模化红利。

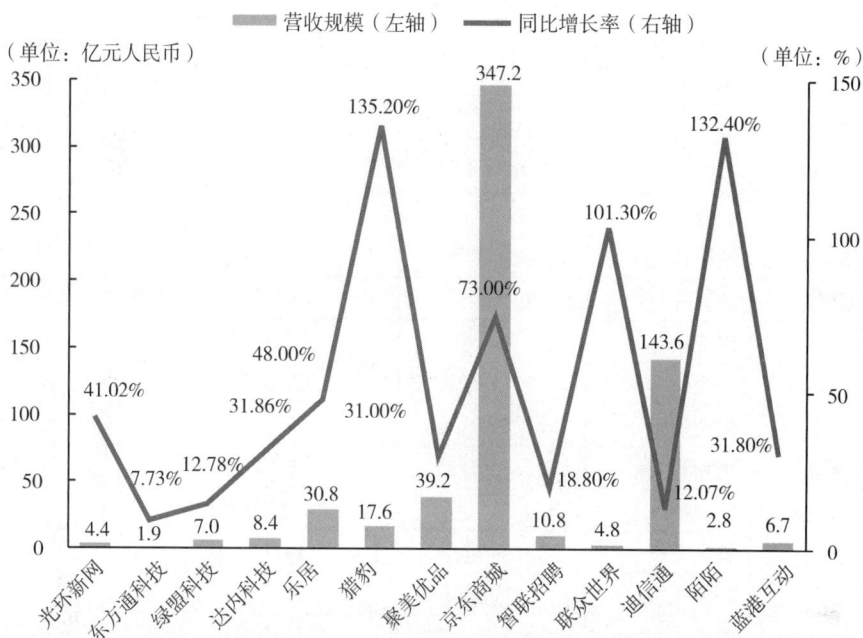

图 1-10　2014 年北京互联网上市公司营收规模

资料来源：Analysys 易观智库，见 www.analysys.cn。

　　图 1-10 表明：移动安全和移动社交营收规模增长快速，猎豹和陌陌的营业收入分别增长了 135.20% 和 132.40%。电子商务保持繁荣，京东商城、聚美优品等电商企业在 2014 年收入增长率分别为 73% 和 31%。网上零售的需求和交易额继续扩大，在需求已经具备规模化之后，电商企业走出跑马圈地竞争的阶段，通过模式创新、品类区分多样性、运营手段和供应链建设取得进一步发展和竞争。传统门户的营业收入也保持着稳健增长。门户资源优势、垂直频道深耕以及向移动端的比重迁移提升都是公司继续发展的立足点。

　　作为 2014 年北京上市公司收官之作，游戏股企业营收规模总体保持增长的态势。端游页游起家并涉足研发运营等各产业链环节的游戏企业收入稳定，收入增速放缓，处于转型阶段。

三、互联网行业北京上市公司资本市场表现及比较

　　2014 年，北京互联网行业资本市场活跃（见表 1-8），东方通科技、达内科技、京东商城以及智联招聘这四家公司股价整体处于较高水平。相对于 2014 年 12 月 31 日的收盘价，股价都基本取得了明显的上涨。

表1-8　2014年北京互联网行业上市公司股价变动情况

上市企业	上市地点	上市开盘价	2014年12月31日股价	涨幅（%）
天神互动	借壳上市	N/A		N/A
光环新网	创业板	45.96元	42.77元	-6.94
东方通科技	创业板	26.4元	83.05元	214.58
绿盟科技	创业板	49.2元	53.2元	8.31
达内科技	纳斯达克	9.86美元	11.1美元	12.58
爱康国宾	纳斯达克	16.5美元	15.04美元	-8.85
乐居	纽交所	18.12美元	7.24美元	-60.04
猎豹	纽交所	15.14美元	15.12美元	-0.13
聚美优品	纽交所	27.25美元	13.62美元	-50.02
京东商城	纳斯达克	21.75美元	23.14美元	6.39
智联招聘	纽交所	14.51美元	15.18美元	4.62
畅捷通	香港主板	14.04港币	14.2港币	1.14
联众世界	香港主板	3.53港币	2.64港币	-25.21
迪信通	香港主板	5.3港币	3.35港币	-36.79
好联络	借壳上市	N/A	36.88元	N/A
陌陌	纳斯达克	14.25美元	12美元	-15.79
蓝港互动	香港创业板	9.81港币	9.8港币	-0.10

注：以上股价选取2014年12月31日收盘价。
资料来源：易观智库整理。

值得注意的是，随着我国经济发展进入新常态和"三期"叠加，北京互联网上市公司经营仍然面临国内经济发展下行压力、全球经济复苏艰难曲折等困难因素；同时，随着加大力度实施创新驱动发展，互联网上市公司发展有了新机遇、新空间，国家政策等全面深化改革措施也在不断优化互联网企业的经营环境。

在利弊因素并存的情况下，2014年整体北京互联网上市企业更加注重产业整合，向纵深发展。其中：(1)乐居由于传统行业互联网化的概念，与传统行业相结合的融合创新所带来的未来前景被看好。(2)猎豹的成功上市可助其抢占海外市场先机，加强其竞争实力；百度与腾讯的投资能够缓解未来移动安全市场中三者的竞争关系。基于百度与腾讯的投资以及与小米的"亲密"关系，猎豹市场前景具有一定的想象空间。(3)聚美优品以团购为核心，进而发展成为化妆品B2C商城，品类与品牌的扩张尚需时日。(4)京东商城物流的规模化效益进一步提高，随之上市的成功带来了更多的资金后备力量，下一步发展值得关注。(5)以陌陌为代表的垂直型社交应用在微信、微博不断平台化发展，通过为用户提供全方位的服务来获取用户粘性从而获得用户付费收入或者广告营销收入，抓住了部分具有垂直需求的用户，满足他们细分强需求从而获得了相应的市场机会。（6）蓝港作为转型切入手游市场较早的公司具有先发优势，先后推出三款产品都是行业内标杆性产品。公司上市之后，蓝港后续产品储备丰富，类型覆盖面也很广，兼顾自研和发行，多款产品有知名 IP 合作，老款产品生命周期较长，有着稳定的市场表现。

如图 1-11 所示，2014 年，乐居全年实现净利润 5.6 亿元人民币，同比增长 44%。乐居其收入来源分为三块：电子商务、线上广告和二手房挂牌服务。其中，电子商务收入为 20.27 亿元人民币，同比增长 92%，表现亮眼。这主要得益于乐居加大移动电商的布局。乐居注重"入口"，利用碎片化的时间查看楼盘资讯必然成为移动互联网时代的一大趋势。在 2014 年年初，乐居联合新浪微博与腾讯微信两大移动入口级应用，搭建了首个房地产行业的移动电商平台，整合新浪微博、腾讯微信移动互联网两大入口，通过移动互动的特点实现精准锁客与意向转化，同时从移动终端联动二手房经纪渠道，拓宽新房营销路径，为房产营销市场开辟出崭新的移动互联网蓝海。

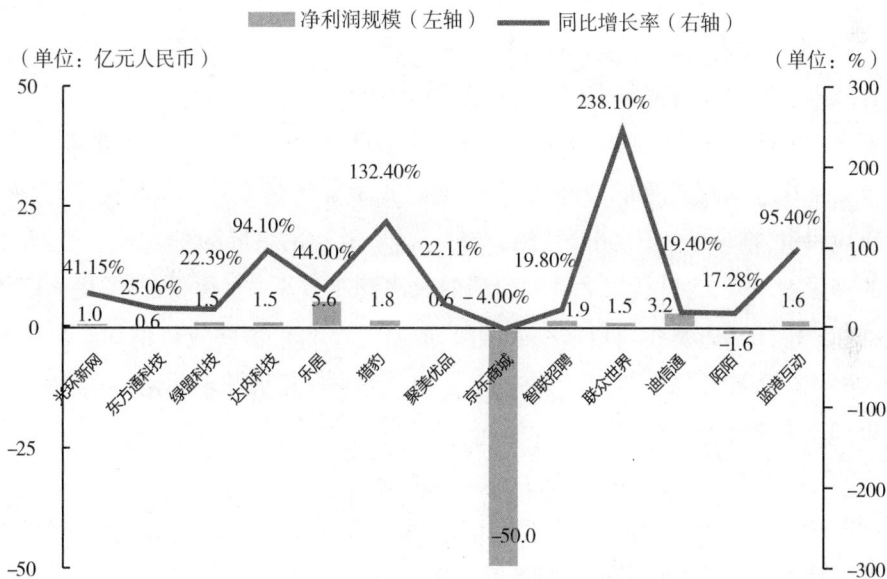

图 1-11　2014 年北京互联网上市公司净利润规模

资料来源：Analysys 易观智库，见 www.analysys.cn。

当前，国内互联网市场中 BAT 互联网巨头们仍占据着绝对的优势，其他规模较小的互联网企业拓展空间则有限。而猎豹上市为其创造了相对独立发展的空间。2014 年，猎豹移动的净利润保持着较高的增长态势，同比增长率达到 132.40%。

京东商城 2014 年净亏损为人民币 50 亿元人民币，上年同期的净亏损为人民币 5000 万元。京东商城 2014 年净亏损扩大的主要原因是股权激励费用，以及与腾讯战略合作涉及的资产及业务收购所产生的无形资产的摊销费用。在上市前夕，京东董事会给予京东董事长刘强东占京东股份4%的期权奖励,摊销了36亿元。京东上市前招股说明书显示,2014年第1季度公司出现了一笔36.70亿元的股权补偿开支,主要是赠予京东CEO刘强东9378.097万股限制股。如果除去这一笔股权补偿开支,2014年全年,京东亏损将降低至10.26亿元。

联众控股集团公布的2014年年度财报显示,联众净利润为1.45亿元人民币,同比增长达238.10%,成为2014年北京互联网上市企业中最高净利润增速的企业。近年来,联众不断加强移动游戏投入力度,推出一系列富有创意的游戏,以把握不断变化的用户需求。同时,联众与中国移动、中国联通、中国电信三大运营商展开紧密合作,在运营平台上推出超过50个版本的移动游戏。联众细分渠道,与小米、VIVO、酷派等手机厂商也有深入合作。借助多元化的合作方式和深耕细作的渠道体系,2014年联众在移动业务方面收获了持续的高增长。而随着商业化进一步加快及新移动游戏的不断推出,联众的移动业务成为新引擎,为其业务增长建立巩固基础。

另外,陌陌的成功上市在一定程度上说明,即使是在腾讯具有主导地位的社交市场中,垂直类应用还是具有一定的发展空间,获得用户、广告主和资本市场的关注,未来将有越来越多的开发者凭借创新意识参与其中。

总之,2014年资本在互联网行业表现活跃,互联网企业再现海外上市潮,互联网巨头投资加快移动互联网布局,传统企业通过投资加快与互联网的融合。2014年,巨头通过投资,推动了O2O闭环落地,布局了内容互动的多屏场景,进一步完善了大数据的多维度串联,为日后以大数据价值的二次变现储备了资源,打开了更为广阔的盈利空间——闭环以及商业数据积累的反向应用,平台价值将成倍增加。盈利模式也会从展示广告到效果广告,向最终的电子商务等方向延展及多元化,流量货币化的效率得到巨大提升。

(作者简介:杨旭,易观智库分析师,致力于互联网及互联网化宏观产业研究,主要涉及互联网细分行业跨界领域分析)

第二部分　行业发展

Part Ⅱ　Industry Development

互联网经济发展现状、问题与趋势

王　帅

近几年,互联网特别是移动互联网的迅猛发展,互联网用户规模的持续扩大,引发整个社会生活生产方式的变革。互联网作为基础设施和创新要素,推动经济形态不断发生演变。经济合作与发展组织(OECD)在《互联网经济展望2012》中提出,"互联网经济"是用来定义互联网与ICT在整个经济体系中所支撑的经济转变的一个词语,指互联网的各种可以量化的经济影响力。随着"互联网+"战略的落地,我国的互联网经济必将迎来爆发式增长。

一、互联网经济的概念

当前,"互联网经济"并没有统一的解释。随着互联网的发展,互联网经济的内涵也在不断发生改变。笔者认为,"互联网经济"是以现代信息通信技术为基础,基于互联网产生的经济活动的总和,不仅仅包括互联网产业内部的经济活动,还包括各行各业基于互联网产生的经济活动,具体表现为各市场主体的生产、交换、分配、消费等经济行为不同程度的依赖于互联网,通过互联网获取信息,进行预测、决策以及交易。

表2-1　互联网经济的主要内容

组成部分	主要内容
互联网设备制造	互联网终端和服务器端、交换设备、连接设备、路由设备等在内的各种硬件设备的制造
互联网基础设施	宽带网络、基站、云数据中心和公共服务平台等,表现为软件和硬件的结合

组成部分	主要内容
互联网服务	电子商务服务、互联网接入服务、建站咨询和培训以及移动互联网服务
互联网应用	电子商务、即时通信、搜索引擎、电子邮件、网络游戏以及移动互联网应用
传统产业互联网化	互联网向传统产业渗透,互联网不仅是电力一样的经济基础设施,而且会带来思维重构和模式创新,能够促进传统产业的转型升级甚至变革,例如酒店业、制造业、旅游业、金融业、生活服务业的互联网化

资料来源:作者整理。

相对于传统的工业经济,互联网经济有五个内在属性。一是边际成本接近零,互联网产品的可复制性使得边际成本递减达到了极致,边际成本甚至可以为零,这使得互联网产品和服务后向付费的收费模式成为可能。二是外部经济性。互联网经济的外部性是指,每个用户从使用某产品中得到的效用与使用该产品的用户总量有关。用户人数越多,每个用户得到的效用就越高。三是虚拟性。互联网显著降低了各市场主体之间的交流沟通成本,大大提高了信息传输效率,此外,互联网使得经济增长不受人口数量、空间资源、水电能耗等生产要素的束缚,大型百货商店受限于店铺空间、商圈人流量、销售人员服务范围和数量等限制,单店规模 10 亿元已是天花板,而电子商务企业服务的客户覆盖全国,营业收入达数百亿元,但人员仅为大型百货商店的几分之一,甚至十几分之一。四是服务化。服务化是互联网经济的突出特点。互联网对传统产业的渗透导致各行各业的互联网化,实质是基于互联网的服务化。传统服务业目前处于非最优的服务化状态,而互联网可以帮助传统产业达到最优的服务化状态。五是范围报酬递增。范围报酬递增指在资源共享条件下,低成本的多品种协调带来的经济性。互联网产品"小而美"的潮流正好是这种特征的反映。互联网经济主张小批量多品种高附加值,强调营造信息化资源共享环境和国家竞争优势环境,反对粗放经营的规模扩张。

二、互联网经济发展现状

(一) 互联网经济规模达到四千亿美元

我国互联网经济规模增长迅速,占 GDP 的比例已经达到全球领先水平,带动经济增长的潜力巨大。虽然当前对互联网经济的测量没有统一的标准,但不乏相关研究。麦肯锡报告显示,2013 年,中国互联网经济规模约占 GDP 的 4.4%,达到 4049 亿美元。而 2010 年时,这一比例只有 3.3%。随着互联网对传统产业渗透的加强,

2013 年到 2025 年间,互联网对中国 GDP 增长的贡献可望达到 7%—22%。

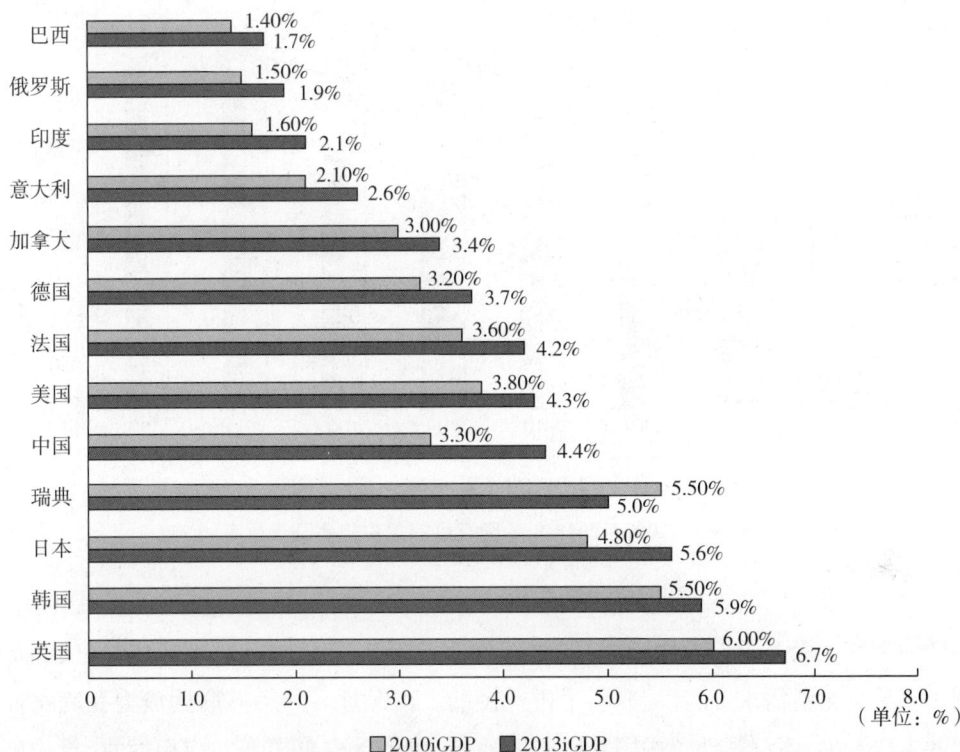

图 2-1 **2010 和 2013 年各国互联网相关支出占 GDP 的比重**(用 **iGDP** 表示)

资料来源:麦肯锡。

图 2-1 表明,2013 年,我国的互联网经济规模在全球 13 个主要经济体中排名第 5,相比于 2010 年,互联网经济规模占比同比增加了 1.1 个百分点,增速较快。

(二) 互联网用户规模和移动互联网用户规模庞大

我国的互联网用户规模和移动互联网用户规模保持着持续增长态势,且移动智能终端已成为第一上网终端。截至 2014 年 12 月,我国互联网用户规模达 6.49 亿,较 2013 年年底增加 3117 万人。互联网普及率为 47.9%,较 2013 年年底提升了 2.1 个百分点。移动互联网用户规模达 5.57 亿,较 2013 年年底增加 5672 万人。上网设备中,移动智能终端使用率达 85.5%,超越传统 PC 使用率(80.9%),移动智能终端作为第一大上网终端设备的地位更加巩固。网站数量方面,截至 2014 年 12 月,我国网站总数为 335 万个,年增长 4.6%。

移动互联网用户规模的持续增长,一方面得益于 3G 的普及、无线网络的发展和智能手机的价格持续走低,为移动上网提供了基础环境;另一方面得益于移动应用的

（单位：万人）
（单位：%）

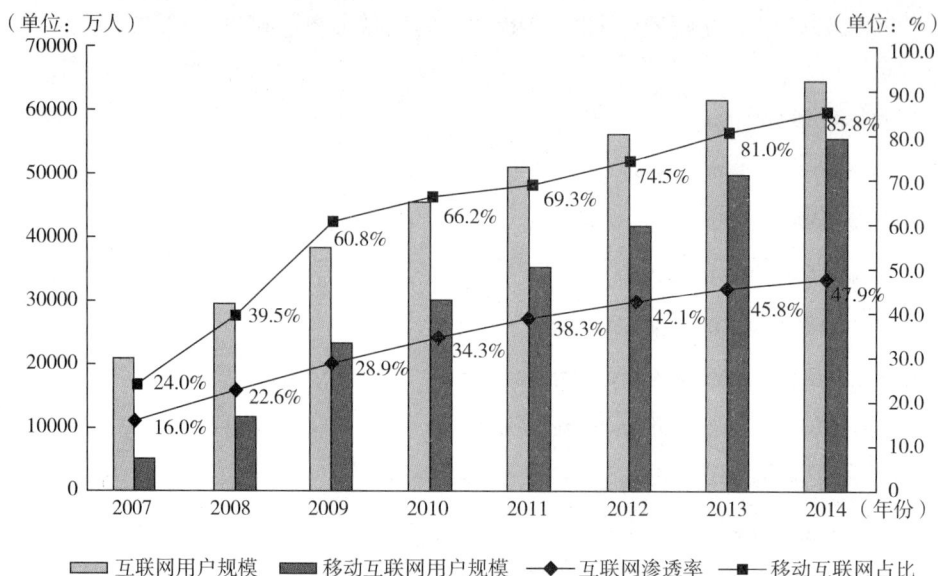

图 2-2 2007—2013 年中国互联网用户规模及渗透率

资料来源：CNNIC。

多样性和移动服务的深入性，比如移动金融、移动医疗等移动互联网应用，不仅满足网民多元化生活需求，而且提升了手机网民的上网黏性。移动互联网成为互联网发展的主要动力，不仅推动了中国互联网的普及，更催生出更多新的应用模式，重构了传统行业的商业模式，带来互联网经济规模的迅猛增长。

（三）互联网设备制造产业规模稳步扩大

互联网设备主要包括：手机、计算机、集成电路、彩色电视等。随着移动互联网的发展，智能手机产量快速增长。2014 年，手机产量达到 145561 万部，同比增长 23.2%；微型计算机产量达到 33661 万台，同比负增长 4.9%；集成电路产量达到 867 亿块，同比增长了 5.3%；彩色电视机产量达到 12776 万台，同比负增长 0.4%（见表 2-2）。此外，集成电路行业和通信设备行业的投资额也高速增长，2013 年集成电路行业投资活跃，完成投资额 578 亿元，同比增长 68.2%，通信设备行业完成投资 897 亿元，同比增长 37%。

表 2-2 2014 年各主要互联网设备产量及增速

设备名称	单位	2014 年产量	同比增速
手机	万部	145561	23.2%
微型计算机	万台	33661	-4.9%
集成电路	亿块	867	5.3%
彩色电视机	万台	12776	-0.4%

资料来源：工业和信息化部。

（四）互联网基础设施不断完善

光纤接入用户和高速率宽带用户占比提升明显。2014年,光纤接入(FTTH/0)用户净增2749.3万户,总数达6831.6万户,占宽带用户总数的比重比上年提高12.5个百分点,达到34.1%。8M以上、20M以上宽带用户总数占宽带用户总数的比重分别达40.9%、10.4%,比上年提高18.3、5.9个百分点。

互联网国际出口带宽增速显著。截至2014年12月,我国网络国际出口带宽达到4118663Mbps,同比增长20.9%。其中中国电信稳居首位,首次突破2500G大关,达到2569519Mbps。

传输网长度再创新高。2014年,全国新建光缆线路300.7万公里,光缆线路总长度达到2046万公里,同比增长17.2%,比上年同期回落0.7个百分点,整体保持较快的增长态势。全国新建光缆中,接入网光缆、本地网中继光缆和长途光缆线路所占比重分别为46.8%、48.7%和4.5%。接入网光缆和本地网中继光缆长度同比增长16.6%和19.4%,分别新建136.1万公里和160.7万公里;长途光缆保持小幅扩容,同比增长3.4%,新建长途光缆长度达3.8万公里。

（五）互联网应用市场规模再创新高

2014年,互联网应用的经济效益持续增大,电子商务、在线旅游、O2O、社交网络等互联网应用市场蓬勃发展。随着网络购物渗透率攀升,电子商务市场保持快速增长态势。艾瑞统计数据显示,2014年中国电子商务市场交易规模12.3万亿元,同比增长21.3%,预计2017年电子商务市场规模将达21.1万亿元。其中,中小企业B2B电子商务占比一半,B2B电子商务合计占比超过七成,B2B电子商务仍然是电子商务的主体;网络购物交易规模市场份额达到22.9%,比2013年提升4.2个百分点;在线旅游交易规模与本地生活服务O2O市场占比与2013年相比均有不同程度的提升。据CNNIC统计,截至2014年12月,中国网络购物用户规模达3.61亿人,较2013年年底增加5953万人,增长率为19.7%。其中,手机网络购物用户规模达到2.36亿,占手机网民比例为42.4%。未来手机网购和O2O市场将成为电子商务市场中发展速度最快的两大领域。

社交网络方面,移动社交通过LBS的形式与线下企业建立合作,借助移动设备定位功能,结交周围朋友,不但为用户增加了娱乐性,也为企业添加了营销途径。CNNIC数据显示,微信、QQ已经成为第一大上网应用,在网民中的使用率持续上升,达到90.6%。截至2014年12月,手机即时通信(包括微信、手机QQ等)使用率为91.2%,较2013年年底提升了5.1个百分点。手机即时通信由于其随身、随时、拥有,社交属性和可以提供用户位置的特点,自身定位逐渐从以前单一的通信工具演变成支付、游戏、O2O 等高附加值业务的用户入口。

(六) 互联网向传统行业渗透加速

传统行业正从产品形态、销售渠道、服务方式、盈利模式等多个方面打破行业原有的业态,在与互联网的融合与重构中焕发新生。传统产业通过向互联网迁移,与之融合或者整合,可以实现资金流、信息流、物流"三流融合",带来产业或服务的转型升级。下面从消费电子、汽车、化工、金融、房地产和医疗卫生六个行业阐述互联网对传统产业的转型升级作用。

在消费电子领域,创新的电子产品开辟新市场。互联网为消费电子类产品释放出巨大的创新动力,包括智能家电和网络电视等连接设备。例如,海尔开发的智能家居解决方案,将用户的家电设备与家中的娱乐、安防及照明等各个系统相连接。此外,居民已经对数字电影、电视节目、音乐、游戏和其他媒体内容展现浓厚的兴趣,大约70%的中国网民观看网络视频,有大约50%使用移动互联网观看网络视频。互联网在扩大市场消费需求的同时,也帮助该行业提高生产效率。如智能手机制造商小米推出官方网上社区,粉丝们对产品改善提出的建议会反映到每周的软件更新上。

在汽车行业,互联网帮助建立新的销售和服务模式。汽车制造商已经使用实时数据来优化供应链的库存水平及运输线路,以提升企业的库存周转速度。不仅如此,互联网还能够帮助汽车制造商管理持续攀升的营销成本。斯柯达和大众公司正在尝试通过官方网站或天猫销售汽车,此外易车网、汽车之家等汽车垂直网站也发展迅速。

在化工行业,互联网促进产业链升级。通过提供从供应商库存、货运物流到下游客户需求等方面细化的实时数据,互联网可提高预测的准确度并优化生产计划,从而帮助化工企业优化生产流程。互联网还能帮助化工企业紧跟科学与行业的最新动态,与客户及外部专家实现合作,从而提高企业的研发能力。与此同时,化工企业可以利用物联网提供综合解决方案,例如工业企业的水处理方案。精细农业则是另一个新市场:传感器能够收集、处理农田中水分和营养水平的实时数据,并自动生成所需的肥料和处理方法。

在金融行业,企业通过互联网服务新的零售及企业细分市场。随着监管的进一步放松,以及互联网金融越来越大的影响,金融业的竞争日趋激烈。这些趋势使得金融机构利用信息技术降低成本、开拓新市场的紧迫性更为突出。通过对互联网上海量的实时数据点分析,银行可降低不良贷款风险;借助搭建网络平台,银行提高市场营销和与客户互动的有效性。此外,也降低了投资理财的门槛,网上货币市场基金、折扣券商和第三方在线市场不断涌现。

在房地产行业,购房、租房等电子商务平台成为主流。类似搜房网等电子商务平台提供开发商、经纪人、个人房东的挂牌信息、楼盘广告和搜索功能。由于能够更快地找到有诚意的购房人,开发商和经纪人可以优化房地产搜索和交易流程,降低营销和存货成本。地方政府现在可以搭建土地招拍挂网上交易平台以增加信息透明度。此外,中国最大的 C2C 网站淘宝网也在 2012 年推出了抵押房产的拍卖平台。

在医疗卫生行业,互联网显著提升医疗系统效率。现在很多低级别的医院、社区卫生所和农村诊所都缺乏技术系统。即使是大城市的三甲医院,信息管理仍然十分分散。从纸质病历记录到电子管理系统的转变将大幅提高中国公共卫生医疗的管理水平。同时,区域健康医疗信息网络(RHINs)则可以将大医院和社区诊所联网,协调转诊和治疗事宜,从而缓解医疗卫生资源过度集中在大医院的问题。此外,人们可以访问点评医院和医生的网站来了解相关医院,这些网站使得治疗结果和患者满意度更加公开透明。网上预约系统能够缓解三甲医院的排队问题,而网上咨询平台可以让患者直接向医生提问。

三、存在的问题

(一) 互联网经济区域发展不均衡,数字鸿沟依然存在

受经济发展、教育和社会整体信息化水平等因素的制约,中国互联网经济发展呈现东部发展快、西部发展慢,城市普及率高、乡村普及率低的特点。

在互联网基础设施建设方面,东部省份的互联网宽带接入网络和骨干网络较为完善,网速快,互联网普及率较高,远远高于西部地区。从 IPv4 地址的拥有量看,北京、上海、广东、浙江、江苏五个省份的拥有量超过全国 IPv4 地址的 50%;从域名和网站数的地域分布看,华北、华东、华南地区的网站和域名数均远远多于东北、西南、西北的网站和域名数,数量几乎相差 8 倍。

在互联网应用方面,以 B2C 电子商务为例,其发展高度依赖于本区域的经济发展水平,特别是区域内的物流体系建设以及中心城市的消费水平,而东部沿海省份和城区具有明显的优势,西部地区以及农村仍然比较落后。

在传统产业的互联网化方面,目前的互联网化企业基本都聚集在北上广等一线城市。一是因为一线城市用户的参与感较强,而互联网化的一个重要特征是基于用户参与的个性化、定制化生产,二是因为互联化往往意味着思维模式的创新,需要大量的高端素质人才。中西部地区的传统产业多数工业化尚未完成,互联网化所需的

社会环境集成尚未具备,用户的互联网意识较弱。

(二) 网络与信息安全形势依然严峻

从全球范围来看,系统安全漏洞频繁出现,"棱镜计划""心脏出血漏洞""Shellshock 安全漏洞"等制约了互联网经济的持续健康发展,严重威胁国家利益、公共利益和社会公众权益。近几年我国的互联网经济发展速度较快,但是核心技术仍然受制于人,导致我国面临了更加严峻的网络和信息安全威胁。目前,我国境内任何一台采用非自主可控操作系统的计算机、云平台、手机或者平板电脑,一旦上网甚至开机,其所载的数据和信息就有可能暴露在形形色色、无处不在的监控或监视之下。另一方面,互联网用户面临的网络钓鱼事件有增无减,危害更大的间谍软件不断出现。网络和信息安全问题已经成为困扰我国互联网产业发展的关键问题之一。

(三) 影响互联网经济发展的深层次问题依然存在

一是目前互联网上的行为缺乏有效约束,虚拟网络环境下诚信问题较为突出,影响了互联网向传统产业和现代服务业的渗透。二是互联网在技术上缺乏重大创新和突破,在业务应用和商业模式方面仍然跟在国外公司的后面,对用户深层次的需求开发还不够。三是某些互联网增值服务企业行业自律意识不强,缺乏社会责任感,侵犯版权、传播虚假信息的事件时有发生,色情、不健康的内容屡禁不止;技术标准性差,不规范经营和不正当竞争行为也屡屡出现,互联网市场秩序有待进一步规范。

四、发展趋势

网络空间与物理空间融合加速。以 O2O、信息物理系统(CPS)为代表的新业态、新服务,推动现实空间延升至网络空间,两者边界逐渐消融。互联网的普及、移动智能终端的快速大规模覆盖、电子商务平台的迅速扩张,以及传统商业活动的线上化,推动互联网与传统行业迅速结合,线上线下商业模式迅猛发展。CPS 技术的发展和普及,通过计算机和网络实现功能扩展的物理设备无处不在,将推动工业产品和技术的升级换代。

生活方式的变革逐渐渗透到企业生产领域。各行各业 O2O 模式的发展,已经极大地改变了人们的消费生活方式,比如打车、旅游、餐饮等。未来,随着传统产业与互联网融合的深入发展,互联网开始重塑企业的生产和服务供给模式,个性化、服务化渐成发展方向。以制造业为例,传统的制造行业已从原来大订单、大规模、单一化的产品生产进入小批量、定制、精益化生产时代。制造厂商通过电子商务直接收集来自客户需求,根据用户需求进行式样设计和产量设定,以取代过去大规模批量化的生产模式。

　　数据成为新的生产要素,是互联网经济发展的主要驱动力。互联网经济的发展伴随着 IT 的发展,当前 IT 发展已经进入数据驱动阶段,核心是数据的处理分析。互联网经济越发达,网络空间与物理空间的融合越深,产生的数据量也就越大越复杂,如何利用这些数据成为关键。以大数据为例,通过聚焦全部数据和数据间的相关关系,人们可以从中挖掘有意义的关联和关系,从而发现新的商机。

　　(作者简介:王帅,工业和信息化部电子科学技术情报研究所分析师)

北京市传统企业"互联网+"发展状况

杨 旭

◇◇◇

2014 年,是互联网经济与传统经济加速融合发展的一年。互联网作为一种基础性工具催生传统行业的变革继续扩大,互联网思维和理念也逐步向更多的行业进行渗透。越来越多的传统行业在互联网化的大背景下经历着转型,或处于发展阶段变化的时期。但是,不同的行业处于不同的互联网化演进阶段。目前,商品零售、住宿、餐饮、旅游、教育、金融处于行业互联网化的繁荣阶段,融合创新频发,优化产业结构深化,对传统行业的商业模式和产业链结构都产生了重大影响。

为了更好地反映出 2014 年北京市传统企业在互联网下的发展,本报告选取了以下代表性的传统行业互联网化的上市公司作为样本加以研究。主要包括:在美国上市的世纪互联、蓝汛、学大教育以及正保远程教育 4 家中概股公司;在国内 A 股上市的王府井、华联综超、中信银行、北京银行、中国中期、全聚德、中国国旅、中国国航、同方股份、大唐电信、数码视讯、合众思壮、航天信息、拓尔思、用友网络、神州泰岳 16 家公司;在美国和中国香港两地上市的中国电信,在香港与国内 A 股上市的中国联通,以及在香港上市的中国移动 3 家公司。

上述公司业务涉及教育、CDN/IDC 设备与服务、零售商贸、餐饮、金融、航空、通讯设备、位置服务设备、数字电视设备、软件与解决方案、大数据与云计算设备及服务、基础电信运营等。

一、在美上市的传统企业

北京市在美上市的传统企业主要有 CDN/IDC 信息基础服务与设施行业和教育业两大类。2014 年,两个行业上市公司经营状况出现较大差距,股票价格普遍下滑(见表 2-3、表 2-4)。

表 2-3 北京在美上市的部分传统企业 2014 年经营情况

上市企业	2014 年营收 （亿元人民币）	营收同比 增长率（%）	2014 年净利润 （亿元人民币）	净利润同比 增长率（%）
世纪互联	28.80	46.3	0.79	-34.1
蓝汛	13.80	25.5	1.35	2.5
学大教育	20.90	-2.5	1.01	721.9
正保远程教育	6.03	36.2	1.45	72.6

资料来源:易观智库。

表 2-4 北京在美上市的部分传统企业 2014 年股价变化

上市企业	上市地	股价 2013/12/31（美元）	股价 2014/12/31（美元）
世纪互联	N 股	23.52	15.46
蓝汛	N 股	8.91	9.19
学大教育	N 股	6.13	2.39
正保远程教育	N 股	18.69	16.39

注:股价分别选取 2013 年 12 月 31 日以及 2014 年 12 月 31 日收盘价。
资料来源:易观智库。

（一）CDN/IDC 信息基础服务与设施行业

2014 年,世纪互联取得 28.8 亿元人民币的营收,同比增长 46.3%,实现 0.79 亿元人民币的净利润规模。蓝汛在 2014 年营收规模达 13.8 亿元人民币,营收同比增长 25.5%,净利润达 1.35 亿元人民币,同比增长了 2.5%。这种结果表明,原有的信息基础服务与设备需求在增加。但值得注意的是,需求增加的同时,世纪互联和蓝汛都需要更好地解决企业市场的数据与云端服务解决方案的未来需求来驱动盈利的增长。

（二）教育业

2014 年,北京市在美上市的两家教育企业净利润均有不同程度的上涨。尤其是学大教育,净利润同比增长高达 721.9%。行业内上市企业的发展潜力,也反映了教育互联网化程度的进一步加深,市场培育出更好的用户习惯,在线产品和服务体验也更加贴近用户需求。

1. 学大教育

2014 年,学大教育全年净营收 338.3 百万美元,较 2013 年下降了 2.5%。各项成本费用占营收的比重都有所上涨,毛利润及毛利率明显下滑,营业利润为-12.2 百万美元,学大教育再度陷入亏损的困局。

学大教育自 2004 年推行个性化服务模式以来一直在跑马圈地,试图以区域扩张的方式来发展自身业务。截至 2014 年 12 月 31 日,学大教育已在全国 81 个城市开设了 467 所个性化学习中心。然而,学大教育正在放缓其扩张速度。2014 年,学习中心的增长率已降低至 14.5%。逐个城市"地推"策略必然导致边际效益递减。2010—2014 年,学大教育的教学人员成本和租赁成本一直保持在 60% 以上,并有不断上涨的趋势,随着规模的扩张这些问题表现得越发显著。在这种情况下,发力在线教育成为其打破发展瓶颈的重要手段。2014 年 3 月,学大教育正式对外发布 e 学大,定位于智能学习辅导平台,将互联网技术结合线下辅导,利用大数据追踪,帮助学生精准诊断学习问题、提高学习效率,从而达到优质的学习效果,成为传统教育行业首家实现 O2O 转型的教育机构。除了自身投资发展在线教育业务外,学大教育也在不断尝试寻找线上合作伙伴,向互联网教育企业转型。其中包括:

(1)与百度作业帮达成深度合作,探索在线教育大数据应用。学大教育作为作业帮的内容提供商,陆续开放全部年级、全部学科的知识体系,包括微视频课程以及匹配好知识点的题库。除此之外,学大教育与作业帮还将在大数据方面展开全面合作,从前期的数据采集、模型构建到后期的数据分析、数据解读、输出个性化报告等环节,立体式挖掘教育领域的大数据潜力。

(2)与奇虎 360 达成战略合作,双方共同出资成立合资公司——阳光兔(北京)科技有限公司,专注于在线教育领域的拓展。新公司将首先研发基于移动端的 K12 个性化学习产品,学大教育将提供内容和教育方面的资源,奇虎 360 将提供技术和互联网资源。

(3)与滴滴打车开启跨界合作,成为试水移动互联网渠道合作的首家 K12 教育企业。双方主要围绕滴滴积分商城展开紧密合作,滴滴打车用户可以通过 100 滴滴积分兑换免费体验学大教育的个性化学习测评及课程。目前可参与活动的范围包括上海、杭州、西安等 10 大城市。

2. 正保远程教育

2014 年,正保远程教育实现总营业收入 9998 万美元,较 2013 年增长 29.8%。与持续三年的快速增长相比,2014 年增速出现明显下滑趋势,主要受其主营业务网络教育营收增速下滑影响。这释放出的信号是互联网职业教育市场开始差异化发展,形成百花齐放的局面,正保远程教育正在面临其他对手蚕食市场份额的竞争。

正保远程教育是典型的深耕于垂直领域的互联网教育企业,其核心品牌中华会计网校、医学教育网和建设工程教育网均有很深的影响力和较高的市场份额。2014 财年,三大品牌占据的在线市场份额分别达到 74.6%、75.1% 和 45.1%。2014 年,正保远程教育的缴费学员数量达到 340 万人,较 2013 年增长 23.9%。但相较其覆盖领域的学员量与报考人数比例,渗透率仅 10% 左右,结合人均 24.9 美元的培训消费,未来提升空间非常巨大。从 2009 财年到 2014 财年,正保远程教育的生师比与讲师人均产出不断提高,2014 财年生师比达到 9494,讲师人均产出达到 23.6 万美元。高生师比与高产出得益于在线教学的规模效应:一方面在线教学无实体课堂成本;另一方面正保远程教育以录播课程为主,对带宽等要求较低,无上课人数限制。与讲师人均产出的快速增长相同的是,正保远程教育的客单价也在不断提高,从 2009 财年的 17.3 美元上升至 2014 财年的 24.9 美元。截至 2014 年 9 月 30 日,正保远程教育一共上线了 52 个移动 APP,累计下载量为 710 万,通过 APP 发布的电子教材超过 14 万本。据正保远程教育"互联网+"财报显示,2014 财年正保远程教育的移动付费课程用户数约为 3.4 万人,仅占整体缴费学员数量的 1% 左右。目前,移动端产品的收入贡献非常小,但未来可发展空间较大。

正保远程教育的考培、继续教育、实务培训三种课程类型在用户的转化过程中都起到了至关重要的作用。用户想要获得执业资格证书,就需要参加考培课程;拿到证书或开始从业之后,每年都要满足一定时长的继续教育学习;随着技术和社会日新月异的发展,从业人员还需要不断进行学习,不断更新实用知识。由此,三种课程为正保远程教育的营收来源形成了一个良好的内循环,为其构建完善的"终身教育体系"和"完全教育体系"奠定了基础。

未来,正保远程教育将面临以下挑战:从传统单向付费视频输出模式向实时交互等创新模式转变;维持和继续增强核心品牌影响力,保持其他业务模块的均衡增长;应对相关政策法规的变动和限制的挑战;教师资源的稀缺与争夺。

二、在港、沪、深上市的传统企业

2014 年,北京市在港沪深上市的传统企业基本保持着稳定的营收增长,个别企业出现营收同比下降。随着市场进一步深化发展,传统企业与互联网企业加速融合碰撞,传统企业纷纷积极触网,反哺互联网企业升级发展。

随着我国零售市场的全面开放,电子商务 B2B 与网上零售进一步发展之后,行业竞争不断加剧。外资零售企业加速了在我国的扩张,同时随着我国网络普及率的不断提高,网络零售业务发展迅速,抢占了部分传统零售业的市场,加之我国社会消费品零售总额增下滑,零售行业竞争不断加剧。2014 年,王府井营收同比出现下降,净利润也下滑至 6.36 亿元人民币。对于电子商务的冲击,王府井也积极作出布局和相关应对措施,在推出网上商城之后,积极推动零售模式线上线下相结合。

以国旅和国航为代表的北京市航空、旅游传统企业在 2014 年表现稳健。中国国旅和中国国航都保持了营收和净利润的双增长。中国国旅营收规模达 199.36 亿元人民币,同比增长 14.26%。中国国航营收规模达 1048.26 亿元人民币,同比增长 7.37%(见表 2-5)。从此也可看出,旅游市场的整体繁荣导致市场规模整体扩大。此外,国航、国旅公司主基地位于"中国第一国门"的北京首都国际机场。首都机场是中国地理位置最重要、规模最大、设备最齐全、运输生产最繁忙的大型国际航空港,也是世界三大航空联盟的重要中转枢纽,旅客吞吐量连续五年稳居世界第二。北京枢纽的航班规模不断扩大,航线网络持续拓展,枢纽商业价值稳步提升。

中信银行和北京银行收入增长稳定,盈利能力保持增长态势。资本市场对于银行业企业的互联网化动态十分关注。尽管当前北京市几家代表商业银行互联网化程度尚浅,但由于互联网能够改善银行在资源配置、支付清算、风险管理和价格形成方面的效率,使得互联网银行业务在诸多领域存在长足发展的空间。因此,银行业正积极需求互联网化的发展之路。银行业如何应对互联网金融的冲击也值得关注。

工业与信息技术结合新模式的出现,使得人们在工业革命时代所思考的问题和形成的规律发生了变化。过去企业聚焦在设计、原材料、生产加工、物流配送以及后期产品维护五大节点上,但未来社会完全有可能用全供应链管理的模式。所以新一代技术与传统行业的密切融合,进一步推动着商业模式的重塑,而大数据的分析,使得企业可以更有效地了解设计需求。工业信息技术成为推动智能制造、促进两化融合的重要支撑。2014 年,信息化产业环节中的云基础设施与服务厂商如航天信息、拓尔思以及定位设备厂商如合众思壮等企业运营情况有喜有忧,营收规模有增有减。但这些企业所面临的市场仍处于启动和培育阶段,企业级市场规模尚未充分释放,在市场和商业模式互联网化的进程中,公司股价普遍上涨(见表 2-6),未来发展趋势被看好。

三大基础电信运营商在电信市场趋向饱和,语音及增值业务受到互联网 OTT 业务加大冲击情况下,中国移动和中国电信保持了不超过 1% 的增长,联通营收下滑,公司股价也出现分化(见表 2-6)。基础电信运营商面临着更大的压力,更激烈的市场竞争。增幅放缓的同时,资本市场对电信运营商的未来增长看空。

表 2-5　2014 年北京在港沪深上市的部分传统企业经营情况

上市企业	2014 年营收 (亿元人民币)	营收 同比增长率(%)	2014 年净利润 (亿元人民币)	净利润 同比增长率(%)
王府井	182.77	-7.64	6.36	-8.37
华联综超	133.32	4.58	1.02	151.48
中信银行	1247.16	19.28	406.92	3.87

上市企业	2014 年营收 （亿元人民币）	营收 同比增长率（%）	2014 年净利润 （亿元人民币）	净利润 同比增长率（%）
中国中期	0.83	−12.48	0.1	−45.64
北京银行	368.78	20.28	156.23	16.12
全聚德	18.46	−2.96	1.26	14.48
中国国旅	199.36	14.26	14.7	13.55
中国国航	1048.26	7.37	37.82	13.96
同方股份	259.94	14.76	7.56	11.68
大唐电信	79.84	0.87	2.17	39.45
数码视讯	5.47	41.51	1.81	32.34
合众思壮	4.9	−20.94	0.4	308.11
航天信息	199.59	20.36	11.48	5.08
拓尔思	2.9	49.36	0.96	41.12
用友网络	43.74	0.30	5.87	23.40
神州泰岳	25.49	33.70	6.24	20.57
中国移动	6414	1.80	1093	−10.20
中国联通	2885.71	−4.99	39.82	15.66
中国电信	3244	0.90	177	0.80

资料来源：易观智库。

表 2-6　2014 年北京在港沪深上市的部分传统企业股价对比情况

上市企业	上市地	股价 2013/12/31 （元 人民币）	股价 2014/12/31 （元 人民币）	股价同比增长率 （%）
王府井	A 股	18.16	22.18	22.14
华联综超	A 股	4.34	6.4	47.46
中信银行	A 股	3.87	8.14	110.33
北京银行	A 股	7.51	10.93	45.53
中国中期	A 股	14.74	停牌	/
全聚德	A 股	18.88	19.05	0.90
中国国旅	A 股	34.9	44.4	27.22
中国国航	A 股	3.95	7.84	98.48
同方股份	A 股	10.17	11.68	14.84
大唐电信	A 股	13.28	16.37	23.27
数码视讯	A 股	19.79	12.45	−37.09
合众思壮	A 股	17.88	23.76	32.88
航天信息	A 股	20.17	30.51	51.26
拓尔思	A 股	17.26	19.2	11.24

续表

上市企业	上市地	股价 2013/12/31（元 人民币）	股价 2014/12/31（元 人民币）	股价同比增长率（%）
用友网络	A 股	13.84	23.49	69.73
神州泰岳	A 股	29.51	16.6	-43.75
中国移动	H 股	80.4	90.5	12.56
中国联通	H 股	11.6	4.95	-57.33
中国电信	H 股	3.92	10.4	165.31

注:股价分别选取 2013 年 12 月 31 日以及 2014 年 12 月 31 日收盘价。
资料来源:易观智库。

对于传统行业来说,以下行业互联网化值得关注。

(一) 在线医疗承载医疗互联网化革新,向移动医疗转型实现流量渠道齐发力

医疗行业互联网化经历了医疗信息化、在线医疗和移动医疗等阶段的演变和发展,实现了企业在互联网领域的医疗革新。其中,在线医疗是医疗互联网化革新的形式,它包括以互联网、移动互联网为载体和技术手段的健康教育、医疗信息查询、电子健康档案、在线疾病咨询、电子处方、网上药店、远程会诊、远程治疗和康复等多种形式的健康医疗服务。目前,在线医疗呈现稳定增长,并成为具长远发展潜力的领域。根据 Analysys 易观智库《中国在线医疗市场专题研究报告 2014》数据显示,2013 年中国在线医疗市场规模达到 66.1 亿元,较 2012 年增长 22.6%,预计 2014 年增至 83.8 亿元,同年增长 26.8%。随着移动医疗高速发展,在线医疗企业加速布局移动医疗,未来所占互联网医疗市场份额将逐年递减。

(二) 2014 年银行互联网化关键词——平台化与移动化

阿里的金融业务发展态势扶摇直上,同时吸引着更多的互联网企业加入了金融行业,传统商业银行越来越明显地感受到互联网金融危机的驱使下积极布局,从最初的被迫改变、消极跟随到现在的主动出击、寻求创新,互联网化创新已经被商业银行提到了前所未有的战略高度。2014 年,商业银行在互联网金融领域动作频频,开拓创新步伐明显加快,理财、P2P、电商以及手机银行、移动支付等领域全面开花。纵观全年,其方向主要体现在平台化和移动化建设。

2014 年 1 月 12 日,工商银行的电商平台"融 e 购"正式上线,其定位是打造"消费和采购平台""销售和推广平台""支付融资一体化的金融服务平台""三流合一的数据管理平台"。在全年的推广中,工商银行采取了互联网营销,在品牌形象上试图

给用户带来更加"亲民"的感受。民生银行近两年来在互联网创新的道路上步伐颇快,也被业内贴上了"激进"的标签。在互联网化时代,带有"激进"色彩的创新有时则会带来意想不到的效果,敢于试错,才能创造和抓住机会。民生银行率先在业内推出直销银行,作用主要是通过互联网渠道拓展客户。央行对于强弱实名制的界定也为直销银行的开户进一步扫清了障碍,在民生直销银行推出之后,兴业银行、平安银行等股份制银行以及众多城商行纷纷跟进,工商银行也已启动了直销银行的内部测试,目前,国内直销银行的数量已接近 20 家。

如果说工商银行的融 e 购与民生银行的直销银行是商业银行在零售业务层面进行的平台化探索,P2P 则是商业银行小微企业的平台化尝试。2014 年 2 月,招商银行推出的"小企业 E 家"投融资平台在暂停三个月之后重新上线在业内引发关注,一时引发了包商银行等多家商业银行投入 P2P 业务的热潮。实质上,商业银行意图通过该类平台更多地聚集小微企业,提升融资效率,降低信贷成本,有力的信用背书会让更多用户关注,由于收益率以及门槛的差别,其与 P2P 企业所面对的是不同的客户群体。

除了平台化的尝试,商业银行在移动端的投入明显大于往年,尤其是微信的广泛应用,有效地促进了商业银行业务社交属性的提升,从简单的服务号到目前能够进行业务办理的微信银行形态,商业银行正在不断地尝试跨界合作共赢;另一方面,商业银行在其自有渠道手机银行上也在持续创新。以民生银行为例,推出了自助注册客户小额支付、小微客户贷款申请和签约、信用卡在线发卡和实时购汇等特色功能,其手机银行交易量已突破 3 万亿元、客户数超越 1200 万户。招商银行则在推出"一闪通",将手机卡与银行卡进行了绑定。客户能够通过手机进行大额、小额安全支付,还能够借助手机办理 ATM 存取款和网点业务等,而这种无卡化的尝试本身就有革自己命的意味,也凸显了商业银行对于移动金融的高度重视。

面对在平台化、移动化具有大幅领先优势并已涉猎金融业务的互联网巨头们,商业银行已然还要在压力和挑战中继续前行。首先,在平台化的账户体系构建上,商业银行仍然要进行进一步尝试,考虑打通银行体系内各个用户账号,对于生态建设、数据利用以及提升用户体验都将产生强效的推动。其次,目前商业银行在移动支付领域仍然没有较为清晰的战略布局,截至目前没有产生具有较强市场影响力的产品或模式,商业银行必须赶上这趟末班车,否则就将面临移动支付领域仍然被第三方支付机构主导的尴尬局面。

(三) 汽车互联网化进一步深入发展

汽车行业互联网化是指汽车行业与互联网融合而进行的产业优化和升级,是产业链上的各方利用互联网技术在营销、渠道、产品和运营四个层面开展的一系列资源整合、效率提升、模式创新和价值链重构的活动。

易观智库的《中国汽车行业互联网化分析专题研究报告 2014》显示,过去十年,我国大部分时间汽车销量的增速均保持在两位数,仅在 2008、2011 和 2012 年增速较低。其中,民用汽车保有量增速均保持两位数,到 2013 年民用轿车保有量为 7126 万辆。随着国民经济和消费水平的快速发展,汽车行业已经从卖方市场向买方市场转变,从汽车销售向汽车服务转变,汽车从传统的代步工具向智能设备转变。这些转变还凸显在:消费者对汽车更了解,除了对价格和常规性能的要求,也会对车载系统和车联生活给予更多的关注;汽车厂商从传统的制造商向综合性的方案、数据和服务提供商转型,从而伴随着商业模式的变化;二手车市场和汽车后市场正在成为继新车市场之后快速崛起的两大领域。互联网作为一种颠覆性的力量正在全面渗透企业行业,产业格局将被重构。表现为:

互联网越来越成为厂商和经销商接触消费者的信息传播渠道。汽车企业投入在互联网上的营销预算占比越来越大,线上的营销和推广方式也更加多元化。与传统传播渠道相比,互联网传播渠道能够实现效果可监测可量化的营销,这是传统传播渠道难以做到的。新车的传统渠道强势,互联网渠道目前仅承担营销和引流的作用。二手车和配件的互联网渠道有可能迎来更快的发展,颠覆原有的渠道。产品互联网化深入发展,汽车智能化势在必行。

汽车将从封闭的系统走向开放,互联网化将使汽车成为入口,平台和数据中心。汽车的开放将难以由车厂主导,会有第三方的力量来主导。曾经是信息孤岛的汽车将变得极具交互性,车与人、车与车、车与路、车与云的交互将成为未来汽车的关键能力。厂商也将基于交互性展开创新和竞争。

汽车行业将不再以车辆销售为主导,更多的利润将来自于针对车辆、车主和企业提供的各种服务。服务提供商这一角色的重要性将超过制造商和渠道商。

大数据时代下,汽车将成为不可缺少的数据来源,不论是车辆数据还是车主驾驶行为数据都将为行业用户提供极大的价值,基于大数据的商业模式也将逐步显现。

三、迎来"互联网+"风口,传统行业互联网化节奏加快

"互联网+"是以互联网平台为基础,利用信息通信技术与各行业的跨界融合,推动产业转型升级,并不断创造出新产品、新业务与新模式,构建连接一切的新生态。同时,由于互联网具有打破信息不对称、降低交易成本、促进专业化分工、优化资源配置和提升劳动生产率的特点,为我国经济转型升级提供了重要的途径,也为我国传统

行业互联网化进程提供了重要动力和发展机遇。

（一）互联网与传统行业融合的不断深入，将爆发出更大的正向推动能量

当前，北京经济正处于转型升级的重要时期，面临诸多挑战。"稳增长、促改革、调结构、惠民生"是当前经济社会发展的共同的首要任务，而创新驱动正在成为我国经济发展的新引擎。为此，迎来"互联网+"风口，需要持续以"互联网+"为驱动，鼓励产业创新、促进跨界融合、惠及社会民生，推动传统企业与互联网企业的持续发展与转型升级。

互联网对传统行业的改变经历四个阶段：一是营销的互联网化，比如广告主从在报纸上做广告到在网络上做广告。二是渠道的互联网化，其最大推手是2008年开始的全球金融危机。电子商务的爆发式崛起正是渠道互联网化最显著的表现。三是产品的互联网化，这个进程从2010年开始，其最大推手是智能手机的爆发。智能手机上的APP操作代替了原有的实地操作，在很多方面实现了无纸化，为环保作出了贡献。四是当下正在进行的运营互联网化，企业完全实现数字化和网络化。

随着中央政府关于"互联网+"的战略推行，互联网改造传统产业的如火如荼的开展。易观智库认为，"互联网+"等于对于传统产业在互联网用户、场景、终端上的嫁接与应用。这意味着今天这个世界上所有的传统应用和服务都应该被互联网改变。传统的广告加上互联网成就了百度，传统集市加上互联网成就了淘宝，传统百货卖场加上互联网成就了京东，传统银行加上互联网成就了支付宝，传统的安保服务加上互联网成就了360，而传统的红娘加上互联网成就了世纪佳缘……互联网只是工具，只是如电力一般的基础设施。互联网是一个无处不在的效率提升器。各行各业运用"互联网+"公式的本质是用互联网去找到行业的低效点，如同潮水一般没过企业营销、渠道、产品、运营各个环节的效率洼地，帮助企业实现增效转型升级。随着互联网与传统行业融合的不断深入，互联网将爆发出更大的正向推动能量。

"互联网+"中的"+"正是传统的各行各业。在中国互联网过往近30年发展历程中，互联网与广告、零售、银行、通信等传统行业的结合，在造就百度、阿里巴巴、京东、支付宝、腾讯等互联网优秀企业的同时，也为中国的经济转型升级提供了新路径和宝贵的经验。

（二）互联网产业承担改造或颠覆其他产业的角色

如果从产业发展的支持性政策来看，目前互联网产业承担的是以创新为自身生命力，改造或颠覆其他产业的角色。因此，2014年的产业支持政策大方向仍将表现

为两方面：一是继续加大传统行业与互联网相融合的扶持力度，推进更多行业的互联网化，推动互联网基础设施与应用在城乡、区域的平衡发展，以信息化带动就业；二是为互联网产业自身的发展扫除必要的机制性障碍，推动市场作为资源配置主体的竞争机制的进一步完善。

如果从产业发展的监管性政策来看，通常情况下法律监管体系的完善是一个渐进的过程，在出现问题后加以立法防范。尤其是互联网行业的发展带来的虚拟化，社会化是全球性的生产与生活方式的革命性变化，监管完善的方向将优先针对发展态势更为迅猛的、跟国计民生关系更为密切的、问题较为普遍且风险较大的领域。

（三）顺应"互联网+"，引导传统行业互联网化

顺应"互联网+"打破原有产业边界的趋势，引导传统行业转变发展理念。一是引导传统行业从业者转变思维方式，借助互联网思维进行创新。在互联网与传统行业结合的过程中，充分发挥互联网思维对产业的引领和改造作用，使互联网平台具有更高的透明度和参与度、更低的成本和更好的便捷性。二是引导和支持企业提高学习、创新能力。提高传统行业对互联网的认识水平，积极培养引进复合型人才，加强企业业务与互联网的结合，从技术和产品层面，扩展到商业模式、服务方式层面，加速实现依托互联网的全方位创新。

规范"互联网+"创新创业竞争秩序，营造公平合理的竞争环境。一是加强政府引导，通过行业标准制定和适度监管，防范在位企业凭借先行优势阻碍新兴企业的进入和创新，通过立法为传统企业与互联网的融合发展提供法律保障。二是建立健全企业竞争行为的预警、监测体系，研判互联网新技术、新应用、新商业模式出现可能带来的竞争风险，依法处置不公平、不正当的竞争行为。三是加强创新创业规范宣传，提高创新企业、创业个人的自律意识和社会责任意识，强化企业和个人的守法自觉性。

（作者简介：杨旭，易观智库分析师，致力于互联网及互联网化宏观产业研究，主要涉及互联网细分行业跨界领域分析）

互联网金融发展现状与趋势分析

沈中祥

◇◇◇

从"余额宝"正式开启互联网金融时代以来,互联网金融得到了极大发展。P2P平台以惊人的速度在增长的同时,平台跑路依旧;以"宝"类为代表的 P2P 产品经过疯长和激烈的竞争后,收益渐趋平缓;第三方支付积极布局线下支付场景及快速发展的同时,多次受到监管部门的严管,随着第三方支付牌照发放的缩减,第三方支付行业的竞争将更加激烈;众筹的方式玩法越来越多,涉足的领域也越来越宽广……互联网金融仍然是未来发展的一片蓝海,未来发展空间广阔,但竞争格局也将愈加剧烈。

互联网金融未来的竞争主要是围绕在同类产品之间的竞争。由于互联网金融的进入门槛相对较低,并且赚钱效应明显,导致目前产品种类较为集中,竞争也比较激烈,随着多方企业及行业的介入,跨行业竞争也将成未来竞争关键点。互联网金融的发展开始朝多样化方向发展,未来跨行业的竞争格局或成助推互联网金融发展的主要动力。

中国的互联网金融发展迅速,在 2014 年互联网金融创业者们融资额度一再创新高,雨后春笋般涌现的各类互联网金融产品让用户眼花缭乱。互联网金额行业的发展价值得以凸显,但是无序发展终非长久之计。2015 年注定将是互联网金融业进行更多思考的一年,互联网金融或将迎来更为理性的发展。

一、第三方支付

第三方支付是最早发展起来也是发展相对最为成熟的模式,2014 年从春节微信抢红包大战,到银行"围剿"支付宝,再到阿里和腾讯重金补贴打车,第三方支付领域的竞争从未停止。

（一）互联网在线支付

2014 年互联网在线支付市场随着仍保持着增长态势,第三方互联支付市场交易规模达 90118 亿元,环比增长率达到 37.4%,与 2013 年相比增幅放缓明显(见图 2-3),原因在于:一方面是伴随着整体市场体量增加导致增速放缓,另一方面也是由于网络支付风险的凸显,消费者对于网络支付安全的顾虑增加,加之监管部门也在 2014 年加强了对第三方支付市场的整治力度,对于第三方互联支付市场影响明显。

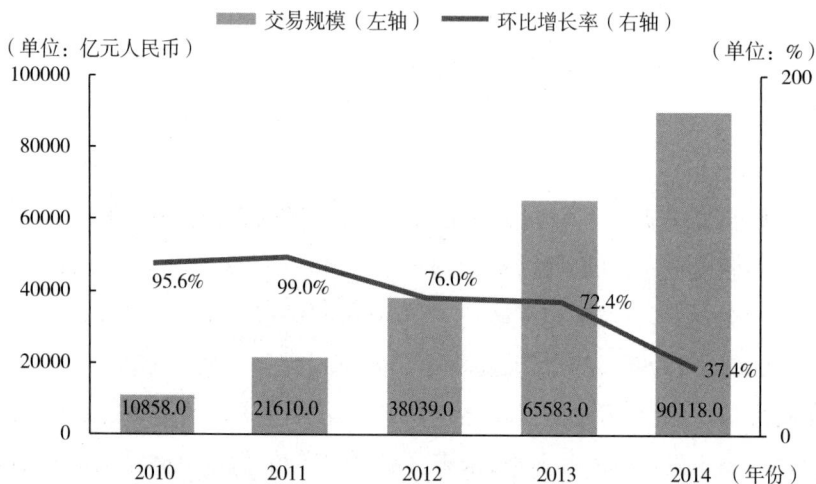

图 2-3 **2010—2014 年中国第三方互联支付市场交易规模**

注:以上数据根据场上访谈、易观智库自有监测数据和易观智库研究模型估算获得,易观智库将根据掌握的最新市场情况对历史数据进行微调。

资料来源:Analysys 易观智库,见 www.analysys.cn。

从 2014 年中国第三方互联支付市场交易份额来看,第三方互联网支付市场依旧是巨头的天下,市场交易份额排名前三的仍由支付宝、财付通和银联商务占领,市场排名稳定,且三家占据整个市场份额的 79.06%(见图 2-4)。

（二）移动支付

1. 市场现状

在移动支付市场,随着用户对移动支付接受程度的不断加深,特别是重要企业如支付宝、财付通对移动支付市场和用户的培育,移动支付的交易规模继续保持大幅增长。2014 年中国第三方支付市场移动支付交易规模达到 80108 亿,同比增长约 515.9%。

当前移动支付市场发展较快但仍处于市场发展的初期,虽然转账、还款还是当前

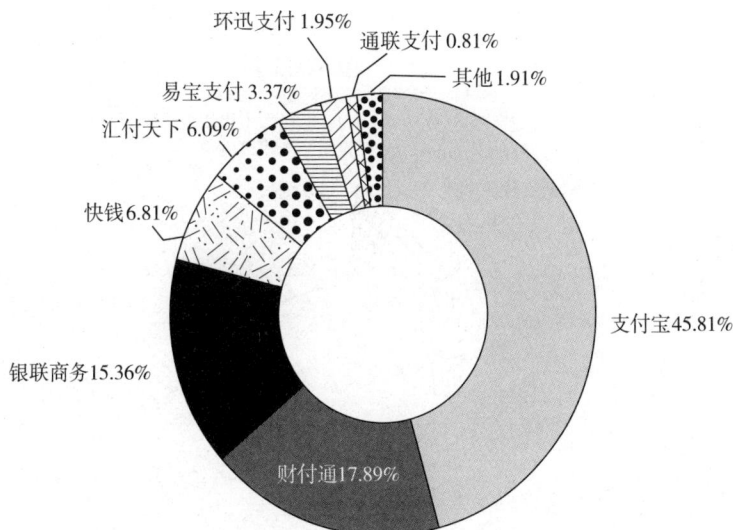

图 2-4　2014 年中国第三方互联支付市场交易份额

注：以上数据根据场上访谈、易观智库自有监测数据和易观智库研究模型估算获得，易观智库将根据掌握的最新
　　市场情况对历史数据进行微调。
资料来源：Analysys 易观智库，见 www.analysys.cn。

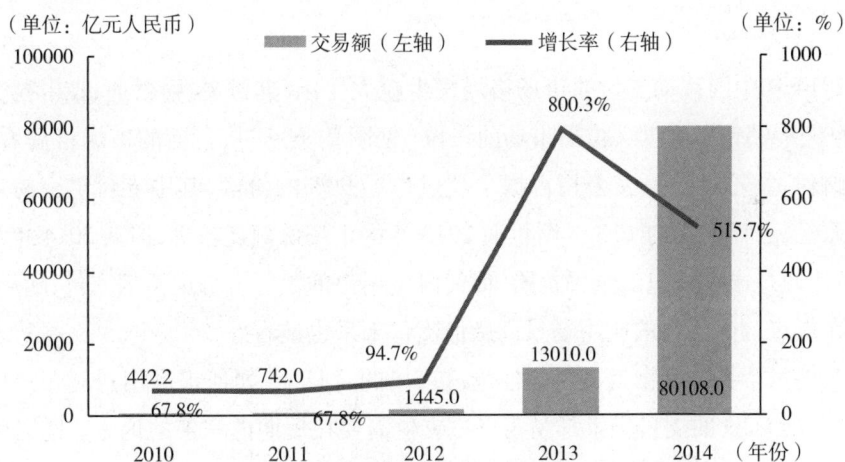

图 2-5　2010—2014 年中国第三方移动支付交易规模

注：以上数据根据场上访谈、易观智库自有监测数据和易观智库研究模型估算获得。
资料来源：Analysys 易观智库，见 www.analysys.cn。

移动支付用户的主要交易方式，但市场主流支付厂商都开始积极构建支付场景的方式培养用户的支付习惯。同时，移动支付是线上融合的最好方式，以支付宝、财付通的互联网支付巨头为例，通过移动支付在线下布局，摒弃过往单一的移动电商交易场景，涉足本地生活服务。这种以账户为核心的支付体系，将逐步威胁到银联小微商户的银行卡收单系统。

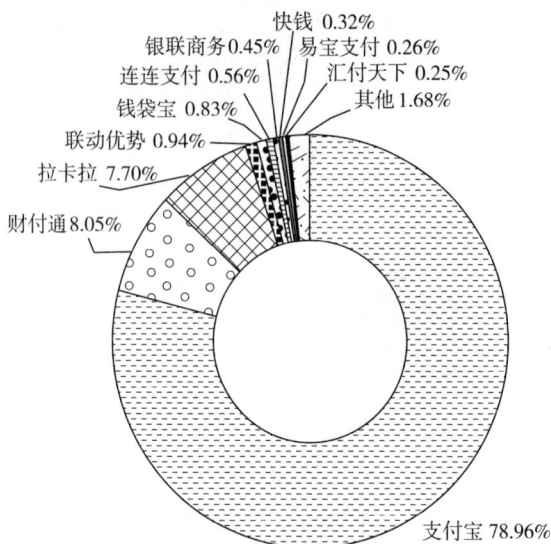

快钱 0.32%
银联商务0.45%　易宝支付 0.26%
连连支付 0.56%　汇付天下 0.25%
钱袋宝 0.83%　其他1.68%
联动优势 0.94%
拉卡拉 7.70%
财付通8.05%

支付宝 78.96%

图 2-6　2014 年中国第三方移动互联网支付交易份额

注:以上数据根据场上访谈、易观智库自有监测数据和易观智库研究模型估算获得,易观智库将根据掌握的最新
　市场情况对历史数据进行微调。
资料来源:Analysys 易观智库,见 www.analysys.cn。

　　2014 年中国移动支付业市场格局发生较大变化,支付宝、财付通、拉卡拉分别以
78.96%、8.05%和 7.70%位居市场前三位(见图 2-6)。从目前的市场格局看,支付
宝和财付通、拉卡拉三家公司占据了超过市场 90%的份额,其中支付宝交易规模超
过 6 万亿,占比增加约 10%。财付通 2013 年的市场份额还较少,但从 2014 年春节开
始,微信通过微信红包的全民抢购,促使海量用户的银行卡绑定微信支付,随后,微信
一直在重点构建支付的应用场景。微信支付未来也被看好。

　　在支付宝钱包和微信支付已经抢占市场的背景下,如何提高用户对账户体系的
黏度,布局 O2O 的支付场景都是第三方支付需要在短期内完善的地方。随着移动互
联网应用和智能终端的普及,移动支付将成为未来改变现有支付格局的重要支付方
式。包括互联网巨头、金融机构、运营商都纷纷加大移动支付的布局。但从当前移动
支付的发展现状看,哪一家能够快速构建移动支付的应用环境,对于移动支付的发展
将有决定性意义。支付宝凭借其庞大的个人用户和阿里生态系统在移动支付领域占
据较大的市场份额,但微信快速成长并推出微信支付使得微信支付成为移动支付领
域潜在的有力竞争者。

　　2. 行业趋势

　　2014 年,用户经过类似余额宝理财、微信红包、移动网购和打车补贴等营销方式

的大力推广,已经逐渐养成了移动支付的习惯,而支付宝钱包和微信支付为代表账户型支付的模式,也已经成为当前移动用户的主流支付方式。但是,相对于互联网线上支付,移动支付市场的交易主要来自于移动网购和个人的转账、还款等常规消费,各家第三方支付机构未来移动支付业务的重心会放在构建创新支付场景上。

网络充斥着各种各样有关互联网支付、移动支付不安全的新闻,面临着极大的风险隐患,无论是购物及支付类木马、诈骗短信、手机丢失等低级威胁,还是二维码木马钓鱼诈骗和电子密码器升级诈骗等新兴的网络骗术,都在考验着第三方支付企业的风险防范能力。因此,作为多频的支付应用,账户的安全性应是第三方支付厂商首要考虑的要素,也是用户选择使用的主要门槛,第三方支付企业也在通过建立声波支付、指纹支付等先进的支付手段、建立赔付机制等方式避免支付风险,降低客户使用顾虑。

二、网络融资

网络融资是指发行主体与投资主体借助于互联网,相互寻找并配置金融资产的过程。按照表现形式的不同,主要分为电商金融、P2P 网络贷款以及众筹三种模式。

(一) 电商金融

随着互联网的普及,互联网正在逐步渗透到人们日常生活的各个方面,人们的生活习惯也将为之改变,与人们生活息息相关的各个行业也正在针对互联网的普及发生转变。而作为与人们日常紧密相关的银行服务也在不断发生着变化,借由网上提供各种金融服务的新方式也越来越受到人们的关注。

伴随网购潮流的兴起,各家知名电商纷纷获利,不少电商企业注意到电商业务发展背后巨大的金融业务机会,开始利用电商平台掌握的数据、信息,提供线上融资业务,电商金融业务得以兴起,这种模式的特点是借助电子商务平台的现有资源及诚信控制机制,为中小企业提供融资服务。

此类模式包括第三方电子商务平台提供的平台电商融资类贷,其中也包括与商业银行进行合作提供的电商贷款。利用网商的线上信用行为数据为中小企业和个人提供的网络融资服务,由于电子商务平台对于借款人的资信状况较为了解,能够较为充分地把握借款人的经营状况,这类贷款的网络化程度较高,发展迅速。

1. 市场现状

近年来,多个电商企业进军小贷业务领域。2010 年 6 月,阿里巴巴就开展了面向中小微企业和个人的小额贷款业务;2012 年 12 月,苏宁易购宣布面向全国上游经、代销供应商主推供应链融资业务,"苏宁小贷"金融业务全面开放;2013 年年底,京东金融也推出的首款供应链金融产品"京保贝";2014 年 5 月,唯品会也拿到了小贷牌照,主要电商平台纷纷进入电商金融领域,凭借在电商平台数据方面的优势纷纷提供供应链融资及消费金融服务。

而作为其中发展最为快速的阿里巴巴来看,据其公布数据,截至 2014 年年底,蚂蚁微贷已经累计为超过 110 万家小微企业解决融资需求,户均贷款约 3 万,蚂蚁微贷的小额贷款规模约 200 多亿元,信贷客户累计超过 100 万人次,累计投放贷款超过 2500 亿元,不良率约为 1.5%。

京东金融旗下京保贝、京东白条、京东小金库、网银钱包、众筹平台"凑份子"等五大业务创新产品,加上推出的商家贷款产品"京小贷"构成整个京东金融业务。其中,"京小贷"贷款利率和贷款额度将根据商家经营行为,包括销售额、消费评价、商品丰富度等多项指标确定,单笔商家贷款上限为 200 万,年化贷款利率在 14%—24% 之间,支持最长 12 个月的贷款期限。

而金融机构方面也在发力电商金融领域,其中,建设银行、工商银行、平安银行、民生银行等金融机构也在打造自身的电商金融品牌,其中表现较好的主要有建设银行的 e 贷通、e 单通、e 宝通、e 点通等、平安银行的网商贷、民生银行的新 e 贷等业务品种。

2. 行业趋势

从电商金融发展趋势来看,大数据应用将更为成熟和完善,数据作为电商金融的命脉,将会伴随着大数据的挖掘应用发挥着更为重要的作用,通过大数据,电商平台可以了解到平台商户的资金流动情况、盈利情况,对电商金融服务提供数据支撑,而对于商户及消费者数据的收集分析可以开发出更为符合市场需求的金融产品。未来,电商平台对于数据的重视程度将提到一个新的高度。

由于部分电商平台实力的限制,对于数据的挖掘利用将会受限。因而,电商平台与数据公司乃至金融机构的合作将会逐渐普及,这也将完善电商平台服务范围,对于平台商户、客户的支持也将更为丰富。

(二) P2P

2014 年,P2P 行业可谓冰火两重天。一方面,P2P 网贷行业蓬勃发展,规模不断壮大,各路资本纷纷入局;另一方面,P2P 平台跑路事件频发,血本无归的投资者不在少数。监管部门明确 P2P 资金监管、明确行业"四条红线"以及明确十大监管原则都在积极规范和引导着 P2P 行业的健康发展。

1. 市场现状

虽然在 2014 年 P2P 行业遭受了诸多方面的影响,但行业整体交易规模还是得到迅猛增加,达到 2012.6 亿,环比增长 117.0%,业内网贷平台创新能力继续提升,市场升空间仍然巨大。

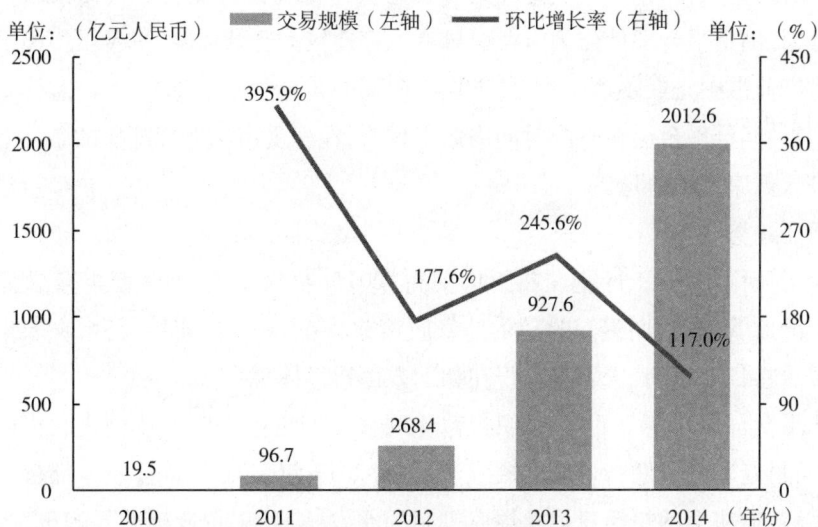

图 2-7　2010—2014 年中国 P2P 网贷市场交易规模

资料来源:Analysys 易观智库,见 www.analysys.cn。

从对 P2P 网贷市场份额数据来看,2014 年红岭创投凭借中短期、大额企业经营贷款撮合业务(超短期标的不计)保持领先地位。另外,陆金所 PC 端业务类型完善度提升,及爱投资移动端交易发展速度表现值得关注。

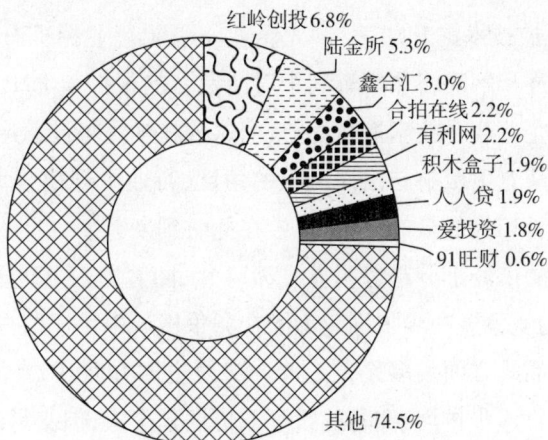

图 2-8　2014 年中国 P2P 网贷市场交易份额

注:P2P 网贷市场指 P2P 用户在线上实现交易的市场,此图对用户类型、产品类型、产品期限等暂未区分,数据据企业调研、系统抓取及易观方法论估算获得,易观会根据市场最新信息对历史数据进行微调。
资料来源:Analysys 易观智库,见 www.analysys.cn。

尽管当前第一梯队 P2P 网贷企业规模急剧增长,行业乱象有增无减,如部分平台间相互攻击、行业关联方敲诈勒索、投资人信用卡套现投机,无不在损害行业的健康发展,依赖行业自律很难解决此类诸多问题。与传统银行业金融机构大而不倒背景不同,P2P 网贷平台即使作为行业引导者也存在较大经营风险,平台虽声称不介入交易但在产业链中是最不透明的一环,也将阻碍其价值实现。2015 年在监管日益逼近的预期下,问题平台会在有限时间内集中显现,在忍受市场局部阵痛的条件下相信行业能进入健康发展轨道。

2. 行业趋势

伴随着风雨的 P2P 行业在曲折中前行,2015 年 1 月,银监会普惠金融部成为 P2P 行业的监管部门,而迟迟盼望的监管政策或将在 2015 年得以出台,在未来 P2P 网贷发展也将日渐明朗,未来趋势将在如下方面得以体现:

P2P 平台合作与竞争并存,组织规范化明显。网络信贷服务业企业联盟成立于上海,中关村互联网金融行业协会成立于北京,2013 年 8 月 P2P 行业首部自律公约如期发布;行业协会的纷纷建立及约束机制的颁发,有利于行业标准的规范统一,促进了行业内信息的流动与共享,甚至为未来立法监管提供了基础。

网络征信体系逐步建立,接入地方征信系统预期加大。网络金融信息共享系统(NFCS)是由上海资信有限公司推出,而上海资信的绝对控股方为央行征信中心。2013 年 7 月,央行主持召开 P2P 专题座谈会,同期全国各地方政府对本地 P2P 平台机构进行调研。P2P 平台间接获取央行征信体系资源,获得地方金融部门监管可能性较大。

各 P2P 平台风控技术提升加速,领先企业将引领行业标准。清结算分离、期限错配风险等问题的逐步解决将非常有利于对消费者的保护与 P2P 平台的规模发展。解决诸如此问题的企业会在技术取得优势,当这种技术优势被普遍认可后,便会逐渐演变为行业标准。从竞争威胁与法律风险的角度,行业中规模较大的企业将率先完成变革。而行业监管切入的最好时机,也会在此时到来。

竞争同质化下的市场细分趋势明显。2014 年,随着国内 P2P 平台数量的不断增加,P2P 网贷行业的竞争进一步加剧。为了在竞争格局中快速抢占市场,P2P 平台加速在运营模式和产品线方面的多元化延伸。交易主体方面,P2P 的内涵从传统的个人与个人之间的借贷逐步扩展,交易的投资端依然是个人,但交易的借款端可以是个人,也可以是公司,包括小贷公司、保理公司、融资租赁公司、理财机构等多种组织形式。相应地在资金去向方面,交易产品从原来的以债权为主,逐步扩展到车辆抵押贷款、房屋抵押贷款、保理、融资租赁、供应链金融、收藏品质押等。因此,在当前众多 P2P 集中涌现的市场现状下,利用定位的市场细分将有助于企业进一步发掘市场的潜在需求,而产品的多元化也有利于分散投资者的风险,这方面将成为众多 P2P 平台新的尝试方向。

(三) 众筹

1. 市场现状

2013 年"双 11"期间,淘宝推出了自己的众筹平台"淘星愿"(后改名"淘宝众筹")。淘宝众筹承诺"淘宝众筹永不收费"。继 2014 年 3 月淘宝众筹频道上线后,2014 年 7 月,京东金融也上线了京东众筹。截至 2014 年 12 月 25 日,京东众筹平台上线 5 个月,筹资总额已超过 1.4 亿元,共诞生了 5 个千万元级项目,30 个百万元级项目,尤其在智能硬件领域,优势明显。

众筹的涉及领域也在逐步扩展到艺术、影视、音乐、出版等各个领域,很多富有创意的想法因为众筹这种方式的存在而得以实现并广为人知。同时,投资者参与众筹的方式也越来越多,从最初的投钱支付到现在银行机构推出的信用卡积分众筹,众筹以更多、更丰富的形式出现在人们的视角中。

在 2014 年 12 月 18 日,中国证券业协会发布《私募股权众筹融资管理办法(试行)(征求意见稿)》,从股权众筹融资的非公开发行性质、股权众筹平台、投资者、融资者等方面作出了详细规定,以划清与非法集资的边界。对于徘徊在法律边缘股权众筹起到了极大的促进作用。

2. 行业趋势

2014 年,众筹网站开始纷纷转型或朝着更细分的领域发展,点名时间从众筹网站转型到智能硬件预售平台,追梦网、众筹网等平台则明显更偏向文化、科技、公益、影视等领域,百度、阿里等互联网领军企业也从非常细分的某一两部影视作品开始插足众筹领域。随着众筹行业参与者数量的逐渐增多,无论是从众筹平台在竞争日益强烈的背景下存活下来的需要,还是从客户对众筹项目的体验角度来说,众筹市场的细分和多元化经营将是未来众筹行业的发展方向。

三、金融产品网络销售

金融产品网络销售,本质上是指通过网络销售渠道,匹配金融产品的供给者和需求者。金融产品需求者在匹配中占据主导作用,根据自己的预算约束、风险收益偏好、融资需求搜索合意的金融产品,并在不同金融产品之间分配额度。金融产品供给者的目标是针对金融产品需求者的偏好,通过揭示自己产品的风险收益特征和进行一定的推广活动,最大化产品进入金融产品需求者的配置列表中的概率和金额。其

具体形式主要包括:

(一) 互联网理财产品

1. 市场现状

2014年,货币基金收益率受货币政策影响开始逐步下滑,但目前市场上的货币基金收益率仍在4%—5%左右,高于银行一年期存款利率,更远高于活期存款利率。即使按央行规定最高上浮30%后,还是低于货币基金的收益率。除了宝宝类的货基产品之外,像票据理财、保险理财、短期理财债券型基金等定期理财产品一般也都在5%以上,相对银行存款优势更为明显。

截至2014年年底,互联网理财市场整体规模为16702亿元人民币,其中货币基金产品的规模为15081.5亿元,占总体市场规模的90.3%;其他互联网理财产品的规模为1620.5亿元,占总体市场规模的9.7%(见图2-9)。

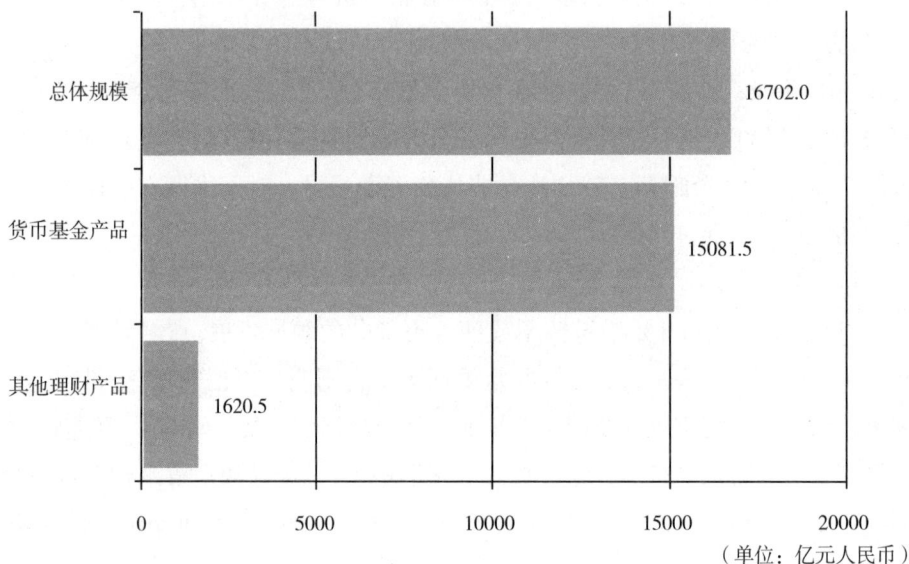

图 2-9　2014 年中国互联网理财市场总体规模

资料来源:Analysys 易观智库,见 www.analysys.cn。

自阿里、百度、腾讯等互联网巨头公司进入互联网理财领域以来,集聚了巨大的客户群,成为提供理财服务的理想平台。传统金融机构作为基金、保险、理财等产品的主要销售渠道正在面临被互联网企业分流的挑战。传统金融机构除了为互联网理财市场提供各种门类的理财产品之外,也将围绕自身的核心竞争力在客户分层、优势业务、互联网理财渠道建设等方面走差异化的发展路径。

银行业最开始进入互联网理财领域,是迫于互联网宝宝类理财产品热销造成的自身存款流失。未来,银行业应该顺应互联网理财的发展潮流,推出更加稳健的理财、基金产品,降低投资门槛,简化交易流程,提高资金流动性,直面互联网企业在理财市场的挑战。同时,在渠道上不再只局限于原有的网络银行,除纷纷试水直销银行之外,还有打造手机 APP、微信银行等方式,为客户提供多样化的互联网理财服务渠道。

在深化金融改革大背景下,证券行业的发展空间正在全面打开,行业增长方式从服务驱动转为杠杆驱动,未来仍将保持高速增长态势,预计 2015 年行业增长将在50%以上。截至 2015 年 3 月,中国证券业协会分四批,累计批准了 55 家券商开展互联网证券业务试点。在互联网证券业务领域,综合实力较强的大型券商一般会自行开发建设互联网理财平台。而中小型券商更多会选择与现有实力较强的互联网企业展开合作,借助现有平台在细分市场的竞争优势立足于市场,以图在弯道中超过大型券商,形成券商新一轮的洗牌。

阿里、百度、腾讯三家互联网巨头,不仅是互联网行业的领先者,在互联网理财领域也是先行者和领导者。三家企业在电商、搜索、社交等细分领域拥有绝对的客群覆盖优势,同时三家企业在支付、融资、征信等其他互联网金融领域也已形成了完备的产业链,特别是阿里和腾讯还积极参与了民营银行的试点。以上各方面的优势条件,决定了 BAT 企业的互联网理财平台在整个互联网理财市场中将继续保持领先地位。

2. 行业趋势

由于互联网理财涉足高收益产品,必然将带来高风险。2014 年已有个别互联网理财平台爆出了兑付困难的风险事件,暴露出互联网企业作为流量大入口,介入高风险理财产品时对风险控制的缺失。未来,互联网理财平台要保住自己的"金字招牌",必须加强与征信机构、担保公司的合作,弥补自身风控方面的短板。

更多创新型理财产品的出现,对投资者专业能力和风险承受能力提出更高要求的同时,也对互联网理财平台的服务能力提出更大的考验。现阶段,如何通过投资者教育的手段使得投资者全面了解理财产品、正确认识市场风险、减少非理性操作、提高自身风险承受能力,将是决定互联网理财市场能否进一步发展的关键因素。

伴随用户对于便捷性和使用体验的需求不断提升,移动端也逐渐取代 PC 端,成为互联网理财市场的发展重点。同时,央行发布的《关于推动移动金融技术创新健康发展的指导意见》,也从政策层面助推了这一趋势。特别是 2015 年的春节期间,阿里、腾讯以及众多其他企业的"抢红包"大战,为支付宝钱包及微信支付等移动支付应用,再次增加了可观数量的绑定用户。以此为"入口",互联网理财在移动端也将迅猛发展。

（二）互联网保险

1. 市场现状

2014 年互联网保险累计实现保费收入 858.9 亿元,同比增长 195%(见图 2-10),远高于同期全国电子商务交易增速。2011—2014 年,互联网渠道保费规模提升了 26 倍,占总保费收入的比例由 2013 年的 1.7%增长至 4.2%,对全行业保费增长的贡献率达到 18.9%,比上年提高 8.2 个百分点,成为拉动保费增长的重要因素之一。

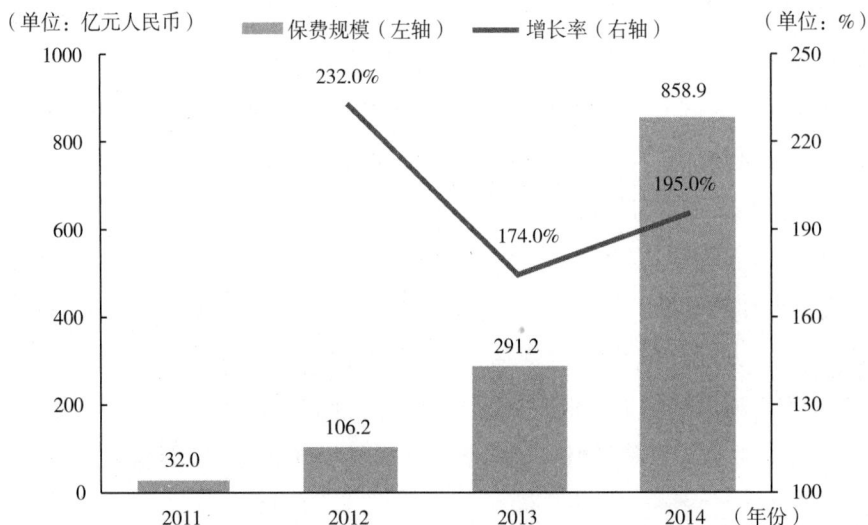

图 2-10 2011—2014 年中国互联网保险市场保费规模

资料来源:Analysys 易观智库,见 www.analysys.cn。

2014 年互联网保险市场不断扩容,全行业经营互联网保险业务的保险公司达到 85 家(中资公司 58 家,外资公司 27 家),全年新增 26 家。开展互联网业务的财产保险公司总数达 33 家,较 2011 年翻了两番,其中中资公司 25 家,外资公司 8 家。开展互联网业务的人身保险公司总数达 52 家,约为 2011 年的 3 倍,占人身险公司总数的 7 成以上,其中中资公司 34 家,外资公司 18 家。

互联网保险官网访问量不断攀升,2014 年实现了 18 亿人次的突破,同比增长近 4 成,日均访问量超过 370 万人次。其中,财产保险公司官网累计访问量为 8.6 亿人次,人身保险公司官网累计访问量近 10 亿人次。产寿险各有 6 家公司访问量过千万,其中泰康人寿、平安产险、太保产险和太保寿险的访问量均在亿次以上。

在经营互联网保险的 85 家公司中,69 家公司通过自建在线商城(官网)开展经营,68 家公司与第三方电子商务平台进行深度合作,其中 52 家公司采用官网和第三方合作"双管齐下"的商业模式。各经营主体积极拓展互联网渠道,中国人寿、太平洋保险和太平保险等大型保险集团公司成立了独立的电子商务公司,布局互联网专业化经营。

2. 行业趋势

随着虚拟经济形态的兴起和融合经济形态的转变,与互联网生活相关的新风险应运而生,将孕育出更多的互联网保险需求。保险产品的设计与服务将因地制宜,融合大数据和互联网思维,挖掘服务于互联网经济的商业机遇。

而互联网的场景化销售将结合客户在特定场景中对保险保障的需求,提供简单易懂的保险保障方案,同时对产品设计相关规定提出简化要求。因此,需要对现有的保障型保险产品管理规则予以重新梳理和调整,以符合互联网保险的创新发展方向。

另外,互联网大数据将带来丰富的保险标的信息数据,结合多维数据描述标的性质,进而分析风险进行产品定价。随着大数据技术的应用普及,风险的计量将更为精准、高效,风险定价趋于精细化、差异化。

互联网与金融业的融合推动保险公司对传统业务渠道进行整合。一方面,渠道定位向"以客户为中心"转型,使客户能够自由选择何时通过何种渠道获得金融产品和服务;另一方面,实体渠道的布局和定位也逐步转型,更多低价值的简单操作可转移到电子渠道中。

(三) 金融信息服务平台

目前,互联网金融蓬勃发展,以银行、证券、保险等传统金融机构在不同程度上的触网为代表,加之不少企业在互联网平台上布局了一批具有一定创新理念的新型交易、信息平台,如不同侧重方向的理财平台、保险超市、互联网金融超市等。由于这类平台主要功能为信息中介的搭建,提供多个机构、多种产品的信息服务,因而在监管、政策方面并不受限,发展较为平稳,但由于这类平台进入门槛较低,市场空间并不算广阔。较为著名的平台主要有91金融超市、融360、好贷网等。

未来这种模式的发展应该偏向优质金融机构、平台的引入,从而为更多的消费者提供更为丰富、优质的金融服务项目,降低消费者与金融机构之间的信息不对称,另一方面,也可以合作方金融机构共同推动产品营销、产品创新等方面的开发工作,逐步丰富和完善符合消费者习惯的金融服务产品。

四、总　结

随着互联网金融的快速发展,越来越多的企业加入互联网金融的领域,利用互联网拓展新的服务模式。这不仅极大地丰富了互联网金融的内涵,同时也促进了互联网金融发展的包容性,有助于形成多样、多维、充分竞争的互联网金融业态。同时,由于互联网金融的监管严重缺位,对于行业准入门槛建立缺失,导致如今互联网金融鱼龙混杂,第三方支付行业虽基本进入正轨,但乱象仍存,而在 P2P 行业更是在是风险的聚集区,跑路、问题平台层出不穷。

经历乱象之后的互联网金融企业需要思索未来的发展路径,国家监管部门也加强对互联网金融的重视,各项监管政策的调整和完善。而整个行业能否真正走上健康、积极的发展路径,需要行业参与者和政府监管部门等多方共同努力。

(作者简介:沈中祥,易观智库分析师,从事商业银行电子银行、互联网金融市场企业、行业的前瞻性研究,致力于网上银行、手机银行、P2P 网络融资等细分领域)

互联网保险发展现状及其未来趋势

李　琼

国务院《关于加快发展现代保险服务业的若干意见》明确提出,支持保险公司积极运用网络、云计算、大数据、移动互联网等新技术促进保险业销售渠道和服务模式创新。近年来,互联网技术正以前所未有的速度和方式改变和重塑保险行业,深入研究互联网保险发展的现状、特征,准确把握未来发展趋势,对于推动互联网保险持续健康发展具有重要意义。

一、互联网保险的发展现状

(一) 互联网规模效益显现,保费规模爆发式增长

近年来,互联网保险发展迅猛,保险机构依托互联网和移动通信等技术,通过网络平台开展业务,市场规模实现跨越式发展。2014 年我国互联网规模保费 858.9 亿元,是 2011 年的 26 倍多,近三年年均增长 199%,远高于同期全国电子商务交易增速;互联网渠道占比从 2013 年的 1.7%上升到 4.2%,对全行业保费增长的贡献率达到 18.9%,比上年提高了 8.2 个百分点,成为拉动保费增长的重要因素之一。其中,财产险公司互联网保险保费收入为 505.7 亿元,同比增长 114%,占财产险市场份额的 6.7%,同比提高 3.1 个百分点。人身险公司互联网保险保费收入为 353.2 亿元,同比增长 5.5 倍,占人身险市场份额的 3%,同比增长 2.3 个百分点。尤其是中小寿险公司借助互联网开辟发展新机遇,在互联网人身保险中占据了 82%的市场份额。

(二) 社会关注度显著提升,市场主体迅速扩容

目前,互联网保险官网访问量不断攀升,2014 年实现了 18 亿人次的突破,日均

访问量超过 370 万人次,其中财产险和人身险各有 6 家公司访问量过千万,其中泰康人寿、平安产险、太保产险和太保寿险的访问量均在亿次以上。伴随消费者购物方式的移动互联化,保险市场主体迅速增加,截至 2014 年年底,全国有 85 家保险公司开展互联网保险业务,其中财产保险公司达 33 家,较 2011 年翻了两番;人身险公司达 52 家,约为 2011 年的 3 倍,占人身险公司总数的 7 成以上。

(三) 互联网保险运营模式逐步确立,推动保险业转型升级

受部分传统保险业务增速减缓影响,保险业普遍高度重视互联网等新兴渠道,积极利用移动互联、云计算、大数据等信息技术创新产品和经营模式,降低运营成本,提升管理水平,改善服务能力,推动转型升级。在经营互联网保险的 85 家公司中,69 家保险公司通过自建在线商城开展经营,68 家公司与第三方电子商务平台开展深度合作,其中 52 家公司采用官网和第三方合作"双管齐下"的商业模式。一些大型保险集团公司如中国人寿、中国人保、太平洋保险和太平保险等成立了独立的电子商务公司或第三方支付牌照,积极布局互联网专业化经营。

(四) 财产险市场集中度较高,人身险市场中小寿险公司表现突出

在财产险方面,人保财险和平安产险分别占据互联网财产保险近 50% 和 29% 的市场份额,有 26 家公司的市场份额不足 1%;人保财险、平安产险、大地保险、太保产险和阳光财险 5 家网销保费超 10 亿元的公司贡献了行业车险互联网累计保费的 97.8%,体现了强者恒强的规模效益。在人身险方面,许多中小寿险公司希望借助互联网新渠道突破传统渠道瓶颈制约实现"弯道超车",借助理财型产品实现保费规模跨越式发展。中小寿险公司占据互联网人身险保费收入排名前 10 名中的 9 个席位,以 290 亿元的保费占据 82% 的互联网人身保险市场份额。

(五) 互联网保险发展仍处初级阶段,保险产品呈单一化特征

尽管我国互联网保险发展迅猛,但还处于初级发展阶段,保险产品主要是简单化和标准化的种类,比如 2014 年财产保险以互联网车险为主,实现保费 483 亿元,占互联网财产保险总保费的 96%;非车险业务仅占互联网财产保险保费的 4%,呈现签单量大、单均保费小且险种多样化的特点。人身保险互联网业务的主力险种为人寿保险,2014 年全年实现保费 330 亿元,占互联网人身保险总保费的 94%。其中,万能险互联网业务全年实现保费 204 亿元,占互联网人身保险总保费的 58%。以短期险为主的意外险是互联网人身保险第二大险种,尽管 18 亿元保费收入仅占互联网人身保险总保费的 5%,但承保件数占比超过 8 成,共计 8450 万件。健康险占互联网人身保

险总保费的 1%,以 1 年期及 1 年期以内产品为主,下半年较上半年有 20% 的增长,发展空间较大。

(六) 产寿险在互联网渠道模式上的差异极为明显

2014 年,57% 的互联网保险保费通过官网实现,其余 43% 由以淘宝网(含天猫、支付宝、招财宝)和网易为代表的第三方电子商务平台贡献,但财产保险和人身保险市场之间差异较大。财产保险方面,通过保险公司官网实现的互联网业务保费达 456 亿元,占互联网财产保险总保费的比重 9 成以上,通过第三方平台实现的保费仅占 5%。人身保险互联网业务情况则截然相反,全年官网实现保费 18 亿元,占互联网人身保险总保费的 5%,第三方平台实现 335 亿元保费,占 95%。

(七) 互联网保险支持新兴经济迅猛发展

近年来,互联网保险积极挖掘和满足电子商务等线上交易的虚拟性激发的巨大风险管理需求,支持互联网经济迅猛发展。2014 年淘宝"双 11"购物节,基于网络购物开发的退货运费险单日成交近 2 亿单,创造了保险业单日同一险种成交笔数的世界纪录,有效减少了退货运费纠纷,为电子商务的高速发展提供了风险保障,凸显了互联网保险巨大市场需求和发展潜力。为了缓解资金融通压力和支持互联网金融发展,互联网保险积极创新产品,有效缓解小微企业资金压力,激发了互联网经济发展活力。如保险业提供的卖家拖欠货物履约保险和服务履约保险,小微商家无须再按以往方式缴纳数额较大的保证金,1000 元左右的保费就可释放 50 万元的资金,有力支持了小微企业发展。此外,保险业开展互联网金融产品创新,金融参与方可以给网络借贷 P2P 投资人账户资金安全买保险、给借款人买人身意外险、给抵押物买保险,有效降低金融行为的不确定性,体现了保险业核心竞争力。

(八) 互联网保险监管政策有望近期出台

目前,保监会已拟定了《互联网保险业务监管暂行办法》(以下简称《办法》),并已向社会公开征求意见。该办法以鼓励创新、防范风险和保护消费者权益为基本思路,在信息披露、服务质量、信息安全等方面细化互联网保险监管要求,明确监管措施。根据《办法》,互联网保险监管将采取开放、鼓励、包容的心态,让市场在资源配置中真正地起到决定性作用;坚持底线思维,不出现系统性或者区域性的风险;坚持线上线下一致性的基本原则,防止监管套利;细化互联网信息披露规则,保障消费者的知情权、选择权,切实维护保险消费者的利益。下一步,保监会将按照互联网金融监管的统一要求,对该办法进一步完善后印发实施。

二、互联网对保险业带来的影响

（一）互联网对保险渠道与营销模式的影响

一是互联网渠道的重要性加快提升，传统渠道互联网化趋势明显。目前，传统保险机构依赖个人、中介和银行渠道的销售模式，正面临展业困难、佣金费率上涨、人力成本上升等发展瓶颈，渠道成本不断攀升，削弱了保险产品的竞争力。互联网保险以无纸化、智能化、虚拟化为特点，具有明显的低成本优势。国际数据显示，美国部分险种网上交易额已经占到 30%—50%，英国车险和家财险的网络销售保费占到 47% 和 32%，韩国网上车险已经占到总体市场的 20% 以上，日本车险业务电子商务渠道的占比为 41%。

二是互联网提升保险销售体验，推动被动营销向主动营销转变。互联网具有跨越时空的便利性、聚集效应和信息化效应，客户可以低成本获取保单信息，随时随地选购、分享、评论和播报保险产品，将有效改变传统的"以保险代理人为中心"的被动营销模式，建立真正"以客户为中心"的主动营销模式，大大提升客户购买体验。

三是互联网促进长尾业务发展，汇集海量客户资源。凭借移动互联和大数据技术，能有效地发现客户的潜在需求，对分散性客户实施精准营销，客户积累速度将远超于传统渠道。例如，淘宝网客户规模已经超 7 亿；微信平台推出仅 2 年，客户规模已经超 5 亿。

四是互联网推动营销模式持续创新。目前，互联网保险的主要营销模式是保险公司网站直销、第三方网络平台专业代理销售以及第三方网络平台兼业代理销售等模式。随着移动互联技术、智能移动终端以及移动社交平台爆炸式增长，传统的保险营销模式将向感知式、分析型、网络化营销模式转变，未来智能化、多样化、全方位、体验式的销售模式将成为主要手段，社交网络、微博微信、O2O 业务、团购众筹、虚拟世界和人工智能等都将成为未来保险业的重要渠道。

（二）互联网对保险全生命周期的影响

随着互联网保险的不断演化，互联网将逐步渗透保险服务的生命周期全过程，从前台的保险营销渠道，到中台的产品定价、理赔服务，再到后台的保险品牌、客户管理以及运营支持等。

1. 互联网保险推动产品创新与个性化定制

一是互联网活动催生新的保险需求。随着互联网活动呈指数级快速增长，围绕网络交易活动的保险需求快速增长,大量基于互联网需求的保险产品应运而生,如网购退货险、网游账户装备险和微信支付安全险等。二是互联网保险产品更趋个性化与标准化。大数据和云技术为获取个性化需求和个体风险特征提供了技术支持,保险产品将呈现简单与透明、碎片与自主、个性与娱乐的发展趋势,保险产品将被颗粒化处置,分散成为可单独定价、单独核保和单独理赔的最小颗粒,通过颗粒化风险组合,为客户提供个性化产品,还可实现复杂、高价值保险产品的O2O模式。三是大数据技术不断拓宽保险可保范围。在多纬度的风险量化模型中,大数据优化了大数法则定律的内涵和应用,可突破现有可保风险与不可保风险的边界,使原来不能承保的风险变为可保风险,扩大保险服务领域。例如,The Climate Corporation通过测算/处理庞大的气象数据库,为农民提供天气意外保险、天气玉米保险、天气大豆保险等,有效扩大可保范围。四是互联网给保险定价带来变化。互联网的脱媒作用将逐步改变利差、费差的传统保险盈利模式,转而实现服务性收费;车联网和UBI技术将改变传统的车险定价模式,实现从传统的保额定价、车型定价向使用定价转变,有效增强保险产品的精细化水平。

2.互联网保险提升保险服务体验和效率

互联网以多触点方式增强了保险公司与客户的交互式信息交流,通过自助式网络服务系统,深度参与保险产品服务的全过程,提升客户服务体验。一是互联网技术可构建强大的客户自助服务体系。互联网保险自助服务体系将实现自动核保、在线保全、在线理赔,包括一些理财产品的撤单、退保、账户转换等自助服务,实现保单全生命周期的互联网化,让习惯网络消费的客户享受互联网的便捷服务。比如,全美最大的游艇保险及抢救公司BoatUS通过手机应用为用户提供实时的保险及救助服务,包括全天候投保、基于GPS定位的即时拖拽申请服务、所在位置附近的优惠加油及修理点查询、所在位置就近登陆海岸定位等多项服务,通过此款应用可以与船友即时交流当前位置、分享所见所闻、广播疯狂体验等。二是大数据技术提升客户服务体验。目前,国际领先保险公司正在尝试设计整合的数据库结构和高效的分析平台,将数学模型与业务决策相关联,通过大数据分析优化商业决策模式,提高客户服务体验。例如,英杰华(Aviva)、保诚保险(Prudential)和AIG通过信用报告和顾客市场分析数据如浏览网站、常看节目、收入估计、行业分布等作为部分申请人的血液和尿液分析的关联物,以便查找可能患高血压、糖尿病和抑郁症的人。经过利用相关关系,保险公司可节约人均125美元,而数据采集和分析只需要人均5美元,而且还免予顾客提供血液和尿液,大大提高了顾客服务体验。

3.互联网保险推动风险管理创新

保险企业通过互联网平台可以更加实时、准确地获取客户的风险信息,比如人的健康信息、驾驶行为信息和车辆、道路状态信息、承保设备的状态信息,从而为客户提供各类风险管理服务,实现风险减量管理;通过各种移动设备和穿戴式设备,可以实时监测风险,提供灾害风险预警及防灾减灾信息,并及时提供救援服务。从保险公司内部风险管理来看,可以通过大数据加强业务风险管理,提升反欺诈技术。

4. 互联网保险促进客户资源和品牌管理

通过互联网和大数据技术,保险公司可以全程跟踪、监测客户交易行为,获取海量的客户行为数据,实现对客户的关系维护、忠诚度管理和服务管理。互联网保险为客户提供更快捷、简便的服务体验,促进保险机构与客户互动,增加客户粘性;通过大数据分析,确定关键客户关系,针对不同客户的特点,提供不同类型的服务以满足客户需求及附加值;更关注客户对服务的反馈,科学应用满意度评价工具,从而提升更高的客户留存率、更好的品牌知名度。在互联网时代,网络社群将成为重要的市场细分,品牌将不再是大众认知的标签(质量好、服务好、档次高),而是一个社群所认可的差异化的产品服务(价值趋同、产品风格、设计理念),网络群体性品牌的影响力将越来越大,对传统的品牌管理产生重要影响。

5. 互联网改变传统保险的运营管理模式

互联网可以实现组织机构的虚拟化,但与传统的保险组织模式存在直接冲突。传统保险机构的管理架构属于典型的金字塔形式,等级森严、层次众多,专业分工精细化,职能部门众多且界限分明,往往导致管理层人员膨胀,信息传递链条长,内部决策管理协调成本高,公司战略实施效果层层递减,难以适应互联网时代的保险行业发展要求。在互联网时代,开放、平等、协作、分享的互联网优势,能够有效突破多层级保险机构设置和高昂的管理成本,以个性化、透明化、虚拟化、简单化的价值理念正在对传统的保险产品条款模式、运营模式和服务模式产生深刻变革。互联网保险不是对传统保险商业模式的单纯颠覆,而是对现在业务体系的升级与补充,互联网保险将通过优化保险作业流程和关键环节,提升保险机构的运营管理效率。

(三) 互联网推动保险 B2B、C2B 和再保险的业务模式创新

未来,不仅仅是把传统的保险产品移植到互联网,也不仅仅是用互联网技术来优化改造保险生命周期的全过程,而是要在 O2O、B2C 的基础上,建立基于保险业产业链和价值链整合的平台商务模式,如 B2B 和 C2B,并影响再保险经营。

一是 B2B 交易模式将成为新的保险业态。B2B 是电子商务中历史最长、发展最完善的商业模式,具有低成本信息优势,能有效整合保险供应链和价值链资源,打造一体化的保险服务平台。B2B 主要有以下几种模式:第一种是垂直 B2B 模式,如再保、直保与经纪代理之间的上下游产业链整合模式。第二种是水平 B2B 模式,将保

险行业中相近的交易过程集中的商务模式,比如专门成立基于车险、责任险等业务的专业商务平台等。第三种是自建B2B模式。由保险行业龙头企业运用自身品牌、客户资源优势串联整条产业链,将车商、4S店、医院以及经纪代理等整合进统一的电商平台。第四种是关联行业的B2B模式,通过整合综合B2B模式和垂直B2B模式的跨行业电子商务平台。如可搭建基于车险直保、再保、经纪代理、4S店等关联方的一体化电商平台。

二是探索C2B客户需求集合定制服务模式。C2B是一种逆向的电子商业模式,或由客户发布自己的保险需求,然后由保险公司来决定是否接受客户的要约,或者是批量客户集合需求而由保险公司提供定制产品。在传统的保险模式下,保险产品往往由保险公司先行设计和开发,再通过不同渠道向客户推荐,不但存在产品选择种类少,而且产品组合、保险责任、保险期间、交费频率和期限都受到了严格限制。但是在C2B模式下,互联网的交互性使得客户由传统交易方式中的被动接受者转变为主动参与者,使客户根据需要在网上定制属于自己的保险产品将成为现实。保险机构将所有基本保险需求颗粒化、责任化,明确相应的费用率和投资回报率,让客户根据个性化需求进行任意组合,通过个性化定制可满足更为复杂的保险需求。

三是再保险也将面临互联网保险带来的多方面影响。第一,新的互联网风险需要再保险支持。随着互联网活动逐步渗透,新的互联网风险急需再保险产品和服务的保驾护航,比如互联网交易风险、虚拟财产损失风险等。第二,再保险经营模式呈现新的业态。随着互联网的脱媒化,在基于互联网的保险互助机制下,传统直保公司形态的变化,将倒逼再保险业务模式转型调整,出现适应互联网保险互助机制的再保模式。第三,大数据对再保险提出了更高要求。随着大数据技术的日益运用,传统再保险公司在产品定价、风险建模、巨灾模型运用等领域的数据优势将面临挑战,大数据技术将重塑传统的风险定价模式,对再保险公司的大数据采集、应用能力提出更高要求。

三、互联网保险发展存在的问题

(一) 产品创新亟待突破瓶颈,难以满足"互联网+"风险管理需求

互联网技术的特殊性导致互联网保险产品呈现出标准化、简易化、通俗化和多样化,长期限、复杂型保险产品的销售空间受到限制,导致互联网保险在整个保险行业中的占比还很小,业务渗透率仅在3%,短期影响力较为有限。目前互联网保险的主力险种为车险、万能险、短期意外险等标准化产品,非车等复杂型互联网产品严重不

足;产品场景化的开发深度不足,互联网经济活动场景衍生的风险管理需求缺乏相应的保险支持;现有互联网保险经营重点仍主要集中在销售端,同时很多创新形式大于实质,个别保险产品违背保险基本原理和大数法则,如"爱情险""月亮险""摇号险""世界杯遗憾险"等仅以保障为噱头,偏离了保险实质,混淆了创新边界,有伪创新、真噱头之嫌。

(二)大数据、移动互联等新技术应用有待深化

保险业对渠道互联网化的探索由来已久,但多数公司只是将业务服务流程电子化、网络化,而从客户需求和便利角度实现线上线下资源整合方面仍亟须加强。如何运用移动互联最大限度上实现保险服务在线化,如何利用大数据提供保险产品定价的科学性和合理性,如何应用 IT 新技术提升内部管理、改善组织结构等,这些都值得行业积极思考和探索。

(三)创新型业务不确定风险较高

互联网经济金融的兴起,丰富了经济活动和金融产品层次,也产生了新的风险管理需求。目前,保险业对互联网保险这类创新型业务的合规性判断、产品开发、风险识别和风险定价能力还有待提升,在内部数据积累、数据挖掘、发现数据背后价值的能力还不平衡,一些互联网创新型产品由于缺少相关历史数据积累及应用而存在一定的定价风险。如何让促使互联网保险为互联网经济提供保障,做到互联网保险与实体经济的"虚实结合",是未来行业创新发展的重要考虑方向。

(四)信息安全成为重大风险隐患

互联网保险对网络信息系统的依赖度很高,保险公司直接管理的互联网保险渠道较传统个人营销渠道更具权威信息效力,且传播速度快、影响范围广、社会影响大。保险业须从网络安全、设备安全、个人信息管理制度、业务持续管理等多方面提升信息保护和信息安全等级,否则有可能酿成业务数据和客户信息丢失、泄露的重大风险。

(五)互联网保险发展趋势预测

随着保险交易从传统的专网不断向互联网渗透,保险跨时空价值交换的功能将得到更加充分发挥,移动互联、大数据、物联网、生态圈、O2O、云服务等正在成为互联网保险新的业务形态,将重塑保险业未来发展的路径和模式。

一是经济形态的转变衍生新的保险需求。随着虚拟经济形态的兴起和融合经济

形态的转变,与互联网生活相关的新风险应运而生,将孕育出更多的互联网保险需求。保险产品的设计与服务将因地制宜,融合大数据和互联网思维,挖掘服务于互联网经济的商业机遇。

二是移动互联改变传统保险业务模式。移动互联提高传统保险营销和服务的便捷性,突破营业时间和地域限制,将推动传统保险业务向无纸化、智能化、定制化发展,甚至打造未来智能移动保险生态系统,为客户适时提供高级定制的保险产品和服务。保险机构正在利用微信等社交网络平台,洞察消费者需求,对消费者进行产品宣传教育,让消费者全面、深度参与保险产品的设计、营销和互动服务。

三是以车联网为代表的物联网将给保险业带来深刻变化。车联网作为物联网具体应用之一,正在深刻影响传统车险业务。借助车联网,保险公司可以为顾客提供个性化车险产品、一键式报险、可视化救援和理赔、在线续保等全方位闭环服务,全面提升客户体验和客户黏度,提高续保率和市场占有率,有效降低车险综合成本率。

四是互联网保险生态圈正在形成。互联网时代,产业链边界日趋模糊,价值链理论将被新的价值网理论所代替,股东、客户、保险机构、网络平台以及关联各方将相互协作、紧密关联,形成一个多主体、共赢互利的保险生态圈。以车险为例,保险公司可以建立汽车消费生态圈,提供包括车辆风险管理、保养维修使用、自驾消费娱乐、交易资讯等各种服务。

五是大数据促进保险定价精细化和差异化。互联网大数据将带来丰富的保险标的信息数据,结合多维数据描述标的性质,进而分析风险进行产品定价。随着大数据技术的应用普及,风险的计量将更为精准、高效,风险定价趋于精细化、差异化。

六是云服务为互联网保险提供基础支撑。云技术作为一种新的商业基础设施,将以灵活、动态且提供实时支持的 IT 模式对保险业产生深远影响。借助云服务,保险公司可以有效应对数据呈指数级变化趋势,提升产品创新能力,改善业务流程,提高运营效率,降低经营成本。

四、结论与建议

(一) 完善互联网保险监管制度

尽快出台《互联网保险业务监管暂行办法》,建立互联网保险业务的准入和退出制度以及相应配套的实施细则,对互联网保险人按偿付能力和网络业务能力进行分级管理。加强第三方电子商务交易平台的监管,鼓励支持保险公司开展互联网产品与服务创新。建立针对保险公司互联网经营与服务行为的信息化监控系统,促进良好竞争秩序。要求保险公司建立匹配互联网经营的风险管控与合规体系。建立互联网保险投诉机制,保障被保险人合法利益。

(二) 完善互联网保险经营模式

在专业互联网保险公司试点的基础上,鼓励保险业开展针对互联网的渠道、产品、服务和管理的创新,鼓励保险机构探索多种经营模式,推动保险业差异化发展和转型升级。同时,保险业要实现互联保险线上宣传介绍、投保和支付与线下回访、保全、理赔和退保的有效对接,不断优化业务流程,探索适宜的产品介绍模式和回访模式,提高查勘理赔效率,充分借助网络技术实现随时的线上互动,降低运营成本。

(三) 加强互联网保险的安全保障

保险业要强化信息系统安全管理,提高网络经营稳定持续能力。保险公司要强化客户信息安全保障,强化电子交易记录安全管理,确保长期可回溯和法律效力。

(四) 推进互联网保险行业基础设施建设。

一是搭建保险业电子交易数据平台,围绕大数据应用,探索构建互联网模式下的财产险行业风险曲线,为保险公司保单定价和再保险定价、加强风险管理和优化公司自身再保险结构提供有效支持。二是推动保险风险的标准化、颗粒化,推动颗粒化风险的单独定价、单独核保和单独理赔标准建设,实现行业通过颗粒化风险组合为客户提供综合风险解决方案。三是支持建立保险客户身份认证系统,支持建立客户信用体系,有效开展反欺诈、反洗钱,将客户道德风险纳入社会征信系统。

(作者简介:李琼,男,博士,中国财产再保险有限责任公司农共体管理机构)

全球制造业未来发展方向：工业4.0

葛涵涛

一、工业4.0的发展进程及现状

（一）工业4.0的发展

当前,德国、美国、中国及其他主要制造业国家都在讨论"工业4.0"。数字制造、智能制造、智能工厂等词汇已经成为热门术语。

德国是最早提出第四次工业革命的国家,其特点是生产制造环境和产品生命周期的标准化和数字化。"工业4.0"是德国联邦教研部与联邦经济技术部在2013年汉诺威工业博览会上提出的概念。它描绘了制造业的未来愿景,提出继蒸汽机的应用、规模化生产和电子信息技术等三次工业革命后,人类将迎来以信息物理融合系统为基础,打通所有生产环节的数据壁垒,无线网掌控一切,实现制造业向智能化转型。最终通过提升制造业的智能化水平,建立具有适应性、资源效率及人机工程学的智慧工厂,同时在商业流程及价值流程中整合客户及商业伙伴。

（二）工业4.0的关键要点

工业4.0的核心是通过信息物理融合系统实现生产设备之间、设备与产品之间、人与网络间的相互识别和互联互通,从而实现高度灵活的、个性化的智能制造生产模式。工业4.0的战略要点是,围绕一个核心网络CPS系统,研究四大关键主题,推进三项集成和八项计划。

1.建立信息物理系统（CPS）

当建立信息物理系统（CPS）后,可以将物理设备（各类传感器）连接到互联网上,让物理设备具备计算、通信、精确控制、远程协调、自治、数据采集等功能,从而实现虚拟网络世界与现实物理世界的融合。CPS可以将资源、信息、物体及人紧密联系在一起,从而创造物联网及相关服务,并将生产工厂转变为一个智能环境。

2. 工业4.0的四大主题

智能工厂:未来智能基础设施的关键组成部分,重点在于智能化生产系统及过程以及网络化分布生产设施的实现。

智能生产:将人机互动、智能生产物流管理、3D打印等先进技术应用于整个工业生产过程,并对整个生产流程进行监控、数据采集、便于进行数据分析,从而形成高度灵活、个性化、网络化的产业链。生产流程智能化是实现工业4.0的关键。

智能物流:通过互联网、移动互联网、物联网和企业内网,整合物流资源,充分发挥现有物流资源供应方的效率。需求方则能快速获得服务匹配并能得到智能物流支持。

智能服务:智能产品+状态感知控制+大数据处理,将改变产品的现有销售和使用模式。增加在线租用、自动配送和返还、优化保养和设备自动预警、自动维修等智能服务新模式。

3. 工业4.0战略的三个重点

横向集成:企业间通过价值链及信息网络所实现的一种资源整合,主要目的是为了实现各企业间的无缝合作,提供实时产品与服务。

纵向集成:基于未来智能工厂中网络化的制造体系,实现个性化设计、定制化生产,替代传统的固定式生产流程和模式。

端到端集成:贯穿整个价值链的工程化数字集成,是在所有终端数字化的前提下实现的基于价值链与不同公司间的一种整合,将最大限度地促进个性化定制。

4. 实施八项计划

通过实施标准化参考架构、管理复杂系统、工业宽带基础、安全及保障、工作的组织与设计、培训与再教育、监管架构、资源利用效率等八项计划,将有效地保障工业4.0实施。

(三) 全球主要工业国在工业4.0领域的发展现状

工业4.0提倡以生产高度数字化、网络化、机器自组织为标志的第四次工业革命,来应对和解决当今全球各主要工业国都面临的人口结构变化、能源利用效率等问题。

欧美、日本等工业国的老龄化问题严重,随着新出生人口的逐年递减、年轻员工的数量不断下降,积极发展工业4.0是西方发达国家的必然选择。鉴于全球老龄化问题带来的高级技工短缺等问题,通过工业4.0(智能工厂、智能化生产)可以有效提升工人的工龄,使工人的生产力能保持更长时间。

在减少能耗、提升不可再生资源使用率方面,工业4.0中的智能生产、智能制造将有效降低传统大规模制造中对原材料和能源的消耗,降低对环境的污染。

当前,工业4.0已经成为各大国家争夺的"大蛋糕"。世界各工业国纷纷在工业4.0领域进行战略布局,发达国家纷纷发布"新工业战略",把其作为国家战略,抢占先进制造技术、机器人技术、3D打印技术、新材料技术等制高点。

德国发布的工业4.0概念是建立在德国在自动化装备、智能制造全球领先的优势上,德国国内几乎所有的大型工业、自动化企业及大量的中小型企业都纷纷融合到该概念体系中,包括:西门子、奔驰、SAP、宝马、菲尼克斯电气、施耐德电气等。

美国早在2011年6月和2012年2月,就陆续启动了《先进制造业伙伴计划》和《先进制造业国家战略计划》。GE公司提出的"工业互联网"与德国的"工业4.0"概念近似,即将智能设备、人和数据连接起来,并以智能的方式利用这些交换的数据。美国的工业互联网体系包括:IBM、AT&T、Amazon、Cisco、GE、Intel等公司。2014年4月21日,由AT&T、Cisco、GE、IBM、Intel在美国波士顿宣布成立工业互联网联盟(IIC),以期打破技术壁垒,通过促进物理世界和数字世界的融合。

日本是亚洲最早在工业流水线中使用机器人技术的国家,已经将其在生产制造中长期积累的机器人技术,广泛应用到了工业生产的各个环节中。机器人手臂、无人搬运机、无人工厂(已经可以实现黑灯制造)等是本田公司得以建成全球最短高端车型生产线的必要条件。2014年3月,日本经济产业省发布了有关3D打印机未来制造的理想方法的报告,并将3D打印技术列为优先政策扶持对象,计划当年投资45亿日元,实施名为"以3D造型技术为核心的产品制造革命"的大规模研究开发项目。2014年5月,日本新能源产业技术综合开发机构公布了新版日本机器人白皮书《2014年关于工业、商业和生活机器人化的白皮书》,对机器人发展进行了重新思考,并提出了新的发展思路,该白皮书的发布旨在促进日本机器人产业的快速发展。

2014年通用电气(GE)发布《未来智造》白皮书,揭示了由工业互联网、先进制造和全球智慧所催生的新一轮工业变革前景——技术创新将显著提高生产率,加快经济增长,释放人们无限的创造力和创业精神。随着医疗、能源、交通和工作方式的重大进步,这场变革将改变众多领域的竞争格局,从根本上转变人们的生活。GE预测,未来工业4.0有望影响46%(约32.3万亿美元)的全球经济。

二、工业4.0为中国工业带来的机遇与挑战

(一) 中国工业发展现状

中国工业虽然是全球第一的制造业大国,但是现代化、信息化水平区域发展参差不齐,标准化程度低,处于工业2.0、工业3.0并存阶段。

工业4.0（工业互联网）：1%的威力

产业	部门	节约的种类	2015年的预测价值（亿美元）
医疗	整体系统	系统效率提升1%	300
电力	煤炭和火力发电	节约1%的燃料	600
石油和天然气	勘探和开发	节约1%的资本支出	900
铁路	货物	系统效率提升1%	270
航空	商业运输	节约1%的燃料	300

图 2-11   GE《未来智造》白皮书揭示新一轮工业变革蓝图

资料来源：GE：《未来智造》。

当前，中国的制造业仍处于附加值低、创新能力弱、结构不合理的产业链中端，产业价值链中扮演加工、组装为主的角色。随着中国人口增长变缓，中国用工荒，用工成本提高将促使低端制造业企业向用工成本更低的地区迁移。机器人技术将在中国的劳动密集型企业普及，增强现实、机器视觉、超高速 3D 打印等技术将广泛应用在制造领域。

高度定制化、小批量的订单将大规模出现，产品的库存周转将通过大数据分析进行控制。周转效率将进一步提升。同时，中国的低端制造业领域将出现一轮行业洗牌，中国的制造业将由制造、组装、贴牌向着产品自主研发、技术创新、拥有核心专利的自主高端品牌方向发展。

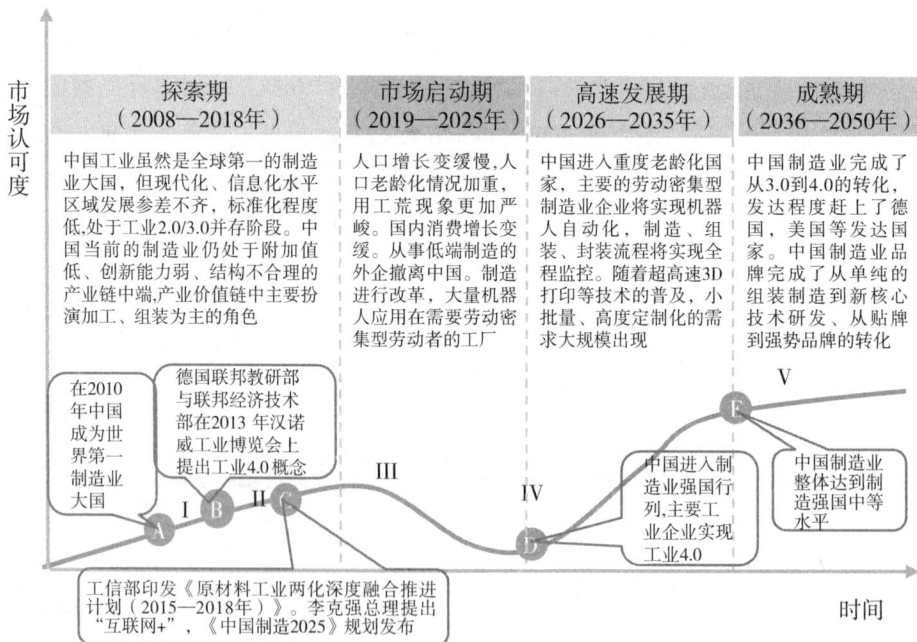

图 2-12   中国工业 4.0 领域 AMC 模型

资料来源：易观国际。

中国工业 4.0 领域的发展周期可以分为四个阶段,即:探索期、市场启动期、高速发展期和应用成熟期(见图 2-17)。

探索期:(2008—2018 年)

中国当前的制造业仍处于附加值低、创新能力弱、结构不合理的产业链中端,产业价值链中主要扮演加工、组装为主的角色。除了汽车制造业、机床加工业等制造业,机器人手臂以及机器人制造业技术开始出现在精密加工、精细化制造业领域。

市场启动期:(2019—2025 年)

人口增长变缓慢,人口老龄化情况加重,用工荒现象更加严峻。国内消费增长变缓,从事低端制造的外企撤离中国。制造进行改革,大量机器人应用在需要劳动密集型劳动者的工厂。

高速发展期:(2026—2035 年)

中国进入重度老龄化国家,主要的劳动密集型制造业企业将实现机器人自动化,制造、组装、封装流程将实现全程监控。随着超高速 3D 打印等技术的普及,小批量、高度定制化的需求大规模出现。

应用成熟期:(2036—2050 年)

中国制造业完成了从 3.0 到 4.0 的转化,发达程度赶上了德国、美国等发达国家。中国制造业品牌完成了从单纯的组装制造到新核心技术研发、从贴牌到强势品牌的转化。

(二)《中国制造 2025》计划拉开中国工业 4.0 序幕

2015 年 5 月 19 日,《中国制造 2025》正式发布,提出了全面推进实施制造强国战略。这是中国实施制造强国战略首个十年的行动纲领。报告提出,智能制造是未来制造业发展的重点方向。

《中国制造 2025》也被誉为"中国版工业 4.0 规划",借鉴德国版工业 4.0 计划,围绕在我国工业有待加强的领域进行强化,力争在 2025 年从工业大国转型为工业强国。

现阶段中国制造业面临"大而不强"的问题,传统制造业占比重较大,而且多处于工业 2.0 和工业 3.0 阶段。过去由于中国具有低成本竞争优势,这些问题被部分掩盖,但随着中国"高成本时代"的悄然到来,传统制造业的低成本竞争优势逐渐丧失,中国传统制造业企业实施工业 4.0 战略转型迫在眉睫。《中国制造 2025》作为中国实施制造业强国的国策在此时推出,对于推动整个中国制造业改革发展具有标志性意义。

（三）中国工业发展向工业4.0过渡面临的主要问题和挑战

中国工业向工业4.0领域迈进的过程中,面临的主要问题有:

基础理论研究:基础理论研究滞后,自主研发能力薄弱,技术体系不够完整。制造业整体自主研发设计能力薄弱,缺少原始创新。

软件:重硬件轻软件的现象突出,各类复杂产品设计和企业管理的智能化高端软件产品缺失。计算机辅助设计等关键技术与发达国家差距较大。

关键技术和专利:关键技术及核心基础部件仍依赖进口,许多重要装备和制造过程尚未掌握系统设计与核心制造技术,在相关核心专利技术领域也缺乏积累。

原材料:在先进材料制造等方面差距还在不断扩大。大量原材料我国根本没有供应能力,有的依靠进口,而一些高端材料还限制中国进口。

安全:工控系统信息安全问题突出,主要涉及功能安全、数据安全(企业信息保护和个人隐私保护)。

人才:关键岗位人才缺失严重,对海外高层次人才和国外智力的引进工作力度不够。还没有形成良好的创新人才培养模式。

就业问题:中国是人口大国,人口结构复杂。随着人口结构变化,人力成本上升,企业招工难,用工难。虽然工业4.0会缓解劳动密集型企业的用人需求,解放了大量劳动力,但是会凸显就业,甚至有可能影响社会稳定。

（四）逐步实现中国特色工业4.0的对策建议

建设中国特色的工业4.0,要以智能制造为主导,解决企业对密集劳动力的过分依赖,降低从生产到销售终端全流程的成本,从而提高企业的竞争力。走中国特色的工业4.0道路,要推动传统工业企业转型升级,成为大数据驱动的智能企业。将大数据、云计算与移动互联网结合起来。

制定整体策略。制定适应中国工业4.0发展整体战略路线图,制定并实施国家层面的中国制造2025发展规划纲要,打造以制造业数字化、智能化为核心特征的工业升级版。各地可以根据实际情况制定适应当地的工业4.0路线图。

加快工业转型。纵向集成,打通沟通渠道,以互联网式的平台模式运行,实现全流程的信息打通;横向集成,推动零配件、工艺等的标准化;端到端集成,将跨越式地提升生产效率,同时还体现在原材料创新、产品创新等方面。

加强技术交流和技术引进。加强与德国、美国等国家先进企业的交流和互动,借鉴其经验和做法推动中国工业升级转型。与跨国公司在华搭建联合研究平台,加快先进技术和产品的引进和转化。

　　大数据驱动智能工业。借助大数据、云计算、社交网络等新技术推动企业转型，提升生产、制造全流程的数据可视化和透明度，实现生产、制造全流程质量管理，帮助企业更好地满足消费者的需求。

　　人与机器的智能融合。中国实施工业4.0是需要人与机器的智能融合。中国的工业4.0是一个长期的过程，未来通过加强教育，促进人口素质的提高可以有效缓解就业问题。同时工业4.0以后由于减少了用工成本，相应地会提高工资待遇，改善工人生活。

　　总体而言，中国制造业目前的状况发展不平衡，处在没有总体完成工业2.0（大规模制造机械化）和工业3.0（工业自动化），就需要面对工业4.0（工业自动化和信息化深度融合）的形势。中国工业制造的发展，不像西方发达国家走的是工业2.0、工业3.0，进而工业4.0的串行发展，而应该是工业2.0、工业3.0和工业4.0并行发展的道路。

　　（作者简介：葛涵涛，易观智库智慧院副院长，分析师，专注于物联网和工业4.0领域的产业研究和前瞻性分析，深入研究智能可穿戴技术、智能家居、医疗信息化等领域）

电子商务市场行业发展
现状及其未来发展趋势

白　雪　王小星

◇◇◇◇◇◇◇◇◇◇◇◇◇◇◇◇◇◇◇◇◇◇◇◇◇◇◇◇◇◇◇◇◇◇◇◇◇

一、电子商务 B2B 市场发展现状

中国电子商务 B2B 市场总体保持较为稳定的增长水平,但增幅较为缓慢。

(一) 宏观原因

全球经济处于危机后的温和复苏期,整体上趋于平稳发展,新兴市场和发展中国家经济发展温和,中国经济增长换挡到中速。

扩大内需政策带动了内贸业务的高速增长。国家扩大内需的重要举措,给中小企业带来了更多的发展机会,大大激活了 B2B 市场的低成本。中国内需消费的增长空间广阔,电子商务作为国家战略性新兴产业、现代服务业的重要组成部分,拥有巨大的市场空间。

国务院发布加快生产性服务业的指导意见,鼓励深化大中型企业电子商务应用,促进大宗原材料网上交易、工业产品网上定制、上下游关联企业业务协同发展,创新组织结构和经营模式。国家政策的导向为 B2B 市场的发展提供了良好的外部环境。

跨境电子商务持续发酵。国家大力推进跨境电商的发展,明确规定通过海关、质检、税收、外汇、支付和信用六项措施支持跨境电子商务发展,鼓励企业在海外设立批发展示中心、商品市场、专卖店、海外仓等各类国际营销网络。

财政部、商务部等部委联合出台《中小企业发展专项资金管理暂行办法》,支持中小企业特别是小微企业科技创新,改善中小企业融资环境,完善中小企业服务体系,加强国际合作。

（二）微观原因

电子商务 B2B 平台进一步深化信息服务。中国主要的 B2B 平台仍是以信息服务为主，包括广告服务、企业推广、询盘、洽谈等。近年来，电商 B2B 平台提升了信息服务的质量，提供了更为精准的搜索与推送。主要集中在两方面：①加强数据的挖掘与分析。利用大数据、云计算等最新科技技术，深化数据的存储和挖掘能力，深度分析企业的购买行为，包括购买商品的数量、品类等，通过更加精确的筛选，加大供需双方的匹配度。②加大垂直细分领域的专业度。B2B 市场垂直化和细分化趋势凸显，平台加大了专业人才的投入，要求相关运营人员对某一细分市场有较为深度的了解，从而作出更为精确的推送和咨询服务。

电子商务 B2B 平台积极探索在线交易。阿里巴巴、慧聪网、华强电子网等多家电商 B2B 平台通过"团购""促销"等活动，培养企业在线交易习惯，从而省去交易当中的烦琐程序，增加用户粘性，推动中小企业降低成本，提高效率，同时，也为平台提供其他的增值服务打开窗口。

电子商务 B2B 平台全产业链服务能力不断加强。面对企业在采购、销售、运营、管理等业务流程同产业链上下游商务伙伴整合的需求，电商 B2B 平台采取服务多元化、行业纵深化的方式，主要体现在：①B2B 平台开展供应链金融服务，通过与银行和金融机构之间的合作，运用大数据挖掘交易行为、交易记录，开展授信、融资、资金结算等业务。供应链金融服务可以支持一大批依附于核心企业的产业链上下游中小企业的发展，有效地解决了中小企业的融资问题。②同物流商合作，提供物流服务，为平台企业用户争取价格优势，解决企业运输问题，特别是散件量少、无法大物流运输的问题。

2014 年，中国电子商务 B2B 市场交易规模达 9.4 万亿元人民币，环比增长 15.37%（见图 2-13）；市场收入规模达 192.2 亿元人民币，环比增长 28.34%（见图 2-14）。

二、电子商务 B2B 市场发展阶段

截至目前，中国电子商务 B2B 市场的发展主要经历了探索期和市场启动期（见图 2-15）。

（一）探索期（1999—2003 年）

中国迎合信息化的发展趋势对传统商务进行改革和创新。企业对于电子商务的

（单位：亿元人民币）　■ 交易规模（左轴）　— 环比增长率（右轴）　（单位：%）

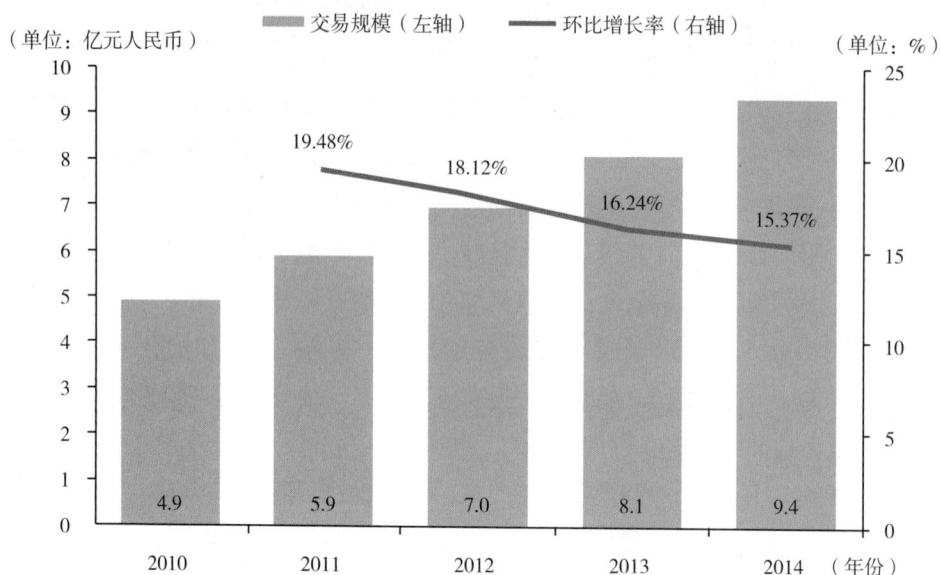

图 2-13　2010—2014 年中国电子商务 B2B 市场交易规模

资料来源：Analysys 易观智库，见 www.analysys.cn。

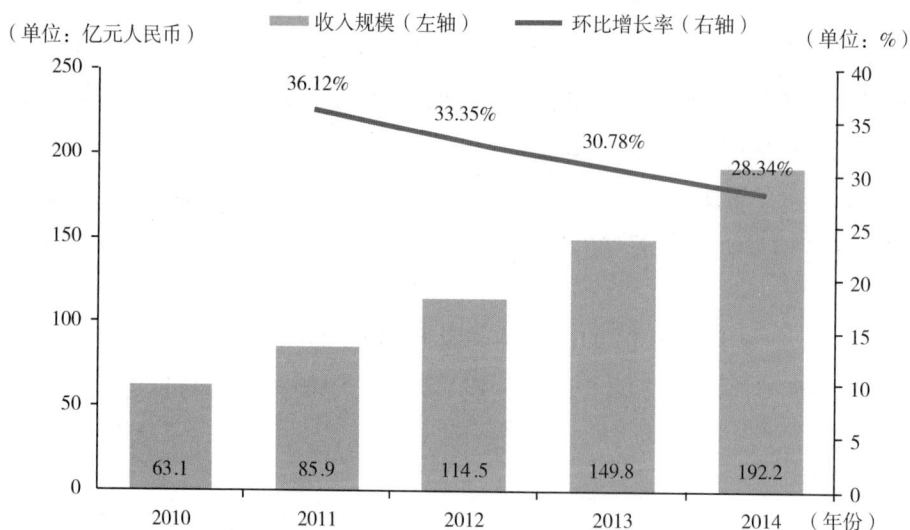

（单位：亿元人民币）　■ 收入规模（左轴）　— 环比增长率（右轴）　（单位：%）

图 2-14　2010—2014 年中国电子商务 B2B 市场收入规模

资料来源：Analysys 易观智库，见 www.analysys.cn。

需求仍待挖掘，产业的发展由重点厂商推进。1999 年阿里巴巴的成立标志着中国电子商务 B2B 的正式开端。在该阶段，有大量 B2B 平台相继出现，如中国制造网、中国网库、中国化工网等。在中国电子商务 B2B 发展初期，企业对于低成本商机获取的需求较为强烈，由于互联网渠道所带来的低成本以及时效性，使企业愿意选择电子商

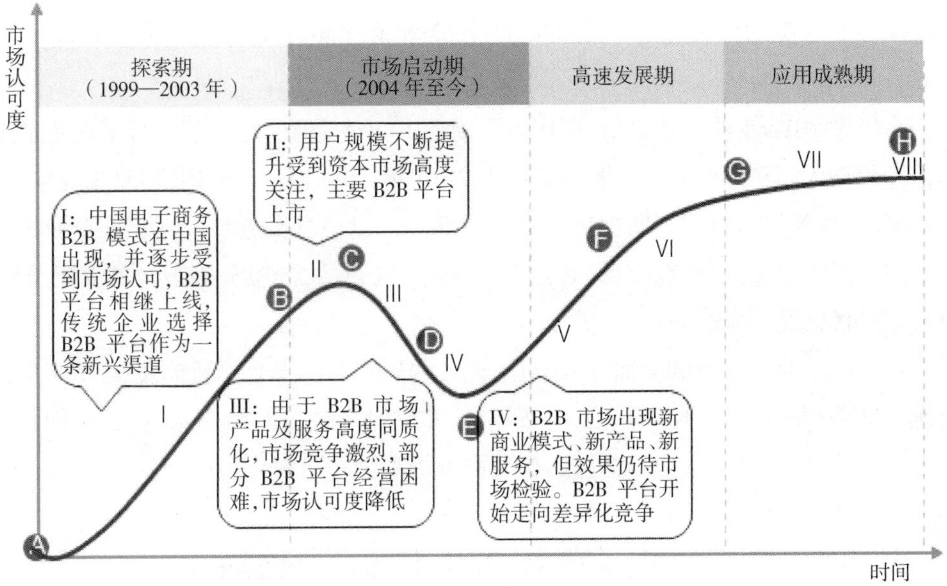
市场认可度
探索期
（1999—2003年）
市场启动期
（2004年至今）
高速发展期
应用成熟期
I：中国电子商务B2B模式在中国出现，并逐步受到市场认可，B2B平台相继上线，传统企业选择B2B平台作为一条新兴渠道
II：用户规模不断提升受到资本市场高度关注，主要B2B平台上市
III：由于B2B市场产品及服务高度同质化，市场竞争激烈，部分B2B平台经营困难，市场认可度降低
IV：B2B市场出现新商业模式、新产品、新服务，但效果仍待市场检验。B2B平台开始走向差异化竞争
A
B
C
D
E
F
G
H
I
II
III
IV
V
VI
VII
VIII
时间

图2-15　中国电子商务B2B市场AMC模型

资料来源：Analysys易观智库，见www.analysys.cn。

务B2B作为其拓展业务的渠道，而满足了企业对于商机信息需求的阿里巴巴，在该阶段迅速累积客户以及知名度。代表企业阿里巴巴是主要以信息发布为运营模式，通过会员制来盈利的B2B电子商务网站。

（二）市场启动期（2004年至今）

2004—2008年，随着IT技术的高速发展、PC的普及以及信息化进程的不断推进，企业对于电子商务的需求不断增加，越来越多的参与者进入市场，这其中包括慧聪网、环球资源网等传统纸媒企业的进入。电子商务B2B不可逆转的大势让很多人趋之若鹜，特别是资本市场的热捧和大量进入尤为明显。进入2008年，中国的电子商务B2B市场达到第一次顶峰，企业在这一阶段开始大规模使用电子商务B2B平台的各项产品与服务。伴随着市场的火热，垂直品类的电子商务B2B应用开始出现。在该阶段内，阿里巴巴、慧聪等B2B平台相继上市，B2B市场发展迅速，同时也存在同质化竞争程度加剧，盈利模式单一等潜在威胁。随着B2B市场的迅速发展、网站流量的增加、企业用户信息的积累，互联网搜索引擎也进入了B2B市场，加速了B2B市场的拓展和转型，使电子商务B2B市场更丰富。

2009—2011年，由于国际金融危机的影响，外贸订单数量减少，中国电子商务B2B发展中的问题被放大，同质化的服务使得B2B市场竞争激烈。信息服务已极大程度解决了信息不对称的问题,平台付费会员服务效果逐渐下降,其他运营模式在基于数据存储的探索中慢慢呈现出来,不过,企业对于电子商务的需求仍需进一步挖掘。

在经过 2011 年的低迷之后,中国电子商务 B2B 市场在 2012 年进行了初步的变革,2013 年市场运营模式多元化态势初显,2014 年,互联网广泛应用,信息相互联通,大数据、云计算等新科技不断被应用,B2B1.0 时代以信息服务、广告服务、企业推广的时代已逐渐退去,以在线交易、数据服务、金融服务、物流服务等为主的 B2B 电子商务新时代已经到来。

随着电子商务发展的全面深入,电子商务的形式与内容会不断扩大,将依次进入高速发展期和应用成熟期。但是,电子商务 B2B 的在线交易仍在探索当中,创新模式也需接受市场的检验,全产业链的配套服务仍需进一步深化和挖掘。

三、电子商务 B2B 市场竞争格局

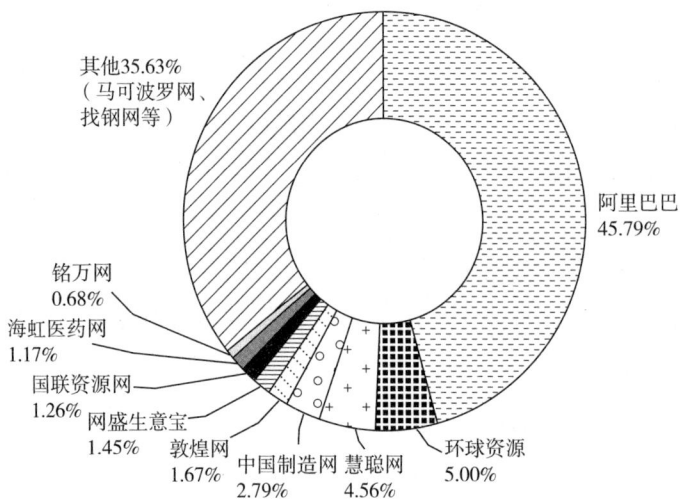

图 2-16　2014 年中国电子商务 B2B 市场收入份额

资料来源:Analysys 易观智库,见 www.analysys.cn。

2014 年,中国电子商务 B2B 市场格局较为稳定,阿里巴巴以 45.79% 的市场份额稳居第一位,环球资源、慧聪网分别以 5%、4.56% 的市场份额位居第二、第三位。

2014 年是各大电子商务 B2B 平台的转型之年,信息广告服务+在线交易服务+其他增值服务的全产业链服务模式特征凸显。

（一）电子商务 B2B 平台进一步深化信息服务

加强数据的挖掘与分析。利用大数据、云计算等最新科技技术,深化数据的存储和挖掘能力,深度分析企业的购买行为,包括购买商品的数量、品类等,通过更加精确的筛选,加大供需双方的匹配度。

加大垂直细分领域的专业度。B2B 市场垂直化和细分化趋势凸显,平台加大了专业人才的投入,要求相关运营人员对某一细分市场有较为深度的了解,从而作出更为精确的推送和咨询服务。

（二）电子商务 B2B 平台全产业链服务能力不断加强

B2B 平台开展供应链金融服务,通过与银行和金融机构之间的合作,运用大数据挖掘交易行为、交易记录,开展授信、融资、资金结算等业务。供应链金融服务可以支持一大批依附于核心企业的产业链上下游中小企业的发展,有效解决中小企业的融资问题。

同物流商合作,提供物流服务,为平台企业用户争取价格优势,解决企业运输问题,特别是散件量少,无法大物流运输问题。

四、电子商务 B2B 市场主要特征

（一）在线交易仍是电子商务 B2B 平台主要探索的方向

B2B 1.0 时代以信息服务、广告服务、企业推广的时代已逐渐退去,以在线交易、数据服务、金融服务、物流服务等为主的 B2B 电子商务新时代已经到来。从年初开始,包括阿里巴巴、慧聪网、马可波罗、华强电子网等多家电商 B2B 平台通过"团购""促销"等活动,培养企业在线交易习惯,从而省去交易当中的烦琐程序,增加用户粘性,推动中小企业降低成本,提高效率;同时,也为平台提供其他的增值服务打开窗口。B2B 平台发展已经进入"立体"阶段,无论是服务,还是产品,都需要切实解决企业类用户的需求。

B2B 在线交易由于能够减少供需双方的交易流程和交易渠道,减少时间和人力成本,增加用户粘性,能够获取企业之间的交易数据,并收取交易佣金等优势,仍是电商平台未来努力的方向。目前,B2B 在线交易仍面临困难,在用户习惯、诚信保证、配套服务等方面仍有很大的发展空间。较综合类 B2B 平台,垂直类 B2B 平台由于行业固定、用户集中、企业之间信任度高、同行业监管较强,更容易实现在线交易。

（二）线上线下融合是电子商务 B2B 平台战略布局的重点

近年来，包括慧聪网、马可波罗等多家 B2B 平台积极开展线下布局，通过资源的优势互补，打造 B2B 领域的 O2O 生态圈。慧聪网在 2014 年继续发挥产业带的优势，在线产业带频道为线上线下联动打造了落地的基础；同时，慧聪网已成功拍下浙江余姚原汽车北站地块，将在浙江余姚建设家电 O2O 产业中心；国内知名采购搜索引擎马可波罗网也在积极布局自身的 O2O 战略，2014 年 9 月 15 日，腾讯系华南城控股有限公司（1668.HK）宣布战略投资 B2B 交易平台马可波罗网，持有其 19.05% 股份。马可波罗网将于 2015 年推出生意号，生意号是马可波罗联合华南城、百度、腾讯在内的合作伙伴来共同营造的中国最大的中小企业 O2O 生态圈，B2B 平台马可波罗拥有 1500 万中小企业线上用户，百度拥有百度直达号以及移动搜索 LBS，腾讯拥有微信平台、移动支付、电商以及生活服务等优势资源，华南城拥有综合商贸物流以及线下实体店的优势资源，生意号的问世联合多方优势资源，未来，将在马可波罗的 O2O 战略布局上发挥重要的作用。

目前，B2B 行业还难以实现完全的线上化，线上线下联动的 O2O 方案是最佳折中方案，通过线上 B2B 平台了解产品信息，线下组团到大型的产业带或商贸中心签单购买是 B2B 完全转入在线交易的关键。B2B 平台凭借庞大的中小企业注册用户、庞大的信息产品库，为线下提供产品数据，从而进行线上交易；而线下拥有大型的商品交易中心和综合物流中心，通过线上的宣传推广，不断扩大商贸客流，线上线下密切配合，形成线上运营、线下执行的新模式。

（三）供应链金融服务是电子商务 B2B 平台新的业务增长点

供应链金融巨大的市场潜力和良好的风控效果在中国得到了巨大的发展，成为商业银行、电子商务企业和物流供应链企业拓展业务和增强竞争力的重要手段。对 B2B 电商平台来说，通过对处在 B2B 电子商务产业链中的中小企业提供供应链金融服务，可以收取服务佣金；同时，可以获取银行更多的授信额度，争取更多的潜在客户。对金融机构来说，由于电商平台可以通过数据追踪等方式，提供企业的交易记录和信用行为，从而使企业的授信依据更加真实有效，客户资源更加优质、可靠。对供应商来说，依托电商平台核心企业的基础，能够以更多的融资渠道、更低的融资成本，获得银行授信，解决资金问题。融资能促进客户在电商平台上进行更多的交易，争取更高的信用。2014 年，包括阿里巴巴、慧聪网、马可波罗、网盛生意宝在内的多家 B2B 平台试水供应链金融服务，通过与银行和金融机构之间的合作，运用大数据挖掘交易行为、交易记录，开展授信、融资、资金结算等业务。

国内 B2B 市场面临供应链冗长、中小企业融资困难、信用体系不健全、物流成本高等多项难题,在线供应链金融能够实现供应链资金流、信息流、物流和服务流的在线整合,有效地解决中小企业融资难的问题。未来,电商平台将通过互联网技术,通过对货物的有效监督和管控,在货品主要流通疏散地设立监管仓库的基础上,实现对企业的在线供应链金融服务。在线供应链金融在电商企业的不断推进下,将会逐步进入正规化。

(四) 电子商务 B2B 市场更加垂直化、细分化

当前中国电子商务 B2B 市场中,宽泛的、简单的、陈列式的 B2B 平台及服务模式已经远远不能满足中小企业的个性化需求,尤其现在中小企业面临种种困难。而行业网站专业专注的特点有效地降低了企业的投入成本,扩大了市场范围,为中小企业摆脱困境助了一臂之力,垂直 B2B 网站提供的服务已经受到了中小企业的关注和认可。未来的 B2B 发展趋势将更加关注专业和个性化的服务,细分市场将成为电子商务未来发展的热点。

电子商务 B2B 市场垂直、细分特性显现。B2B 垂直服务平台更加注重服务的专业化和精细化,市场分工越来越精细,使得 B2B 平台的服务更加具有专业性、针对性。垂直类 B2B 电商平台有利于供需双方在小范围内精确地找到自己的市场和客户群体,参与用户更加精准,用户定位也更加专业。未来的 B2B 发展趋势将更加关注专业和个性化的服务,细分市场将成为电子商务未来发展的热点。

(五) 第三方服务商发展前景广阔

从近年来的电子商务 B2B 市场发展情况来看,电商服务业作为新生事物发展得越来越快,企业对于第三方服务商的需求越来越多,特别是在外贸领域,由于涉及物流、通关、退税等多个环节,从前端到后端整个店铺的运营、营销等每一个环节都会需要支撑服务。2014 年,电商服务业呈现出如下特点:

首先,综合化。越来越多细分领域的服务不是以单一的形式提供给企业,而是根据企业服务的需求,相互结合,这种整合服务资源,提供服务组合的方式使整个交易流程变得更加简单。

其次,集聚化。集聚化主要体现在一站式服务型的电商园区,通过电商园区,将不同的服务汇聚一地,做到一体化式服务。包括:一类是商业化的服务,由企业来提供;另一类是政务服务,由相关的政府部门提供,比如政府提供的人才补贴、扶植政策、培训等。这种集聚化服务形式的出现,会大大缩减外贸通关的时间,在园区内一两个小时可以全部完成。

第三,精细化。B2B 针对不同行业、不同市场,甚至不同客户的服务都不一样。如网络营销服务,欧美市场的客户和新兴市场的客户有很大差异,通过搜索引擎和社交网络的营销又有很大的差异,所以服务商会根据不同的客户进行分层和分类。B2B 电商的服务需要从粗放式竞争走向精细化经营。

(六) 大数据、云计算成为电子商务 B2B 新的价值点

B2B 电商平台已经发展为第三代①,即以资源集聚为主。资源集聚突出了数据和服务两个核心要素。大数据是未来电商发展的基础资源,为电商平台提供信息支持;而电商配套服务的落地则有助于对有效数据的采集和挖掘。

目前,电商平台的数据来源仍以线上为主,对 B2B 平台而言,只通过线上数据,很难判断企业之间实际的交易状况。未来通过 B2B 企业在物流、金融、支付、认证等方面的信息充实企业的数据库,将得到更加精准的数据,通过线下的数据反哺线上,电商企业通过大数据精准分析,调整线上产品,实现有效的对接。

(七) 电子商务 B2B 市场的移动之路已经开启

随着移动互联时代的到来,移动端市场成了商家必争之地。手机、平板热卖,使得移动端市场火爆异常。B2B 行业在移动商业模式的发展及应用方面稍显迟滞,抢占 B2B 移动端的先机具有重要意义。

未来电商 B2B 平台将在移动站、微商铺、移动客户端等方面加紧布局。B2B 电商平台将借助移动端进行便捷化管理,在移动端进行企业查询、产品信息咨询、产品询价等,同时,还可以进行企业商铺设置,处理询价单,查看数据统计,通过移动端管理客户、评估、订货、产品确认等。部分 B2B 平台将引入移动支付,满足移动端买卖双方的小额交易需求。

五、电子商务 B2B 市场趋势预测

(一) 国家政策利好,外贸电商获更大发展机会

近年来,从中央到地方关于跨境电子商务的利好政策持续发酵。2013 年 8 月底,国务院办公厅转发商务部等部门《关于实施支持跨境电子商务零售出口有关政

---

① 第一代以信息撮合机制为主,通过互联网特性有效地汇聚买卖双方信息;第二代以在线交易为主,信息展现模式、在线交易工具、配套服务产品的发展使得各平台都在想方设法解决在线交易问题。

策意见的通知》,明确规定采取海关、质检、税收、外汇、支付和信用六项措施支持跨境电子商务发展。2014 年 1 月,财政部、国税总局联合发布《关于跨境电子商务零售出口税收政策的通知》,明确跨境电子商务零售出口有关的税收优惠政策;2014 年 5 月,国务院发布《关于支持外贸稳定增长的若干意见》,出台跨境电子商务贸易利好措施,鼓励企业在海外设立批发展示中心、商品市场、专卖店、海外仓等各类国际营销网络等。

跨境电子商务已经成为国际贸易的新趋势,也是中国本土商品扩大海外营销渠道、实现外贸转型升级的有效途径。未来,国家将在海关、质检、税收、外汇、支付和信用等方面进一步支持跨境电商的发展。但电商企业在享受跨境政策红利的同时,也应该意识到由于跨境运输路线较长,涉及的因素复杂多变。未来,海外供应链体系的成熟将是电商企业重点布局的方向。

(二) 以区域特色为主的电商产业带发展潜力巨大

电商 B2B 平台在优化整个产业链的上下游、建立以区域特色为主的电商产业带中发挥着重要的作用。首先,电商 B2B 平台能够帮助产业带的客户减少购买程序,优化采购渠道,降低采购直接成本。其次,平台能够运用本身优势资源,为卖方做好网络营销,拓宽销路。由于电商产业带一般都与当地政府展开多方合作,电商产业带的模式对于孵化具有地方特色的电子商务生态圈也是积极的探索。

在国家政策的引导之下,全国各地都在围绕重点行业、重点区域,深化电子商务的拓展和应用,更好地发挥区域电商的积聚和辐射效应。各区域未来将依托区域产业集群优势,加强区域内产业资源、企业资源的集聚,带动电商企业和电商相关配套企业入住,以区域特色为主的电商产业带的发展将带动周边地区发展特色电子商务,提升区域整体的电子商务水平,更好地促进区域经济的发展。

(三) 电子商务 B2B 市场渠道下沉,农村电商将迅速发展

随着一、二线城市消费能力日趋饱和,三到六线城市、乡、县及农村市场成为电商争夺的新焦点。中国乡村人口超过了 6 亿,过去传统商业对这些地区的渗透还不足,消费潜力还没有被充分挖掘,随着互联网普及率的提高,特别是移动互联网的普及,这些地区的消费潜力将被逐渐释放。

农村地区除了有旺盛的购物需求外,还有大量的外销需求。在此领域,互联网能够充分体现信息传递优势,基于为农村生产者和消费者服务的农村电商将成为新的增长点。但是由于地域、收入、消费习惯、生产商品的不同,农村市场表现出和城市市场截然不同的需求,电商企业还需要积极适应,为农村消费者提供适应当地具体情况

的服务。

（四）电子商务 B2B 平台服务将更加多元化、精细化

B2B 电商平台为产业链上下游的各方主体提供服务，全产业链服务助推整个 B2B 电商市场的发展。首先，电商企业在提供线上交易服务的同时，确保支付环境的安全性；其次，运用大数据、云计算、物联网等新兴技术，对仓储物流信息、货物运输信息进行实时监控，完善物流服务；再次，电商平台为企业提供信用服务，通过信用认证，促使交易的顺利达成；最后，多家电商平台提供在线融资服务，形成网上交易、网上融资、网下交付的形式。

目前，市场分工越来越精细，垂直类 B2B 平台作为细分行业，更加具有专业性、针对性。垂直类 B2B 电商平台有利于供需双方在小范围内精确地找到自己的市场和客户群体，参与用户更加精准，用户定位也更加专业。未来的 B2B 发展趋势将更加关注专业和个性化的服务，细分市场将成为电子商务未来发展的热点。

（五）电子商务 B2B 平台将进一步布局线下业务，线上线下进一步融合发展

线上线下融合仍是 2015 年甚至未来很长一段时间内 B2B 发展的大趋势，2014 年虽然各家 B2B 企业都在布局自身的 B2B+O2O 战略，但是离真正的实施以及落地还很远，线上线下联动仍然是 B2B 主流，而且线下的探索将重于线上。线上线下融合最大的价值是进一步打通行业供需双方资源的透明度，实现供需双方的有效对接，为 B2B 产业的良性发展提供了可能。

（作者简介：白雪，易观智库分析师，长期从事电子商务领域的研究工作，对传统行业电子商务转型、电子商务 B2B 市场、跨境电商、移动电商等细分领域有深入的研究；王小星，易观智库分析师，聚焦电子商务行业研究，主攻网上零售、移动网购、跨境电商及其相关产业链上下游研究，以及网上零售新兴模式研究及资本市场零售业投资和布局研究）

网上零售市场发展现状及未来趋势

王小星

◇◇◇

一、网上零售市场发展现状

根据 Analysys 易观智库发布的《中国网上零售市场专题研究报告 2015》显示，2014 年中国网上零售市场交易规模将达 2.86 万亿元，较 2013 年增长 45%（见图 2-17），2014 年上半年网上零售占社会消费品零售总额比重已超过 10%（见图 2-18）。整体来看，网上零售市场增速逐渐放缓，但依然保持较高的增长速度。

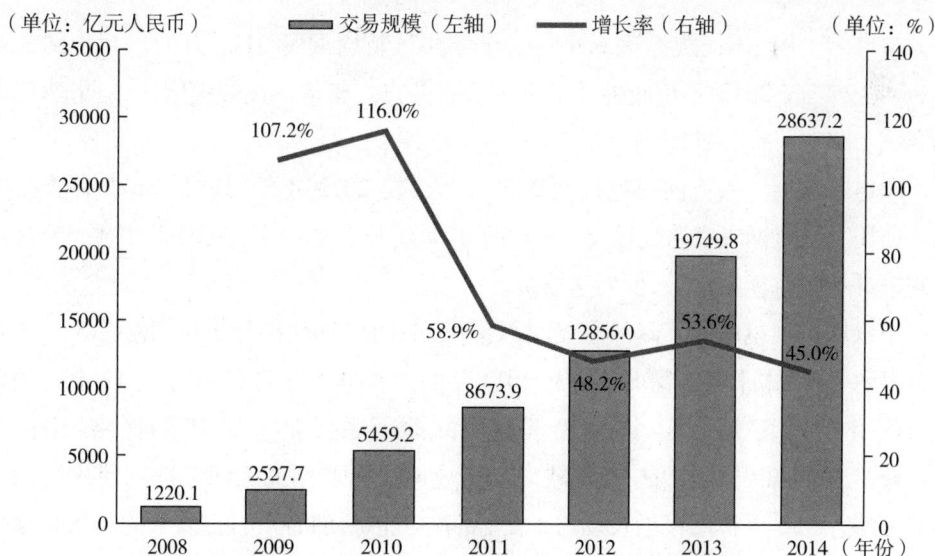

图 2-17   2008—2014 年中国网上零售市场交易规模

资料来源：Analysys 易观智库，见 www.analysys.cn。

（单位：%）　■网上零售　□其他

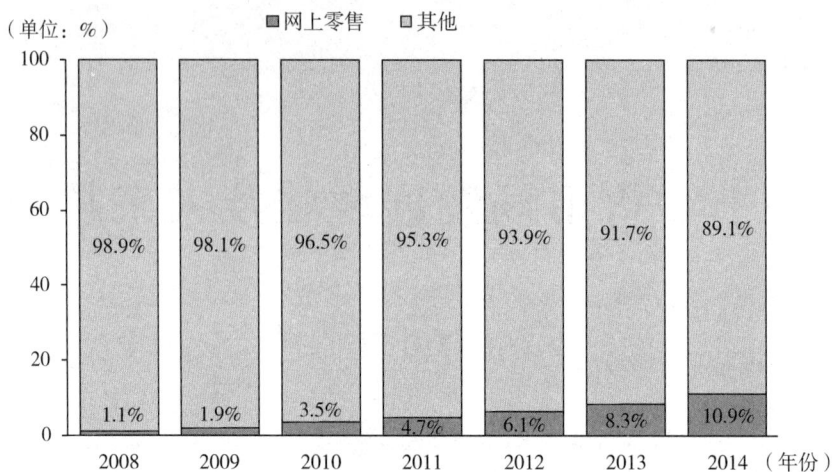

图 2-18　2008—2014 年中国网上零售占社会消费品零售总额比重

资料来源：Analysys 易观智库，见 www.analysys.cn。

　　2008 年以来，网上零售交易占中国社会消费品零售总额的比重不断提高。2008
年，该比重仅为 1.1%。2014 年，全年社会消费品零售总额 262394 亿元，网上零售交
易额占社会消费品零售总额的比例上升至 10.9%。网上零售已经成为国民经济的
重要组成及推动力。

（一）中国网民规模增幅持续收窄，手机网民数量增长放缓

　　2014 年，中国网民规模达 6.49 亿，全年共计新增网民 3117 万人。互联网普及
率为 47.9%，较 2013 年年底提升了 2.1 个百分点。整体网民规模增加，但增速持续
收窄。

　　2014 年，中国手机网民规模达 5.57 亿人，较 2013 年年底增加 5672 万人。网
民中使用手机上网人群占比由 2013 年的 81%提升至 85.8%（见图 2-19）。手机网
民规模继续保持稳定增长，但增速放缓。

　　中国网民规模增速下降的主要原因：一是非网民转化持续下降，据 CNNIC 调查
数据显示，表示未来会上网的比例从 2011 年的 16.3%下降到 2014 年的 11.1%，网民
规模的增速将继续减缓。非网民不上网的原因主要是不懂电脑/网络，比例为
61.3%，互联网知识与应用技能的缺乏是造成网民与非网民之间互联网使用鸿沟的
重要原因。二是手机网民增长动力不足，随着功能机换机潮接近尾声，智能手机市场
逐渐趋于饱和，也意味着通过智能设备普及带动原有 PC 网民向手机网民的转化阶
段基本结束。随着网络技术和宽带技术的发展，网络电视融传统电视和网络为一身，
其共享性、智能性和可控性迎合现代家庭娱乐需求，逐渐成为一种新兴的家庭娱乐模

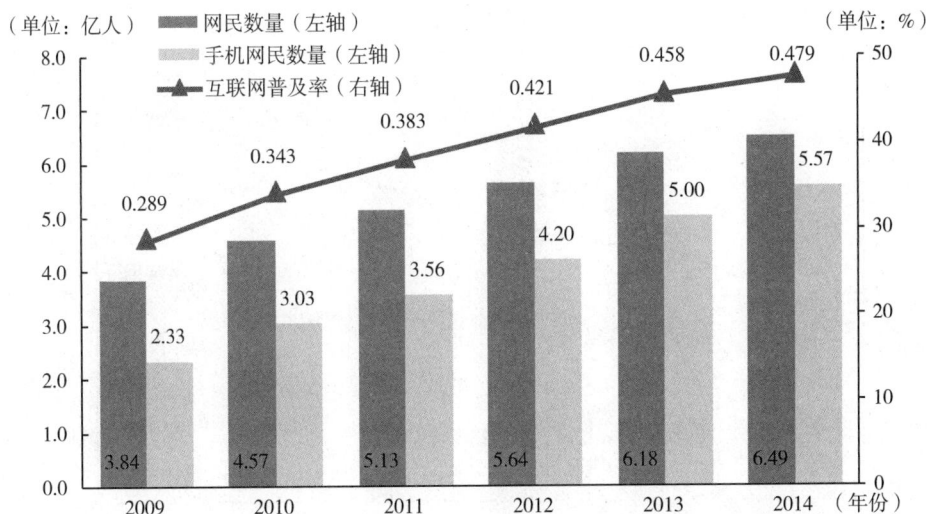

图 2-19　2009—2014 年中国网民与互联网普及率

资料来源：Analysys 易观智库，见 www.analysys.cn。

式，2014 年网络电视使用率已达 15.6%。

（二）网购趋向移动化，手机支付成亮点

2014 年中国网络购物用户规模达到 3.61 亿，较 2013 年年底增加 0.59 亿人，增长率为 19.54%；中国网民使用网络购物的比例从 48.9% 提升至 55.7%。与此同时，2014 年手机购物市场发展迅速。2014 年中国手机网络购物用户规模达到 2.36 亿，增长率为 63.5%，是网络购物市场整体用户规模增长速度的 3.2 倍，手机购物的使用比例提升了 13.5 个百分点，达到 42.4%（见图 2-20）。

2014 年使用网上支付的用户规模达到 3.04 亿，较 2013 年年底增加 4411 万人，增长率为 17%。与 2013 年 12 月底相比，中国网民使用网上支付的比例从 42.1% 提升至 46.9%。与此同时，手机支付用户规模达到 2.17 亿，增长率为 73.2%，网民手机支付的使用比例由 25.1% 提升至 39%。

（三）B2C 持续快速增长，占比不断提升

网上零售 B2C 的占比持续提升，2014 年占比已达到 47.8%（见图 2-21），说明随着中国网上零售市场的发展，品牌制造商逐渐走上前台，逐渐取代过去以中小型、个体营业者为主的网上零售市场；未来网上零售 B2C 业务的市场份额还将持续提升。

2014 年，中国网上零售市场的竞争格局愈加清晰。淘宝在整个网上零售市场中的占比达 51.3%，天猫占比 26.1%，阿里巴巴在中国网上零售市场中的占比高达

网购网民数量（左轴） 手机网购网民数量（左轴） 网购渗透率（右轴）

（单位：亿人） （单位：%）

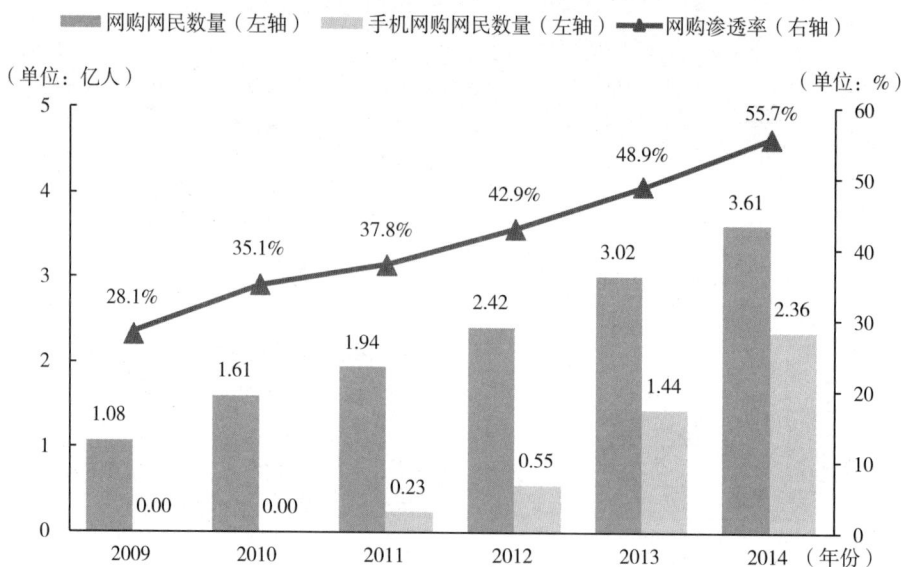

图 2-20 2009—2014 年中国网购网民与网购渗透率

资料来源：Analysys 易观智库，见 www.analysys.cn。

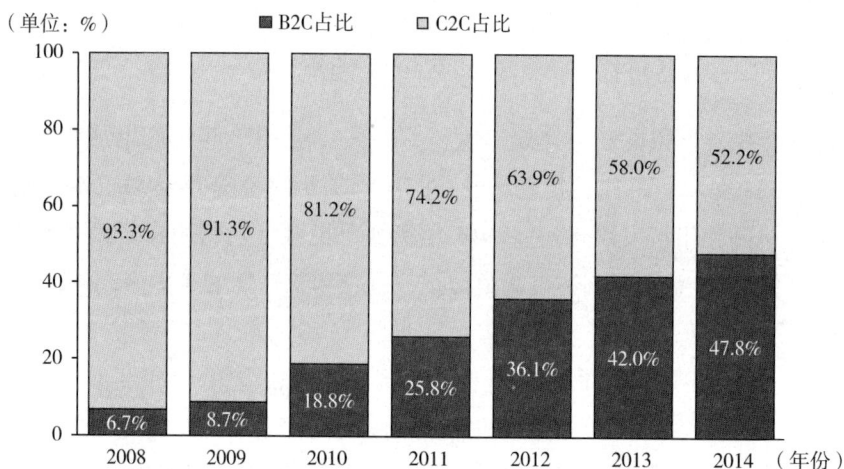

（单位：%） B2C占比 C2C占比

图 2-21 2008—2014 年中国网上零售市场交易规模结构

资料来源：Analysys 易观智库，见 www.analysys.cn。

77.4%，居绝对统治地位，京东以 8.4% 的市场份额居第二位，苏宁易购市场份额居第三位，为 2%（见图 2-22）。

2014 年阿里巴巴、京东等电商巨头企业相继上市，使整个网上零售市场的竞争格局变得清晰，以阿里巴巴、京东、唯品会、苏宁易购、当当为代表的电商巨头无论是整体，还是在细分市场，均遥遥领先于其他电商企业。未来整个网上零售市场的市场集中度有望进一步提升，特别是阿里巴巴、京东等巨头，凭借资源和流量优势将进一

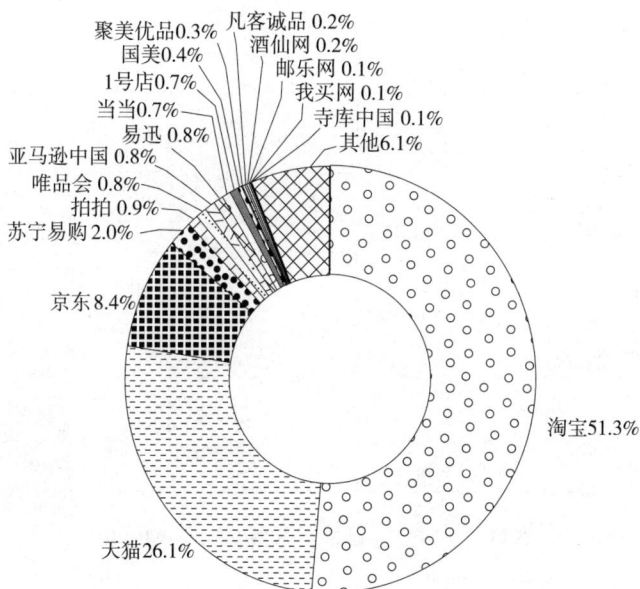

图 2-22　2014 年中国网上零售 B2C 市场份额

资料来源：Analysys 易观智库，见 www.analysys.cn。

步提升其市场份额。

（四）移动网购

根据 Analysys 易观智库发布的《中国网上零售市场专题研究报告（2014—2017）》显示，2014 年中国移动网购市场交易规模达 8616.6 亿元，较 2013 年增长 229.3%（见图 2-23），移动网购在整个网上零售市场中的占比达 30%（见图 2-24）。

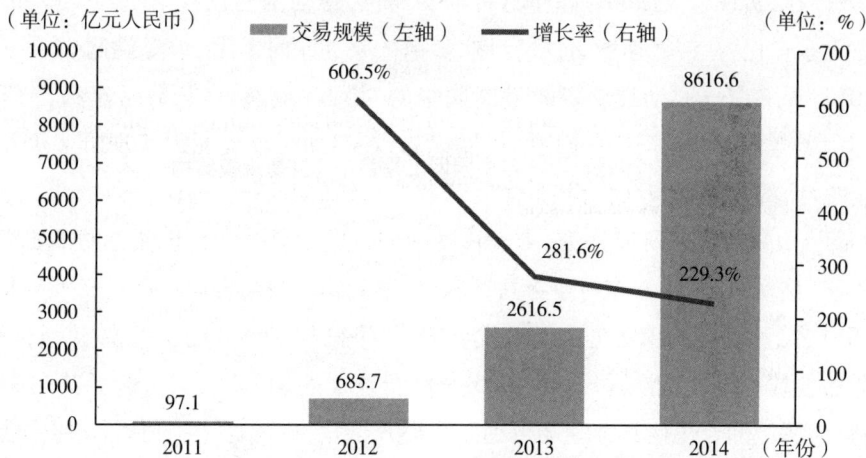

图 2-23　2011—2014 年中国移动网购交易规模

资料来源：Analysys 易观智库，见 www.analysys.cn。

（单位：%）　　　　　　□PC端占比　　■移动端占比

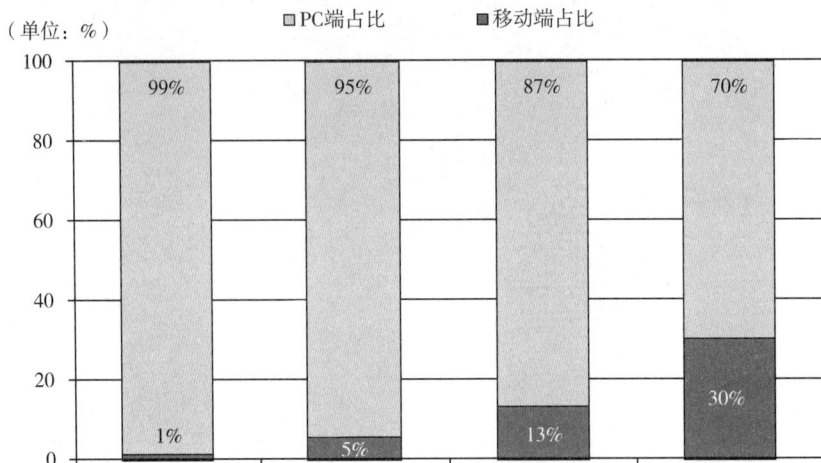

图 2-24　2011—2014 年中国网上零售/移动网购销售额占比

资料来源：Analysys 易观智库，见 www.analysys.cn。

移动网购的高增长,首先得益于移动互联网和智能手机的普及;其次是消费者向移动端的迁移和消费习惯的移动化。基于此特点,各大电商企业积极抢占移动端入口,各类促销优惠活动加速了消费者向移动端的迁移,进一步推动移动网购市场的高速增长。

相比于传统 PC 网购,移动网购最大的优势是其便利性。目前手机已成为消费者最常使用的触媒设备,相应地通过手机购物的消费者呈现快速增长的态势,移动支付技术进一步提升了移动网购在便利性方面的优势。

另外,移动网购的社交属性更加明显,消费者可以通过微博、微信等社交应用进行分享、推荐,实现二次传播。基于这种社交属性,移动网购在营销模式设计和创新方面更为多样化,在传播速度、传播范围、传播效果等方面也优于 PC 端网购。

2014 年,依托于移动社交资源发展起来的"微商"业态,增长异常迅猛,"微商"充分利用了微信、微博等社交应用的传播优势,在移动端社交圈内实现野蛮生长,据不完全统计,约有 1000 万商家和个体经营者参与到"微商"业务中。

Analysys 易观智库研究认为,未来移动网购将成为整个大零售业态的重要组成,网上零售、移动网购、线下零售业将高度融合,三者相互协同发展。

2014 年,移动网购市场处在高速发展阶段,手机淘宝凭借先发优势、流量优势和应用程序便捷的操作,市场份额高达 85.5%,行业遥遥领先;京东保持了其在 PC 端的优势,与腾讯的合作使其移动端得到巨大提升,市场份额为 7%;唯品会则凭借"闪购"在移动端取得领先,来自移动端订单占比超过 1.3%(见图 2-25)。

中国移动网购市场的竞争格局基本延续了 PC 端的竞争态势,主要是由电商企

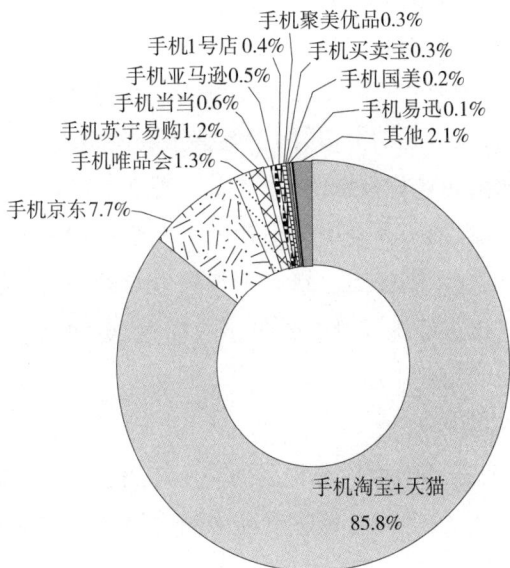

图 2-25 2014 年中国移动网购市场交易份额

资料来源：Analysys 易观智库，见 www.analysys.cn。

业在移动端的大力投入和促销活动而造成的。移动网购还仅仅是 PC 端的衍生和发展，在没有颠覆式创新出现之前，移动网购市场的竞争格局将继续延续 PC 端的态势，仅在品类和促销模式上略有差异。

（五）网上零售行业发展生命周期分析

经过多年的高速增长，中国网上零售市场已达到相当规模。2014 年阿里巴巴、京东等巨头企业纷纷成功上市，整个网上零售市场的竞争格局已渐渐清晰，整个网上零售市场的发展已进入成熟期。

中国网上零售市场分为如下几个阶段（见图 2-26）：

探索期（1999—2003 年）：

易趣、8848、当当等网上零售网站相继出现，成为网上零售最早的一批探路者。但当时的市场尚不成熟，消费者接受度低，相关配套产业发展不完善，制约了网上零售的发展。随着互联网泡沫的破裂，中国网上零售陷入低谷。

市场启动期（2003—2010 年）：

2003 年，中国电子商务市场发生了多起重大事件，深刻影响了中国网上零售市场未来的发展。5 月，淘宝网成立；6 月，eBay 收购易趣，国内电子商务市场进入调整期。

2004 年，亚马逊收购卓越网，两大国际电商巨头正式进入中国市场。2004 年年末,淘宝网为了解决支付及信用问题,创立支付宝业务。国内网上零售市场在渡过互联网泡沫之后进入整合调整阶段。

高速发展期(2010—2014 年):

当当、麦考林、唯品会先后成功上市,网上零售市场的资本投入进入回报期。传统企业中,以苏宁为代表的企业积极触网,为电商发展注入新动力。电商企业的模式创新,品类的扩充,金融服务的引入进一步推动了网上零售市场的快速发展;同时消费者对网上零售的接受度也不断提高。新兴垂直类电商的加入,品类的扩充使竞争变得愈加激烈,竞争模式也逐渐抛开过去的价格战模式,更加趋于理性,整个市场在高速发展的同时,开始回归商业本质。

应用成熟期(2014 年至今):

2014 年,阿里巴巴、京东等电商巨头先后成功上市,化妆品电商聚美优品也成功上市,经过几年的高速发展,整个网上零售市场格局的格局已基本确立,进入相对成熟的阶段。

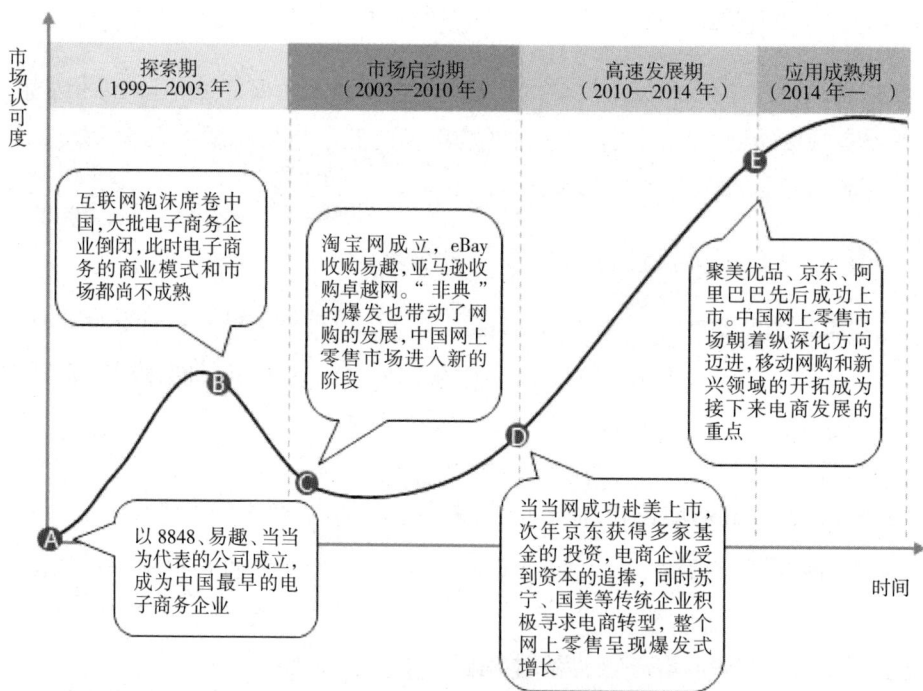

图 2-26 2014 年中国网上零售市场 AMC 模型

资料来源:Analysys 易观智库,见 www.analysys.cn。

二、网上零售市场未来趋势预测

根据 Analysys 易观智库发布的《中国网上零售市场专题研究报告 2015》显示，2014 年中国网上零售市场交易规模将达 28637.2 万亿元，较 2013 年增长 45%，预计到 2017 年，中国网上零售市场规模将达 63191.4 亿元（见图 2-27）。

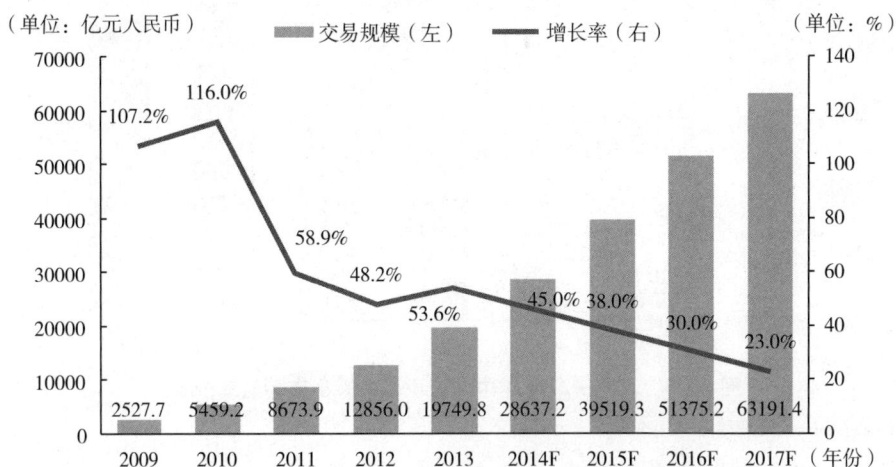

图 2-27　2014—2017 年中国网上零售市场交易规模预测

资料来源：Analysys 易观智库，见 www.analysys.cn。

进入 2014 年以来，先后有聚美优品、京东、阿里巴巴等电商巨头企业成功上市，整个网上零售市场的竞争格局已较为明朗。在此背景下，一方面网上零售的市场空间遭巨头强势挤压，资本对该市场的关注持续减弱，过去在资本支撑下的"价格战"等市场争夺行为无法持续，企业经营开始追求"精耕细作"，市场整体表现也趋于平稳；另一方面，电商企业为寻求新增长点，不断开辟新兴领域，跨境电商、农村电商等成为新的投资热点和新增长点，基于此，未来一段时期内，整个网上零售市场的发展将表现得更为稳健、实惠。

（一）"走出去"，跨境电商成新热点跨境出口零售

2014 年，中国的跨境电商进入快速发展期。中国跨境出口电商起步较晚，主要参与平台包括 ebay、亚马逊、阿里巴巴速卖通等。跨境出口零售的发展主要是中国外贸零售企业为追求利润，绕开国外大型零售商而发展起来的，借助国际物流业的发展完善，实现了高速增长。

根据 Analysys 易观智库监测数据显示，2014 年中国跨境出口零售市场实现交易

规模 3202 亿元,增速达 39%(见图 2-28)。

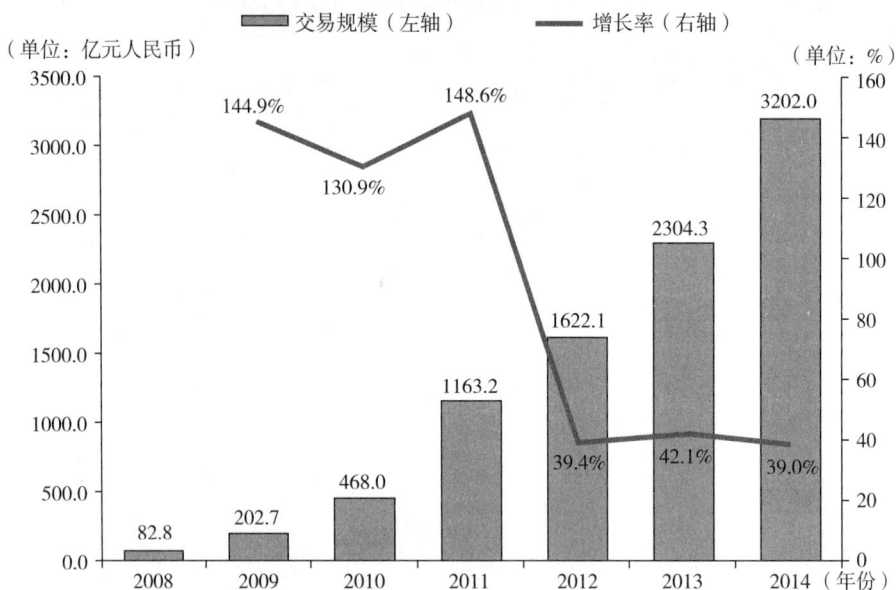

图 2-28　2008—2014 年中国跨境出口零售市场交易规模

资料来源:Analysys 易观智库,见 www.analysys.cn。

跨境出口零售业务对物流的依赖较强,基于此,出现了众多支持跨境出口业务的创新型物流服务,如"国际 e 邮宝"、海外仓等。

跨境出口零售市场作为中国进出口贸易的重要组成部分,将扮演越来越重要的角色。目前,此市场的线上渠道较为集中,基本掌握在 ebay、亚马逊等国际电商巨头手中,这主要与国外消费者的文化、消费习惯,以及平台的国际化程度有关,但随着阿里巴巴等海外上市公司影响力的提升,国内电商巨头将在此市场扮演越来越重要的角色。

(二)跨境进口海淘

跨境海淘市场在国内有多年发展历史,之前此市场一直处在"灰色地带",也制约了市场的发展。

2014 年"双十一",天猫"全球购"引爆中国跨境海淘零售市场,亚马逊中国借力推出"海外购"频道,京东、苏宁易购等电商平台趁势推出了"海淘"频道;之后,天猫、亚马逊中国首次将美国"黑色星期五"购物狂欢季引入中国,再次点燃国内"海淘"热潮。

以"代购"为主要形式的"海淘"业务在国内已发展多年,市场已具有相当规模,但传统"代购"模式始终游走在"灰色地带",缺乏监管、消费者利益无法得到保障、假货横行等问题制约着"海淘"市场的进一步发展。

现阶段,跨境海淘电商在规范市场中处在快速发展的阶段,相关法律法规、通关环节和税收优惠都还在不断完善、细化当中。2015 年整个跨境海淘市场是各大电商平台、资本市场、各地方政府关注的重点。但长期来看,跨境海淘市场因存在品牌授权、售后等服务环节的限制,加之海外品牌对渠道管理一贯的重视,天猫、京东、亚马逊等大型平台的国际影响力将能够给企业提供强有力的支持。

(三)"沉下来",农村电商蓄势待发

随着一、二线城市电商发展逐渐成熟,三、四线城市,农村市场作为新的电商"蓝海",成为各大电商争夺的重点。根据中国第六次人口普查结果显示,中国乡镇人口总数达 6.79 亿,占中国总人口的 48.73%。目前,该市场的电商渗透率还比较低,有较大提升空间。

中国农村电商市场起步较晚。2013 年淘宝开始布局村级服务站,进入 2014 年,京东、苏宁易购等也积极布局农村市场。对于发展农村电商市场,渠道下沉是核心关键,涉及物流下沉和服务下沉两个方面,同时商品、服务、销售等各环节也要相应进行调整,以适应乡镇消费者的需求。农村市场虽然潜力巨大,但渠道下沉需要企业投入大量资源,同时还要有足够的资金和能力去培养、带动农村消费者接受电子商务,此市场将是巨头角逐的战场。

(四)移动端创新不断,推动移动网购持续快速增长

未来移动网购市场将更贴近消费者,成为以"一小时生活圈"等概念为代表的区域型零售业态。

目前,移动网购虽然基本复制 PC 端的模式,但也表现出不少差异:移动端消费者较少进行商品搜索,而是重复购买已经关注过的商品;商品品类集中在服装、化妆品、面膜、食品、日化等单价较低的品类,电子产品占比较低。这些特点是由移动端的硬件设备本身及移动端使用场景所决定的。移动网购市场未来将成为社区型网购的入口,并更多扮演本地生活服务入口的角色,和以商品展示、对比、筛选为主要特点的 PC 端网购模式区隔开来,形成两个不同但又有重合的市场。

(五)制造企业触网力度持续提升,电商渠道成商家必争之热点

进入 2014 年,品牌制造商触网力度持续加强,2014 年"双十一"当天,各个细分类目下销售额排名前列基本都被知名品牌所把持,体现出了品牌商对消费者和市场的强大控制力。

网上零售市场近年来发展极为迅速。截至 2014 年年底,中国网上零售市场交易规模达 2.86 万亿元,占中国社会消费品零售总额的比例超过 10%,成为整个零售业态的重要力量。作为品牌制造商,线上渠道的作用和影响力变得原来越重要,争夺也愈加激烈。

品牌商触网力度加强,主要表现形式为自建电商平台和品牌授权专营店两种形式,自建电商平台以小米官方商城,海尔官方商城为代表,通过自建电商平台来销售商品;品牌授权专营店以京东与茅台的独家授权为代表,过去平台的旗舰店多由授权经销商开设(主要集中在天猫平台),但从 2014 年开始,天猫、京东平台出现大量制造商的唯一授权专卖店,众多知名品牌奢侈品品牌通过此形式开展线上业务。

中国的网上零售市场是在拥有大量中小卖家的基础上迅速崛起的,但也出现了质量参差不齐、假货横行、价格混乱、售后服务差等问题,品牌商强势触网对规范网上零售市场,稳定线上商品的价格、品质和服务有巨大的推动作用。未来品牌商触网力度将持续增强,而平台方为了维护平台生态和形象,增强对消费者的粘性,也会更多寻求与品牌商的合作,整个网上零售市场也将向着更为规范、健康的方向发展。

(六) 大零售业 O2O 化,线上线下融合趋势加速

2014 年,O2O 是整个网上零售市场最热的词汇,以苏宁云商、银泰百货为代表的传统零售企业 O2O 化为代表,众多品牌制造商也积极探索 O2O 化道路,试图借助互联网技术实现对消费者全方位的接触。

对于零售业 O2O 化,电商、传统零售商和品牌制造商抱着不同的态度。在整个零售业遭受互联网冲击的背景下,电商和传统零售商因为天然的竞争关系,通过O2O 创新,实现相互渗透,取长补短,从而在激烈的竞争中占据有利地位,抢占更多市场。针对不同品类的天然属性,不同的零售商也会在两者之间有所侧重。

作为制造商,O2O 化则意味选择开辟线上或线下渠道,实现双向导通,一方面是为了分散风险,提升对渠道商的议价能力;另一方面也更利于利用不同渠道的不同优势,全方位的获取消费者,实现企业利益的最大化。

未来线上线下零售业的融合是大势所趋,移动互联网的普及,移动支付的发展更进一步加速了这种趋势。未来的零售业将是线上线下无缝衔接,为消费者提供全方位销售及服务的零售业态。线上线下结合的"O2O"模式,将是零售企业的标准配置。

(七) 大数据技术进入实际运用和实践期,效率提升成电商企业发展关键词

针对电商市场的资本投资已进入回报期,投资市场对零售电商的关注度持续降

低,企业已不能像过去一样通过烧钱的"价格战"等形式快速提升市场份额,企业的经营将进入以营利为目的、更为注重效率的方向发展。

零售业运用互联网产生的一个巨大优势是能够较为精确地获得商品销售数据和用户数据。如何运用这个数据,提升企业运营效率,实现更多利润将是下一阶段零售电商企业着力发展的重点。目前,国内电商企业在数据运用和效率提升方面,与亚马逊等国际巨头相比还存在较大差距。这也意味着企业在这方面还有较大提升空间。国内互联网流量价格持续高涨,提升数据运用水平和效率将成为电商企业提升盈利水平的关键。

(八) 电商企业向产业链上下游渗透,获取更多价值点

2014 年及之后的电商发展,更侧重于产业链整合。

首先,国内互联网流量已基本被百度、腾讯、阿里巴巴三家巨头垄断,流量价格持续高涨;品牌制造商强势触网,凭借品牌优势不断提升其议价能力,挤压零售商利润空间。在双方面的压力下,电商企业寻求渗透进入产业链更多环节,获取更多价值点,既是企业发展和生存的需求,也是构筑竞争壁垒,实现多元化经营的需要。

金融、支付、物流是电商企业渗透最为积极的领域,天猫、京东等也积极向上游生产制造领域渗透,贴牌、定制、自主设计商品广泛出现在电商平台上,智能硬件孵化、云服务等也已成为大型电商平台的标准配置,同时电商平台积极开展了线下业务,与传统零售业争夺更多与消费者的触点。

未来电商企业将更多地向产业链上游扩张,以聚拢消费者为前提,从满足用户多样化需求切入,通过 C2B 或更为先进的模式,为消费者提供更为丰富多样的商品及服务,运用新技术持续推进整个产业的进步。

(九) 电商法规进入落实关键年,推动网上零售规范发展

2014 年,国家工商总局、商务部陆续出台了多项针对网上零售的相关法规,涉及网上交易、网络商品服务、电商促销、第三方支付、退换货等多个层面的内容;同时,针对网络售假行为,电商企业也多次协同公安机关展开有针对性的制假售假专项打击,《电子商务法》也确定进入起草阶段,有望在 2015 年内起草完毕,这对规范国内电商企业发展,保护消费者利益将起到积极的推动作用。

在网上零售业快速发展时期内,电商企业一直扮演着规则制定者的角色,从阿里巴巴推出"支付宝"保护消费者资金安全,到推出店铺信用评价体系等,都是电商企业为维护自身平台环境,维持市场秩序而做的举措。2014 年 3 月 15 日,新版本消费者权益保护法要求网购平台实行"7 天无理由退换货"的服务,对规范网上零售市场

正常交易持续,保护消费者权益起到了积极的推动作用。在制定互联网交易规则方面,政府正逐渐走向前台,相关法律法规也得以进一步完善。2015 年将是电子商务相关法律法规制定的关键年,整个市场有望得到进一步规范,消费者利益有望得到全面的保护。

（作者简介:王小星,易观智库分析师,聚焦电子商务行业研究,主攻网上零售、移动网购、跨境电商及其相关产业链上下游研究,以及网上零售新兴模式研究及资本市场零售业投资和布局研究）

网络营销市场发展趋势

闫宏慧

◇◆

一、网络营销行业整体发展现状

网络营销是伴随着信息时代的进步而产生的一个营销概念,产品的选择、价格的商定、资金的给付都通过网络完成,简而言之就是通过互联网推广、展示或者销售产品、品牌或渠道的一种方式,伴随着"互联网+"国家战略的出台和手机 4G 网络的普及,网络营销迎来新的发展契机。

继 2010、2011 年互联网广告市场取得爆发式增长后,2014 年中国互联网广告市场再次迎来发展小高峰,市场规模预计达到 1565.3 亿元,较 2013 年增长 56.5%(见图 2-29)。原因包括:6 月份举办的世界杯赛事历来是广告主必争之地,体育大事件助推了互联网广告投入的增长;受到季节因素影响,广告主预算进一步得以释放;移动商业化的推进,带动了整体规模的进一步提升。

2014 年,关键字广告是最受广告主青睐的广告投放形式。搜索、视频等大型媒体平台的增长带动了视频广告继续保持快速增长。搜索与视频在移动端的商业模式、营销形式最易实现直接的复制,在流量转移后,营销收入相应跟进。程序化广告加速发展,越来越多的广告主尝试程序化广告投放,并获得良好的广告效果。DSP提供商也加速提高自身技术水平以实现媒体资源对接和人群定向能力的升级,不断积累程序化广告投放经验(见图 2-30)。

2014 年中国互联网广告运营商市场格局中,百度依旧继续保持领先地位,广告主对关键字营销的认可度相对稳定,百度品牌效应以及技术创新,使得百度具有较强的竞争优势。阿里巴巴市场份额位居第二,旗下阿里妈妈的全网流量交易平台以及RTB 广告(实时竞价广告)布局日臻完善,广告主对 RTB 广告形式的逐渐认可,使得阿里巴巴在互联网广告市场具有较大的竞争优势。腾讯在品牌广告方面实现较大突

（单位：亿元人民币）　　　■市场规模（左）　■环比增长率（右）　　（单位：%）

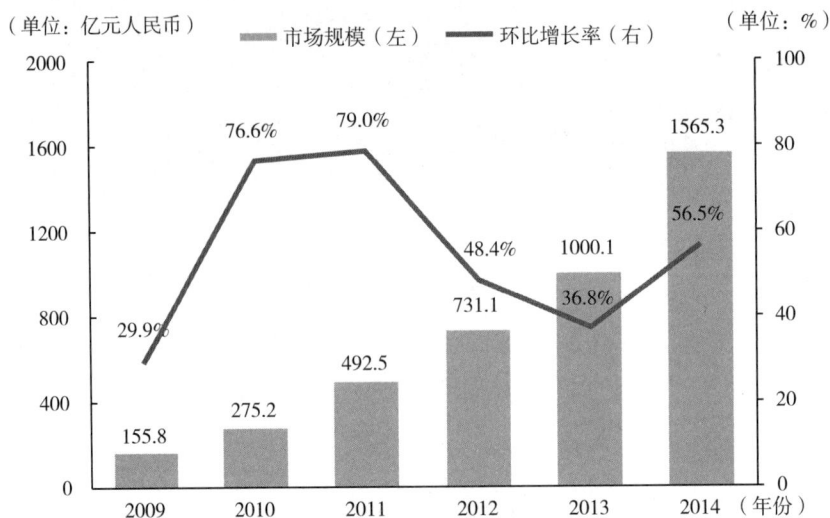

图 2-29　2009—2014 年中国互联网广告运营商市场规模

资料来源：Analysys 易观智库，见 www.analysys.cn。

（单位：%）

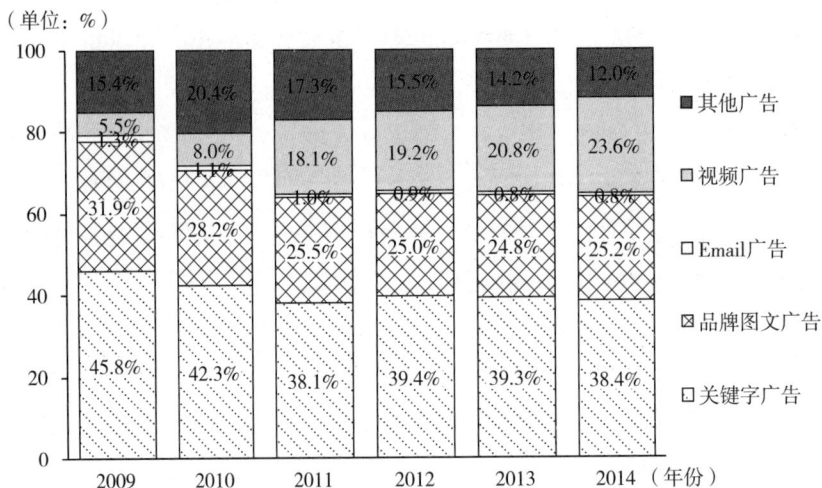

图 2-30　2009—2014 年中国互联网广告运营商市场广告结构变化情况

资料来源：Analysys 易观智库，见 www.analysys.cn。

破外，优化了对广点通系统，社会化营销收入增长快速，尤其是未来由微信带动的效果广告将成为腾讯新的增长点。谷歌中国逐渐调整在中国互联网广告市场的战略，并进驻移动市场，但是市场份额逐渐缩小（见图 2-31）。

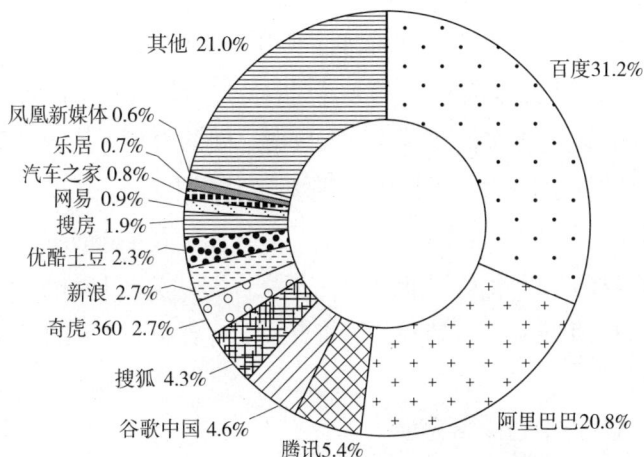

图 2-31　2014 年中国互联网广告运营商市场收入份额

资料来源：Analysys 易观智库，见 www.analysys.cn。

二、网络营销市场发展趋势

（一）用户数据价值更深层体现，广告投放基于数据分析

1. 用户数据形成价值，以行为数据、属性数据等形成用户画像

随着用户数字化、标签化程度加深，用户行为数据、用户属性数据以及用户心理数据等形成用户画像，用户不仅具有性别、年龄、地域、职业、收入等属性特征，还具有浏览行为、活跃频率、使用习惯等行为数据，并通过用户触点研究，以数据更为准确地获得用户的购买动机，广告营销效果及过程体验使得广告效果有所追踪和评测。

2. 数据分析为广告的精准投放和高效营销提供关键的信息和决策支撑

网络广告在大数据分析中利用积累的巨量用户信息，通过分析大量的用户消费行为信息，挖掘不同的用户群体对产品的需求，掌握最新的行业趋势。在大数据分析的基础上，进行精准的广告投放。从用户的感官体验到用户的需求分析，从用户区域的精准划分到用户职业的有效判定，从而为广告的精准投放和高效营销提供关键的信息和决策支撑。

（二）程序化购买贴近广告主，各种新形式出现

1. 行业标准建立，中国程序化购买渐趋成型

对于程序化购买产业链上各方来说，品牌广告主、需求方平台（DSP）、媒体、供应

方平台(SSP)、广告交易平台(Ad Exchange)、监测方,以及其他第三方都急需一套标准的"共同语言",统一的行业规范技术标准已成为业内的共识。

中国程序化购买行业标准核心价值包括:(1)RTB 技术的标准化,如 Ad Exchange 和 DSP 之间的通讯协议、广告格式、数据之间的交互方式等;(2)DSP 数据挖掘的统一性,包括用户的人群属性数据、实际投放过程中曝光、点击以及转化数据;(3)建立开放的展示广告 RTB 生态系统,由于展示广告分散开放的生态系统特性,只有网络展示广告市场的不断壮大,才能带来更多良性的互动;(4)科学严谨完整透明的评估体系将被建立,引入第三方监控代码将有利于广告主和 DSP 平台以广告优化数据作为评判依据。

2. 数据作用凸显,产业链逐渐完善

目前,数据的价值仍然不能够充分被认可。作为新兴的市场,产业链中仍未出现严格意义上的数据交易所(Data Exchange)以及数据管理平台(DMP)。相较于成熟度极高的美国 DSP 市场,当前国内 DSP 行业产业链中部分角色仍然存在缺失。预计未来两年中,广告主将开始产生对 DMP 的需求,为 DSP 技术数据作出贡献,而 DSP 公司也将开始提供 DMP 服务,将为广告主提供打通的技术和数据服务。

3. 跨屏 DSP 快速发展

随着智能手机使用的普及、4G 网络环境的改善和海量应用的出现,移动广告的价值被激发,逐渐为更多的广告主所认可并尝试应用。加之视频行业、IPTV、OTT 等市场的快速发展,跨屏营销将成为 DSP 未来发展重要的趋势之一。目前,国内 DSP 广告投放主要集中在 PC 端,移动 DSP 正处在起步阶段,逐步稳健地进入市场。未来融合 PC、移动设备、电视等多种终端的跨屏 DSP 将进入快速发展阶段。

(三) 内容营销、原生广告进一步发展,广告即营销

用户行为特征碎片化十分明显,具有广告内容化和用户相关性的原生广告得到进一步发展,将进一步精准营销和提升广告互动,提升广告营销的整体效益,原生广告利用数据挖掘和本身具有的创意和内容相关性,使其为用户提供价值,提高了用户的参与积极性,从而提升了广告的营销效果。

(四) 跨屏、移动与 PC 相互融合,用户定位更加精准

1. 跨屏为网络广告提供多元化定制服务

易观智库监测数据显示,网络广告的流量明显向移动端转移,也为多屏营销策略提供更多的机遇和挑战,更为营销效果带来多元优势,可针对人群的属性、行为特征等有针对性的投放,并且移动平台在广告送达、广告互动和广告效果方面都具有明显

优势,跨屏营销能够更加全面提升消费者对品牌的认知。

2. 多屏融合使网络广告投放效果更精准,受众更加精准

易观智库监测数据显示,部分消费者的使用习惯不仅完成了从电视端与 PC 端,或 PC 端与移动端的跨屏,还实现了多屏融合。目前,虽然数据显示电视与移动端、PC 端与移动端之间的重合度不高,但是多屏融合的趋势不容忽视,而且多屏融合的广告投放较之以往投放方式相比优势十分明显,不仅使用户访问更加精准,投放效果更为可控,并且对于品牌的认知以及购买欲望都有较大提升。

(五) 本地化精准营销成未来移动互联网深度发展的趋势

1. 移动定位技术和位置服务技术为本地化营销发展提供技术支撑

随着智能手机的增长、移动定位技术和位置服务的成熟,一个更加细分化、精准化的本地化移动广告市场,正在成为一片新的蓝海,促进整个移动互联网行业产业链条的优化,本地化移动广告已成为广告主关注的热点,广告主对于本地化移动营销的投入也将显著增加。

2. 互联网地域集中度为本地化营销提供网络基因,首都互联网圈市场集聚效应显现

2014 年,由中国互联网协会和工信部信息中心联合评选的"2014 年中国互联网百强企业"公布,从地域分布来看,互联网百强主要分布于 8 个省市境内,其中北京入围企业 48 家(见表 2-7)、上海 18 家、广东 15 家,三地入围企业数量占比超过80%,营收总和近 650 亿元,约占百家企业总量的 95%。此外,江苏 7 家,浙江 6 家,福建 4 家。根据 CNNIC《中国互联网络发展状况统计报告》,截至 2014 年 12 月底,北京市网民规模已达 1593 万人,网民普及率已经达到 75.3%。

北京的互联网企业与用户覆盖居首,"北京板块"的互联网发育成熟,北京网络资源禀赋优势显著,"网络首都"的中心地位已经构建完善,促进北京地区本地化营销市场的蓬勃发展,北京的互联网传媒产业不仅对互联网技术资源的开发利用走在了前列,而且在内容传播上满足了北京乃至全国更多网民对信息的需求,有效地促进了北京经济社会的发展。首都互联网圈市场集聚效应显现。

表 2-7　2014 年中国百强互联网公司北京地区 Top 20

排名	名称	业务类型	主要收入来源
1	百度	综合多业务	广告
2	京东商城	电商	电商
3	搜狐	综合多业务	广告、游戏

续表

排名	名称	业务类型	主要收入来源
4	奇虎360	综合多业务	广告
5	小米科技	综合多业务	硬件销售
6	网易	综合多业务	广告
7	苏宁云商	电商	电商
8	新浪	资讯	广告
9	乐居	房产	广告
10	世纪互联	互联网基础设施	云服务
11	昆仑万维科技	游戏	游戏
12	途牛	旅游	旅游产品交易OTA
13	搜房网	房产	广告
14	网秦移动	安全	广告、游戏、
15	金山软件	游戏、软件	游戏、应用软件销售
16	当当网	电商	电商
17	蓝汛国际	互联网基础设施	硬件、软件销售
18	二六三网络通信	综合通信服务	企业
19	联动优势	综合多业务	金融及电子商务产品
20	乐视网	视频	广告

来源：易观智库。

（作者简介：闫宏慧，易观智库分析师，从事新媒体营销领域——搜索引擎、移动营销的分析与前瞻性研究，分析行业发展态势，解析行业变革动因，洞察行业未来发展趋势）

在线娱乐产业发展形势及其未来趋势

薛永锋

◇◇

一、中国文化娱乐市场规模

2014年,中国的文化娱乐业继续保持高速发展的态势,在文化创意产业以及国家软实力列入国家级战略之后,产业逐步进入发展的高速车道。在国务院《文化产业振兴规划》的指引及中央百亿元文化产业基金的扶持下,游戏、电影、动漫、电视剧、在线视频及音乐六个主流文化娱乐形态逐步形成繁荣态势。

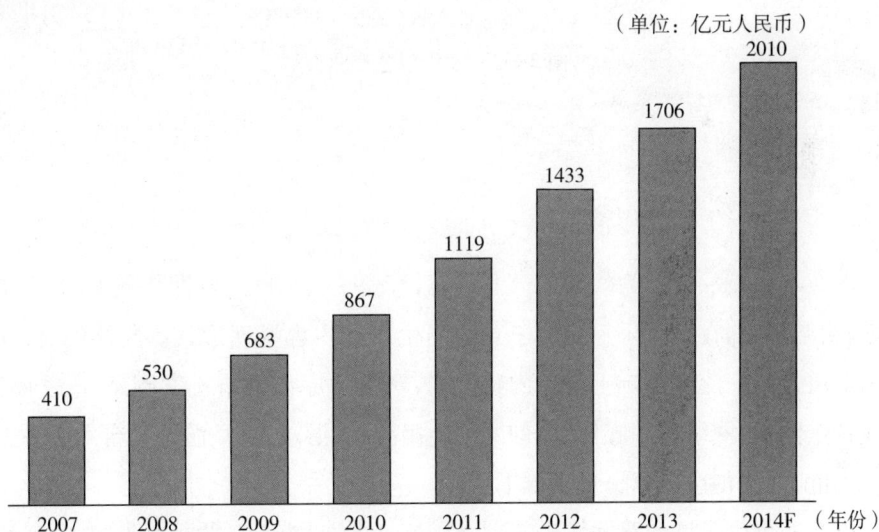

（单位：亿元人民币）

图 2-32　2007—2014 年中国文娱产业市场规模

资料来源：Analysys 易观智库,见 www.analysys.cn。

2014年,以游戏、电影、动漫、电视剧、在线视频及音乐为主体的文化产业规模超过千亿元人民币,其中游戏、电影、音乐均保持着 50% 左右的高速增长,产业规模达到 2010 亿,较之 2013 年同比增长 17.8%(见图 2-32)。

二、互动娱乐产业子市场现状

随着数字时代的到来,以及中国互联网、移动互联网产业的发展,传统的文化创意产业在渠道、内容等方面均呈现不同程度的互联网化。

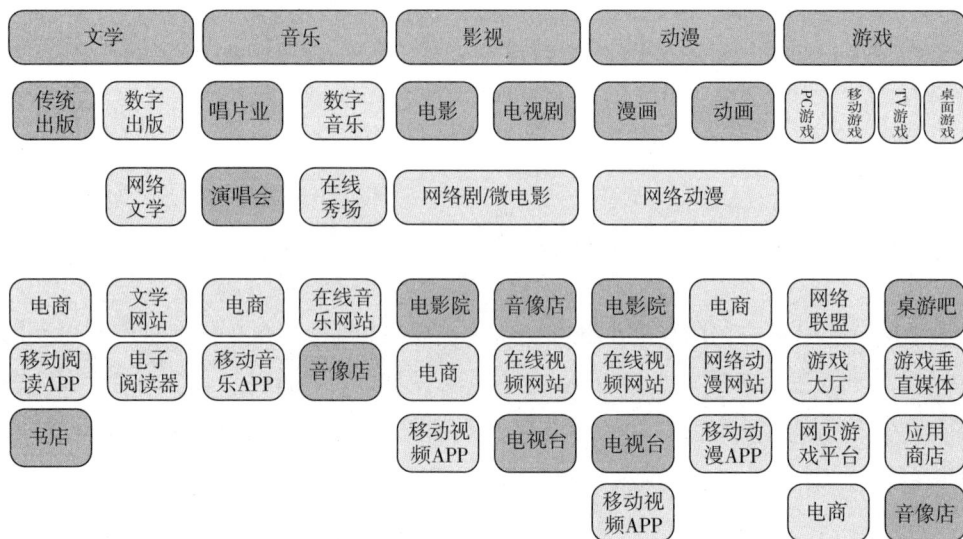

文学		音乐		影视		动漫		游戏			
传统出版	数字出版	唱片业	数字音乐	电影	电视剧	漫画	动画	PC游戏	移动游戏	TV游戏	桌面游戏
	网络文学	演唱会	在线秀场	网络剧/微电影		网络动漫					

电商	文学网站	电商	在线音乐网站	电影院	音像店	电影院	电商	网络联盟	桌游吧
移动阅读APP	电子阅读器	移动音乐APP	音像店	电商	在线视频网站	在线视频网站	网络动漫网站	游戏大厅	游戏垂直媒体
书店				移动视频APP	电视台	电视台	移动动漫APP	网页游戏平台	应用商店
						移动视频APP		电商	音像店

图 2-33 文化创意产业集群

资料来源:Analysys 易观智库,见 www.analysys.cn。

(一) 网络文学市场

以文学、游戏、音乐为代表的产业形态,实现了较高的互联网化程度,产生了网络文学、网络游戏、在线音乐等专属于互联网生态的内容呈现形式。与此同时,互联网化的渠道开始广泛地影响上游的内容生产,产生了原创网络文学网站、电子阅读器、在线音乐网站、网络视频媒体、原创网络动漫网站、游戏大厅、游戏平台等多种渠道形式。因此,文化创意产业呈现出如下特点。

内容的创生土壤为互联网生态。以网络文学与网络游戏最为典型,内容开始直接在互联网的生态体系中产生,因而其带有大量的互联网特色与思维,同时也更加易于被网民所接受。

受众介入并影响内容的创作,创作者与受众有直接沟通渠道。互联网化内容的创作者既是作者也是受众,网民既是内容的受众同时也借助网络与作者有直接的沟通渠道,影响创作。

变传统的内容售卖为以内容为基础的服务。传统的文化产业以内容的出版售卖为主要盈利模式,互联网时间因其特性,内容的制作与受众直接沟通,基于互联网的运营出现,开始变内容的一次性售卖为多期的服务。

大量使用网络化的创作思路与风格。根植于互联网的内容创作吸收互联网的特色与风格,大量使用网络化的语言并契合网民的偏好成为其一大特点。

以聚集大量的长尾用户为发轫根本。互联网化的互动娱乐运营,以初期聚集海量长尾用户,后续依靠核心用户的付费行为达成收入,这一收入模式成为行业发展的成熟模式。而海量的长尾用户成为其发轫的根本。

(二) 网络游戏市场

1. 中国网络游戏市场整体规模

2014 年,中国广义游戏市场高速增长,整体市场规模达到 1096.99 亿元人民币。其中:移动游戏市场规模达到 293.50 亿元,占全行业的 26.76%(见图 2-34),其体量小于客户端游戏与网页游戏的规模,但是所表现出的增长速度,远大于行业平均水平,成为未来三年内全行业的主要拉动力。

图 2-34　2011—2017 年中国广义网络游戏市场规模及预测

资料来源:EnfoDesk 易观智库,见 www.enfodesk.com。

中国的客户端网络游戏已步入存量市场,规模增速放缓,部分企业营收增长出现停滞。自 2009 年以来,客户端游戏增长瓶颈始终困扰着整个行业。一方面移动游戏的兴起对端游市场产生一定分流作用;更重要的原因则在于,端游自身玩法老化、创新不足、同质化现象严重等问题始终没有得到有效解决。随着端游技术的进步和研发周期的完结,2014 年以来新产品推出节奏有所加快,游戏创新程度有所加强,未来对缓解产品老化现象有一定作用,但具体表现仍需等待市场进一步检验。

网页游戏市场结束了 50% 以上的年增长率,步端游后尘进入存量市场,放缓趋势明显。中国页游市场增速放缓一方面由于页游产品自身产品创新困难、同质化现象严重,另一方面是因研发商对于渠道过度依赖。

随着中国智能手机渗透率的不断提高,移动互联网的普及,以及一批标杆性产品的诞生,2014 年移动游戏市场进入一个快速发展的阶段。预计在 2015 年,随着智能手机在中国市场的渗透率进一步提升,移动游戏市场将赢来了一个爆发期。

2. 中国网络游戏产业链(见图 2-35)

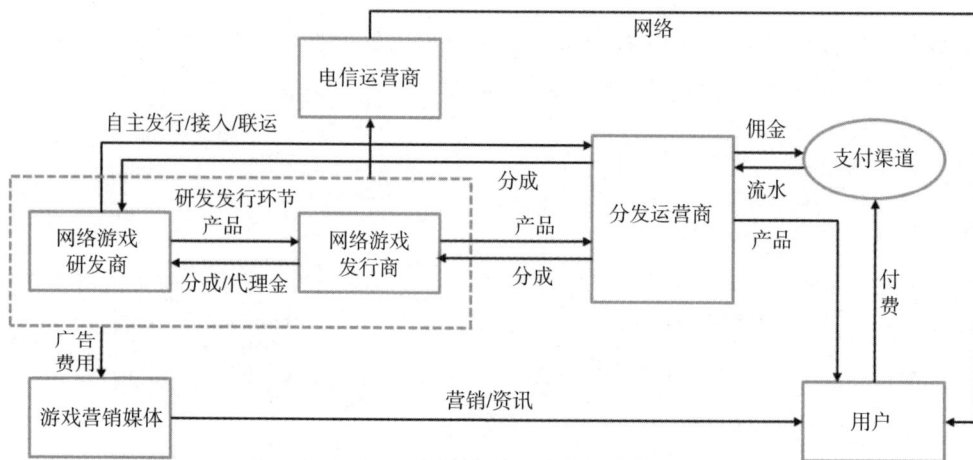

图 2-35 中国网络游戏产业链

(1)网络游戏开发商

自 2004 年以来,由于受到国外游戏开发商的各种制约,我国的网络游戏运营商为了加强企业自身的竞争力,增加与游戏开发商相互博弈的筹码,开始发掘自身潜力,大量资金投入游戏的开发环节,吸引大量游戏研发人才,摸索适合我国情况的游戏产品。随后,在国家政策的扶植和企业自身的努力下,一大批优秀的游戏开发商涌现。目前,市场中大型的客户端游戏运营商均有一定的自主研发能力,网络游戏的发行商以及运营商也均拓展自身的研发能力。进行网页游戏及移动游戏时间,游戏运营平台与游戏研发发行环节出现分化,以 360、37wan、百度等为代表的游戏玩家入口,开始大量进行游戏运营的规模化复制,将游戏的研发任务交给专业研究商。典型厂商如完美世界、网易游戏、巨人网络、蓝港在线、卓越游戏。

(2)网络游戏运营商

我国网络游戏市场利润最高的当属游戏运营商,其运营模式相对简单,不需要投入大量的资金和研发时间。主要分为:

专业游戏公司,如网易游戏、盛大游戏、完美世界、巨人网络等。网络游戏作为公司主要业务,公司90%以上收入来源于网络游戏,公司以大量资金和研发力量投入到游戏研发和运营中。

非专业游戏公司,如新浪游戏、迅雷游戏、百度游戏等。这些大型互联网企业加入网络游戏市场主要是为拓宽公司业务。

网页游戏联运平台,如37Wan、4399、360游戏中心等。依靠自身在PC端的流量入口优势,为游戏产品导入流量,实现流量的变现,以完成游戏产品的营收循环。

移动游戏运营平台,如360手游、百度游戏、当乐网等。以移动应用商店以及移动应用分发平台为主,通过自有流量优势,逐步延伸至产业链上游,进行移动游戏的运营工作。

3. 中国网络游戏市场商业模式研究

(1)用户及分布

我国网络游戏运营商的服务对象主要以国内用户为主。近年来,国内网游市场规模发展迅速,2014年我国网络游戏用户已超过3.5亿,较2013年增长19.9%。网络游戏用户主要分布在经济较发达地区,如广东、江苏、浙江、北京、山东等省市,这些地区用户数量占到了全国网络游戏玩家总数的70%以上。其中,男性玩家占到整个网游玩家群体的63%;30岁以下的占到77%。

(2)产品类型及服务

PC端方面,网络游戏产品以大型多人在线角色扮演游戏为主,射击类游戏和动作类游戏的规模有大幅度提升。三类游戏数量占产品市场总额的70%以上。而移动网络游戏的产品类型更加丰富,包括卡牌、ARPG、酷跑、塔防等。按照性质不同,主要分为:

自主研发类。由国内网络游戏公司自主研发,利用自身研发的游戏引擎以及制作团队,制作符合玩家的游戏类型。

代理运营。国内公司把国外游戏公司开发的游戏引入国内,作为代理商来在国内市场运营,其中包括代理运营国内中小型厂商研发的游戏企业。游戏代理商向游戏开发商支付版权费和游戏收入分成。版权费用一般在几百万到几千万,分成比例为30%—40%。

联合运营。此类产品与代理运营类产品区别是,不向开发商支付版权费,而是支付高比例的游戏收入分成。开发商负责后台以及技术的维护,运营商负责推广。

投资开发。网络游戏运营商向开发商投资游戏开发,通过双方协定的合同来进行分配收入。

合作开发。各地运营商为了确保所代理的游戏更加符合当地情况,主动投入到游戏的开发过程中,与游戏开发公司共同研发。

(3)营销模式

线上推广。游戏代理商在主流的综合性门户网站和以游戏为主的专业类网站投放广告。这种模式能产生较好的投放效果。在移动游戏领域,由于移动应用商店的优质分发能力,使得应用商店成为移动游戏最主要的推广渠道之一。

游戏内推广。主要是刺激游戏玩家进行游戏内容的消费,比如购买游戏的收费道具、购买时装等。这类推广是在有大量游戏用户的学生寒暑假以及国家的法定假日期间进行。

线下推广。主要是指在传统媒体,如广播、电视、报刊以及在各种人群聚集的场所比如大型公交车站、地铁站、火车站等进行的推广。

(4)收费及支付方式

网络游戏产品收费模式分为时长收费模式和道具收费模式。随着免费游戏的诞生,玩游戏的门槛进一步降低,广大玩家不用付费,即可享受游戏的内容,游戏群体规模实现最大化。因此,游戏收费模式正在向以道具收费模式为主转变。目前,游戏玩家支付方式有以下几种。

充值卡支付。主要是在网吧、便利超市、报纸杂志厅等进行销售。玩家购买获得充值账号密码加入游戏卡中。

线上充值。近年来随着淘宝等电子商务的崛起,线上充值业务迅速崛起,有望取代传统充值卡。这种支付方式方便快捷,可以为玩家带来更好的游戏体验。

电信绑定支付。一般是用手机或者固定电话、网络服务账号作为支付终端,由电信运营商在账户中直接扣除。

(三) 中国数字阅读市场研究

1. 中国数字阅读产业链构成(见图 2-36)

目前,中国移动阅读的产业链参与者众多,既包括 PC 端的内容生产方,主要指网络文学平台;又包括移动端的移动阅读书场,还包括资源版权方、服务提供商、电信运营商、终端厂商、广告主、用户等,各参与者在移动阅读的产业链中承担着不同的职责。

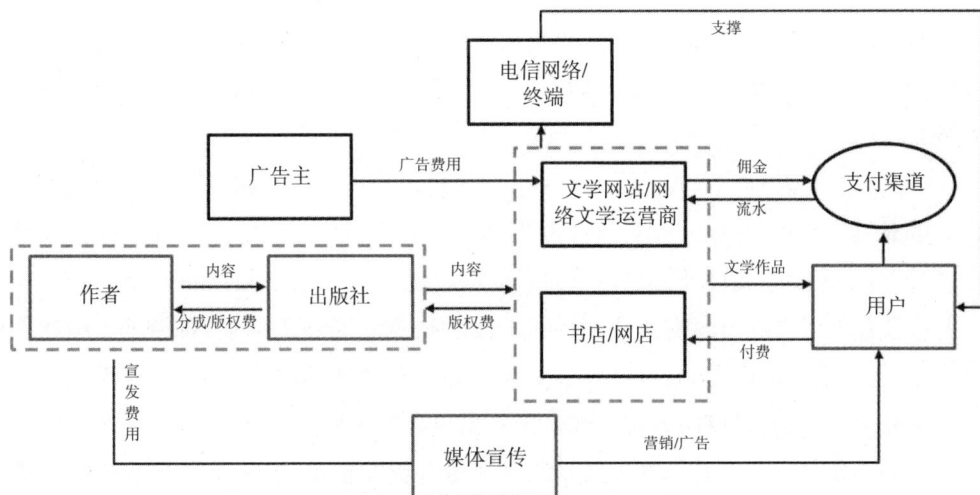

图 2-36 中国数字阅读产业链构成

(1)资源版权方:决定数字阅读的关键资源

内容是数字阅读的关键资源,对数字阅读产业能否健康有序发展起到关键作用。在中国数字阅读产业链中,个人作者的原创作品更多地依靠数字版权代理与产业链下游厂商进行博弈。目前,数字版权代理方整合了图书出版方、个人原创作品等内容,拥有了丰富的内容资源,并与个人作者分成版权费用。拥有多年原创内容积累的互联网文学网站(如盛大文学、17K 小说网)在阅读的内容资源方面也独具优势。因此,数字版权代理方作为内容提供商来说,凭借其丰富的内容资源优势,在移动阅读产业链中具有一定的话语权。

(2)数字阅读运营商:最接近用户的产业链环节

数字阅读服务提供商在与内容提供商合作的基础上,为用户提供阅读及相关服务,并与内容提供商进行利润分成。随着互联网及移动互联网的快速发展,作为最接近用户的产业链环节之一,阅读服务提供商积累了大量的服务运营经验,对市场的趋势以及用户需求把握相对准确,无疑占据了产业链当中最有利的位置,相信随着产业政策和行业环境的改善,将获得更好的发展机遇。

(3)电商平台

电商平台是指直接售数字阅读内容,并提供数字阅读服务的企业,其以实体图书的销售起家,后依托出版社资源,经营传统文学的数字版销售。目前此类厂商主要有京东商城、亚马逊中国、当当等。国外电商平台有较好的版权环境以及普遍的用户付费习惯作为基础,而目前的中国阅读市场,情况相反,因此电商平台的模式并未得到犹如国外亚马逊的发展态势,未来其成长性也要面对众多考验。

（4）电信网络/终端厂商

电信运营商凭借庞大的用户基数及相对便捷的支付体系,成为移动阅读的主导力量之一。中国移动、中国电信都拥有自己的阅读基地,并与内容提供商形成了较为成熟的产业链。

（5）支付渠道

随着用户付费意识逐渐增强,政府加大对版权的保护力度,付费用户将越来越多,数字阅读领域的支付环节也将成为厂商关注的焦点。数字阅读服务提供商的收入主要来自于用户对内容的消费,大部分用户通过第三方支付与运营商渠道进付费。此外,还包括通过网银支付、虚拟货币点卡充值等方式进行付费;但是受盗版以及免费使用习惯的影响,用户内容付费规模仍处于较低的水平。

中国的数字阅读市场以网络文学的产生为主要发轫点,成为中国文学出版领域不可或缺的内容形式;而近年来,随着智能手机的普及、移动互联网的发展,移动阅读成为目前中国数字阅读市场中新兴的爆发点。

2. 中国网络文学市场规模

根据 EnfoDesk 易观智库预测,2014 年中国网络文学市场收入规模将达 62.6 亿元,较 2013 年环比大幅增长 35.2%。预计在 2015 年,整体市场规模将突破 70 亿(见图 2-37)。

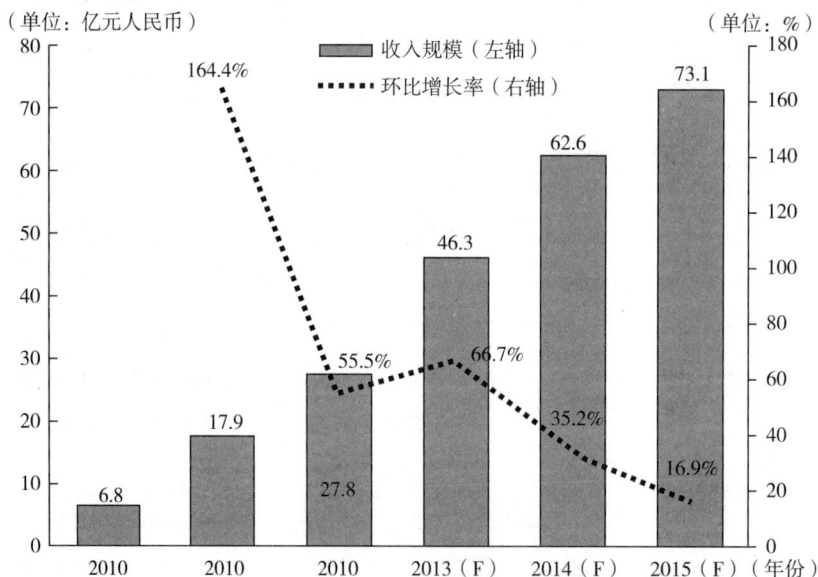

图 2-37 中国网络文学市场规模

资料来源:易观智库。

网络文学在中国发展至今超过十年时间,产生一批网络文学原创平台以及网络文学新体裁,而在整个网络文学的市场中,网络文学的作家是各平台主要的争夺对象,同时也是产业环节中占主要话语权的一方。对比传统文学作家,网络文学作家的年龄层普遍较低,产生了大量的80后、90后年收入百万级作家(见表2-8、表2-9)。

表 2-8 网络文学作家收入

排名	作家	版税(万元)	年龄	经典代表作
1	唐家三少	3300	31	《斗罗大陆 II》
2	我吃西红柿	2100	25	《吞噬星空》
3	天蚕土豆	1800	23	《斗破苍穹》
4	骷髅精灵	1700	31	《圣堂》
5	血红	1400	33	《光明纪元》
6	梦入神机	1000	28	《圣王》
7	辰东	800	30	《神墓》
8	耳根	700	31	《仙逆》
9	柳下挥	650	28	《火爆天王》
10	风凌天下	620	30	《凌天传说》

资料来源:盛大文学、易观智库整理。

表 2-9 传统出版作家经典畅销代表作收入

传统出版作家收入				
排名	作家	版税(万元)	年龄	经典畅销代表作
1	郑渊洁	2600	57	《皮皮鲁总动员》
2	莫言	2150	57	《丰乳肥臀》
3	杨红樱	2000	50	《笑猫日记》
4	郭敬明	1400	29	《小时代》
5	江南	1005	35	《龙族》
6	于丹	1000	47	《于丹:重温最美古诗词》
7	韩寒	980	30	《韩寒文集》
8	安东尼	900	28	《这些都是你给我的爱》
9	南派三叔	850	30	《藏海花》
10	当年明月	700	33	《明朝那些事儿》

资料来源:盛大文学、易观智库整理。

3. 中国网络文学产业发展周期(见图 2-38)

2013 年,中国网络文学产业处于产业高速发展期。在此阶段,用户付费的商业模式形成,市场稳定增长,市场进入门槛提高,主要参与厂商掌握核心资源。但是产

市场价值

网络文学网站出现

初期用户累计到一定规模引爆用户的快速增长

用户快速增长后，盈利模式没有得到市场认可（盗版＋免费＋广告）厂商纷纷退出，市场整合开始

市场整合完成，少数厂商坚持探索商业模式（收费模式建立）

NOW

在用户付费模式的支撑下，市场稳定增长，市场进入门槛提高，主流厂商开启IPO进程

探索期　　　　市场启动期　　　　高速发展期　　　　应用成熟期　　　时间

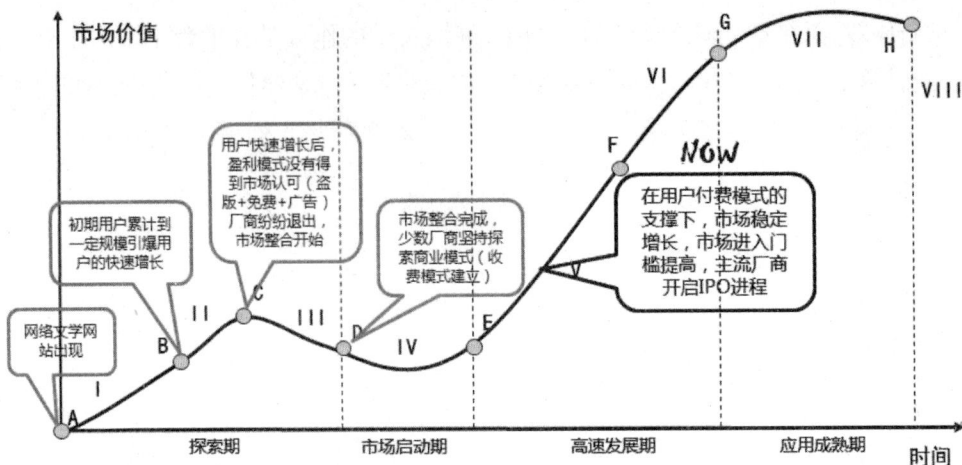

图 2-38　中国网络文学产业发展周期

业尚未形成大规模的盈利,需要通过用户的积累以及市场容量的不断扩充,形成规模效应,从而促使产业链各环节走向大规模盈利状态。特点是:

(1)多屏全网跨平台趋势明显

网络文学目前正向 PC、手机、平板电脑、电子阅读器、智能电视等多屏终端扩展;每个用户使用的平台也逐渐多元化,包括 Windows、Android、iOS 等。用户对多屏同源、同步的阅读需求日趋增强。多数厂商为了适应用户的此类需求,纷纷推出了阅读云服务,使用户可以用同一账户,在多终端、不同平台、不同网络中无缝切换。

(2)全产业链、全媒体运营趋势

越来越多的互联网服务提供商逐渐意识到版权资源的重要性,为了提高在产业链中的话语权,开始组织自己的版权资源,签约并培养自有作者,打造独家内容,向产业链上游渗透。传统上游内容提供商为了巩固自身市场地位,更加重视对作者、编辑的培养,以聚拢人才,提高内容的质量与数量。部分上游出版社涉足网络文学服务,自建网络文学出版平台,开发阅读服务应用,逐步向下游渗透。产业链各环节,均有厂商正在向全业产业链运营方向发展,旨在打造数字图书资源的生产、集成、运营、销售、服务闭环体系。同时,网络文学内容提供商,正在逐步建立"电子书＋纸质书＋版权增值(影视、游戏等)"全媒体运营体系,使自身发展成为全媒体内容运营商。

(3)用户付费意愿提高,付费方式多元化趋势

随着用户付费意识逐渐增强,政府加大对版权的保护力度,付费用户逐渐增多,网络文学领域的支付环节也将成为厂商关注的焦点。而随着移动支付产业的发展,用户的付费形式向多元化发展:网银支付、第三方支付等方式的占比将进一步提高,

而通过运营商通道付费的比例将被削弱。

（4）高端阅读市场被逐步开发

目前，传统出版社虽然大部分都涉足电子版权内容，但是其开放程度有限，导致其在网络文学产业中的优质资源较少，销售渠道不通畅，而且价格偏高，用户接受程度较低。随着传统出版社的互联网化进程加速，逐渐转变固有观念，其逐渐走出观望状态，开始在网络文学产业布局，未来网络文学市场将会涌现更多的质优价廉的内容资源。部分传统出版社也在尝试自己经营网络文学业务：开发阅读 APP、建设数字出版平台。基于此趋势，高端阅读领域的内容将逐渐充实，从而吸引更多的高端用户选择网络文学，该市场将逐步活跃起来。

4.移动阅读市场规模

2014 年，随着智能手机、平板电脑、电子阅读器等移动终端设备的逐步普及，以及移动网络带宽的改善，移动互联网用户群体持续增长，各类移动应用商店的使用率也不断提升，使用户对移动阅读的获取也更加方便。

移动智能设备越来越普及，将会刺激移动阅读市场的活跃度。2014 年年底中国移动阅读用户使用率仅次于手机即时通讯、手机搜索。用户规模的增长推动了移动阅读整体市场规模的增长，2014 年，中国移动阅读市场规模达到 88.4 亿元，比 2013 年的 62.5 亿元增长 41.4%（见图 2-39）。

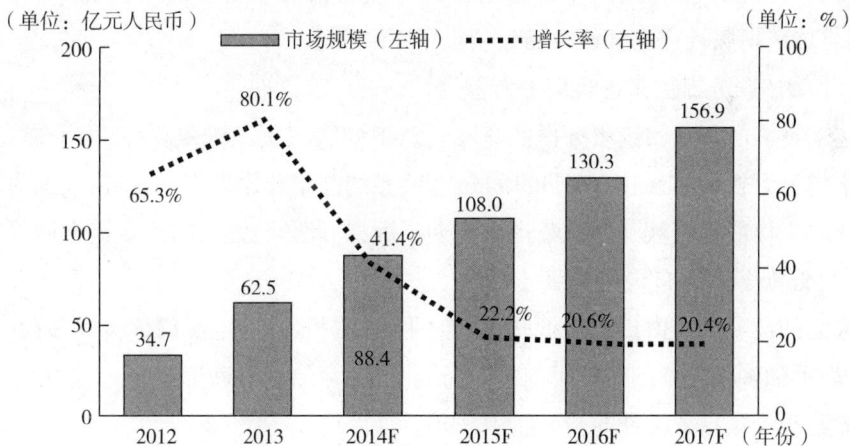

图 2-39　2012—2017 年中国移动阅读市场规模

注：1.中国移动阅读企业在其移动终端平台方面的收入，包括用户付费收入、广告收入、增值服务收入、电子阅读器收入等，不包括电信运营商手机报收入；2.上市公司财务报告、专家访谈、厂商深访、易观智库数据监测产品以及易观智库推算模型得出。

资料来源：EnfoDesk 易观智库，见 www.enfodesk.com。

5. 移动阅读市场特点

（1）电信运营商的主导地位逐渐被削弱

电信运营商阅读基地利用定制手机内置阅读应用,使其阅读用户规模迅速增长;由于阅读用户 ARPU 较低,通过运营商计费通道进行支付简单方便,无须开通网银、第三方支付等,使用门槛低,使得运营商的阅读基地成为移动阅读产业的主要吸金通道。基于以上因素,运营商在整个产业中具有绝对领导地位及话语权。但是随着移动阅读服务提供商的长期积累及持续的市场投入,其用户规模逐渐赶超运营商阅读基地。近年来,第三方支付及互联网金融的飞速发展,其用户普及率不断提升,市场支付环境也随之改善,越来越多的阅读用户开始使用除运营商支付通道之外的其他支付途径,如第三方支付、网银支付,以及虚拟货币点卡充值等。移动阅读服务提供商在产品的开发较运营商具有优势,其对用户需求、用户体验有更深的理解,对于内容的运营、推广能够产生更好的效果。运营商的市场领导者地位逐渐被削弱。

（2）资源版权方对内容的开放程度打开

传统出版社具有丰富的内容资源,但其在移动阅读产业中投放的优质资源较少,电子书价格偏高,用户接受程度较低。由于网络原创文学价格低廉、内容创新等优势对传统出版社的冲击较大,传统出版社的互联网化进程加速,大部分出版社大力涉足电子版权内容,逐渐转变固有观念,由原来只开放部分不畅销图书到开放更多内容资源,与服务提供商建立合作,未来移动阅读市场将会涌现更多的质优价廉的内容资源,部分传统出版社也在尝试自己经营电子书业务。

（3）阅读服务提供商逐步向上游渗透

越来越多的移动阅读服务提供商逐渐意识到版权资源的重要性,为了提高在产业链中的话语权,各自组织自己的版权资源,签约并培养原创作者,打造独家内容,部分优秀原创作品也会被其他服务提供商购买版权,此角色逐渐向产业链上游渗透。

（4）终端多元化布局趋势明显

人们阅读习惯正由传统的纸质图书向手机、平板电脑、电子阅读器等移动终端扩展,终端更加多元化。同时电子图书的云同步、云存储需求逐步明朗。

6. 移动阅读行业发展趋势（见图 2-40）

2013 年中国移动阅读处于行业高速发展期。用户付费的商业模式形成,市场迅速增长,市场进入门槛提高,主要参与厂商掌握核心资源,如用户资源、渠道资源以及内容资源。但是,产业尚未形成大规模的盈利,仅有部分厂商实现收支平衡。如果实现盈利,还需要通过用户的积累以及市场容量的不断扩充,形成规模效应,从而促使产业链各环节走向大规模盈利状态。目前,移动阅读市场发展的最大瓶颈是盗版内容的存在以及用户付费习惯尚未养成。突破这一瓶颈还需要政策层面的支持以及对

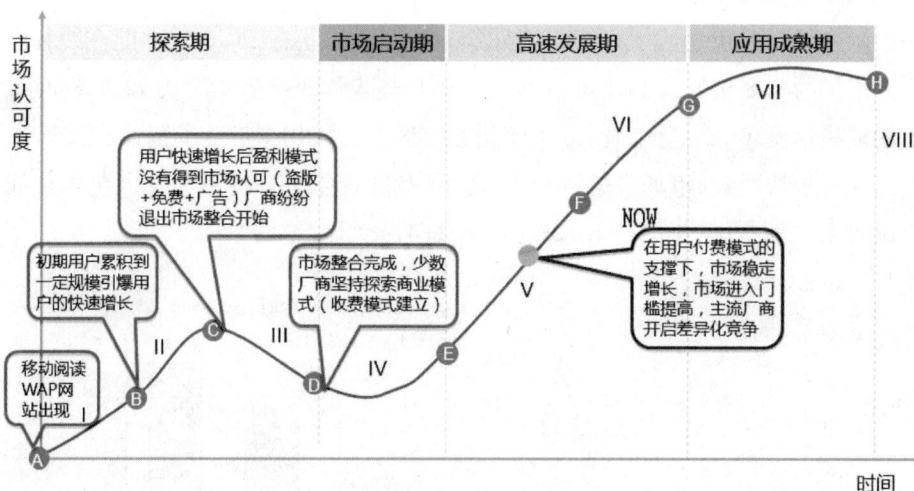

图 2-40 中国移动阅读市场 AMC 产业发展趋势

资料来源：易观智库。

用户的培育,移动互联网支付环境的成熟度也是促进移动阅读市场健康发展的主要因素。

(四) 数字音乐市场

数字音乐业务的内容一般由唱片公司提供,然后经过数字音乐服务商的包装,最后呈现给用户。数字音乐产业链包括:内容提供、内容制作、数字化处理、版权管理、整合包装、内容存储分发、产品展示、营销推广、接入提供、支付、客户服务、客户端软件提供、硬件提供和用户消费等。

目前,免费音乐在数字音乐市场中依然占主流,但是在线的音乐演出、下载收费等模式已经成为数字音乐市场规模增长的一个新亮点。

数字音乐市场盗版侵权的问题较突出。2014 年正版化工作得到了数字音乐产业界的共识,各大音乐网站、音乐客户端公司开始下架未得到授权的音乐,并加强了与唱片公司、版权方沟通和协商。唱片公司和其他版权方的话语权提升,要求提高分成比例,增加保底版权金,使原本就收入有限的数字音乐运营公司感到了压力,运营成本大幅增加。2013 年数字音乐"收费"成为渠道方和版权方讨论的热点,并有部分数字音乐服务提供商开始尝试以"VIP 会员"的模式进行小范围收费。

我国数字音乐市场仍处于导入期阶段,规模较小。但是,随着国家知识产权保护力度的加大,以及数字音乐业务竞争主体和上下游的共同探索与深入合作,数字音乐市场将凭借巨大用户群体快速进入指数级增长的成长期,而且市场经济效益巨大。

1. 在线音乐(PC端)市场规模

中国在线音乐市场收入规模仍旧处于一个偏低的状态,2010年中国在线音乐市场收入规模为2.8亿元。2012年在线音乐用户规模4.36亿,年增长13.0%,在线音乐市场规模达到18.2亿元,比2011年增长378.9%。2014年全年整体在线音乐市场收入保持较快增长,市场规模达到29亿元(在线音乐服务提供商收入包含在线音乐演出收入),比2013年增长14.2%(见图2-41)。

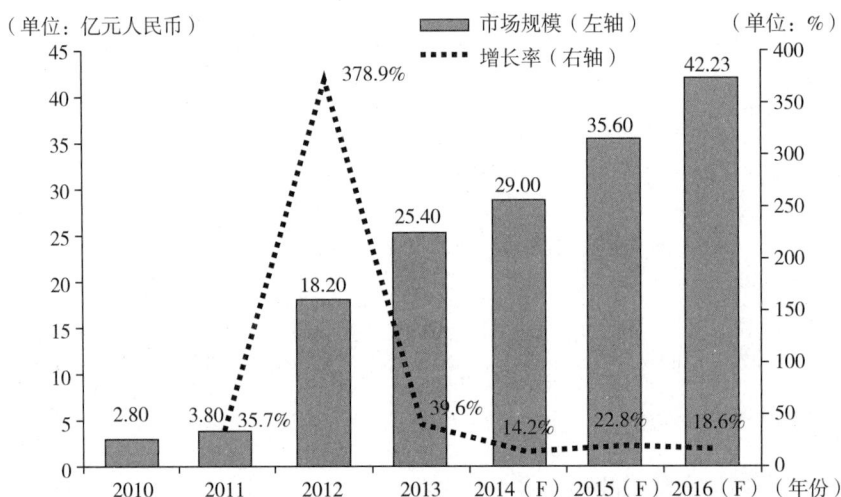

图2-41　2010—2016年中国在线音乐市场规模

注:中国在线音乐市场规模,即中国数字音乐企业在线音乐业务方面的营收总和。
资料来源:易观国际。

全球音乐产业加速向数字音乐转化,传统唱片业的阵地大为缩减。中国在线音乐潜藏着巨大的市场需求,发展空间还有待市场各方充分挖掘。但是,商业市场还远未成熟。

2. 移动音乐市场规模

2014年,随着智能手机、平板电脑等移动终端设备的普及,移动网络带宽的改善,移动互联网用户群体持续增长,各类移动应用商店的使用率也不断提升,使用户对移动音乐的获取更加方便。据国家统计局发布2013年国民经济和社会发展统计公报显示,新增移动电话用户1.2亿户,年末达到12.3亿户,其中3G移动电话用户4亿户。电话普及率达到110.5部/百人。互联网上网人数6.18亿人,其中手机上网人数5.0亿人。互联网普及率达到45.8%。

2014年年底中国移动音乐的用户渗透率为71%,使用率仅次于手机即时通讯、手机搜索和手机新闻阅读。用户规模的增长推动了移动音乐整体市场规模的增长,2014年,中国移动音乐市场规模达到35.24亿元(内容提供商总收入计),比2013年的31.17亿元增长13.1%(见图2-42)。

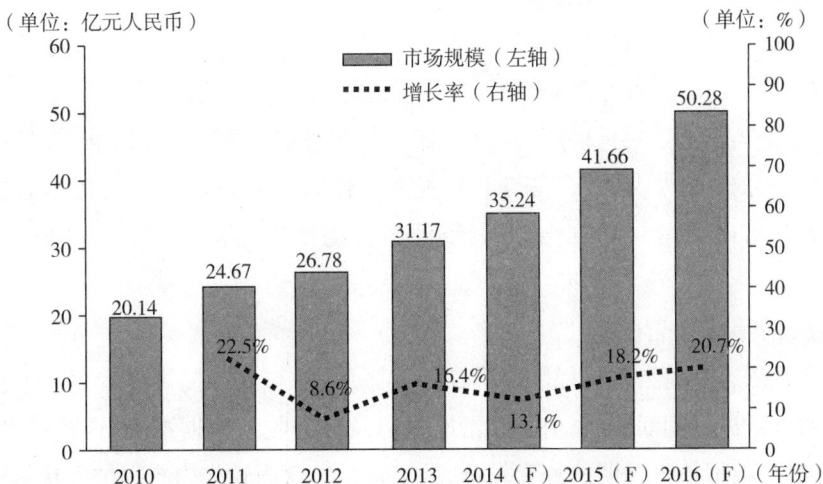

图 2-42　2010—2016 年中国移动音乐市场规模预测

注:中国移动音乐市场规模,即中国数字音乐企业在移动音乐业务方面的营收总和。
资料来源:上市公司财务报告、专家访谈、厂商深访以及易观智库推算模型得出。

3. 中国数字音乐产业链

互联网的出现,MP3 的崛起,使整个唱片市场的利益链条彻底被打破。在唱片工业衰败的同时,以在线音乐和移动音乐为代表的数字音乐,依靠互联网和 P2P 模式,迅速冲击了传统音乐产业的分销网络,改变了整个音乐产业的价值链,也带来了新的市场格局。

数字音乐产业链依然是音乐内容商—音乐服务商—消费者的三元结构(见图2-43):

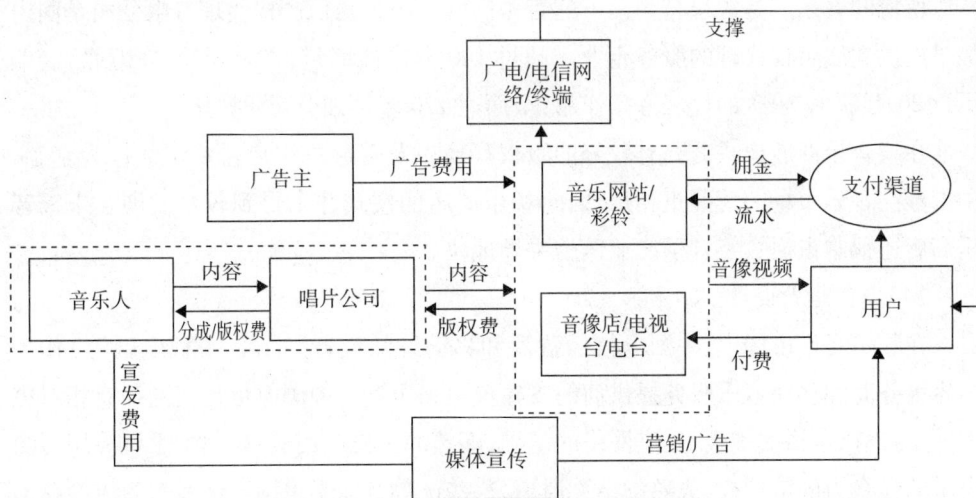

图 2-43　中国数字音乐产业链

（1）内容提供商：产业链最核心的内容资源

数字音乐的内容提供商主要有三类：拥有音乐版权的唱片公司：环球、索尼、滚石、华纳、太合麦田等；版权代理机构：如源泉、龙乐等，这些公司将众多唱片公司和个人的音乐作品融合在一起，作为一个整体与服务提供商合作；音乐人：是指专门制作个体音乐的单位或个人，在与下游主体合作时，根据自身能力，选择通过移动音乐运营商和电信运营商合作，或者绕开与移动音乐运营商，直接与电信运营商合作。

（2）数字音乐运营商

数字音乐运营商为用户提供音乐及相关服务，并与内容提供商按照点击或者打包购买的方式进行利润分成，由于点击次数以及广告收入数据系统由数字音乐运营商自己提供，数据体系透明化程度较低，数字音乐运营商较之内容提供方获得更多的行业利润。数字音乐运营商的收入主要来自于从电信运营商处的分成和广告主的广告费用；数字音乐运营商分为曲库类、社交类、电台类等，此产业链环节为最接近用户的环节，对市场环境的变化，用户需求把握较为准确，能快速地作出响应以及战略调整。

（3）音乐商店

音乐商店是指直接在移动端销售数字音乐的方式。目前此类厂商主要有iTunes、京东商城、亚马逊中国、挖挖哇音乐商店等。

京东数字音乐 2012 年正式上线，配有安卓版的京东 Lemusic 客户端，大部分音乐是免费下载，只有古典音乐和独立音乐人的部分作品需要收费，而且价格只有普通CD 的 1/3。

挖挖哇音乐店是源泉公司旗下的音乐网站。源泉知识产权代理有限公司是国内最早提供在线版权代理的服务企业。超过 100 万的曲库量，专辑量约 60 万张，涵盖了近 20 万歌手、乐队的代表音乐作品，全面达 170 多种细分音乐风格。

在线音乐商店模式需要有较好的版权环境以及普遍的用户付费习惯作为基础。中国数字音乐市场的情况正相反，因此音乐商店的模式并未得到较好发展。未来音乐商店还很难占据数字音乐产业链的主导地位。

（4）电信运营商/终端厂商

在数字音乐市场中，中国电信运营商和移动终端设备（手机、平板电脑等）作为内容服务商和移动音乐服务提供商的支撑渠道来服务。中国电信运营商拥有相对庞大的用户群、丰裕的资金、先进网络的基础、娴熟的手机应用运营经验、手机应用传播渠道的强有力的掌控权、成熟的结算通道，这些优势有助于中国电信运营商成为移动音乐产业链的天然领导者。

（5）广告主

在数字音乐广告方面，数字音乐厂商对用户属性、用户需求等把握较为精准，未来广告仍将作为一种数字音乐商业模式而存在。目前广告分为效果类广告与品牌广告。以效果类行业内广告为主，但越来越多的品牌广告主已经开始进入数字音乐行业。

（6）支付渠道

随着音乐版权的意识越来越强，各数字音乐运营商大手笔购买版权，并向用户收集高音质音乐费用，随着用户对音乐品质的需求提高，促使用户付费意愿增强。数字音乐领域的支付环节也将成为厂商关注的焦点，目前主要涉及与支付厂商合作的音乐商店。主要付费方式有电信运营商支付、第三方支付公司以及虚拟货币的方式。

4. 中国数字音乐市场商业模式

（1）广告分成模式

从内容提供商处获得歌曲授权的服务提供商向数字音乐用户提供歌曲的免费收听和下载等服务，然后利用注册会员数、用户流量、点击量等数据吸引广告商来投放广告，获得相应的广告收入，之后与音乐内容提供商按照一定的比例进行分成。这种模式不依靠版权的直接销售产生的收入，而是利用用户流量带来收入。

（2）歌曲下载收费模式

音乐内容提供商（CP）将音乐产品授权给音乐服务提供商（SP），SP 除了向 CP 支付固定的版权费用作为保底支付外，还要将数字音乐产品销售所得收入按一定比例支付给音乐内容提供商。这种歌曲下载收费模式，因中国收费环境尚不成熟、服务商销售数据难以监管等原因推广起来存在一定难度。

数字音乐的销售应该建立在单曲之上，这是顺应互联网时代消费习惯的一种对音乐产品销售方式的变革。音乐渠道的改变，不仅让音乐销售由有形的 CD 载体变为无形的数字载体，同时也改变了音乐的销售模式。音乐销售的内容也将逐步从专辑走向单曲。单曲更适合在网络上传播，也更适合消费者的习惯。在绝大多数专辑里，消费者真正愿意掏钱购买的也许只有一两首歌曲。数字音乐的出现，让音乐脱离了 CD 这个载体而自由流通，人们可以直接下载自己中意的歌曲，打破了一张 CD 装 10 首歌的这种搭配销售的模式，使音乐实现单曲销售。因此，数字音乐应该更多地表现为单曲，而不是专辑模式。

（3）增值服务模式

在线音乐市场中此模式占有一定的份额，典型代表是腾讯 QQ 音乐的绿钻会员服务，其目标是针对个人音乐用户，通过提供高品质的正版音乐向绿钻会员收取费用，除此之外，还提供高清音乐视频观看和上传、播放器广告过滤、与 QQ 好友进行音乐分享等服务。

（4）其他盈利模式

在线音乐还存在游戏音乐及软件音乐服务、音乐应用嵌入终端设备服务等其他盈利模式。游戏音乐及软件音乐服务，即游戏商及第三方软件供应商从唱片公司、音乐版权人处获得音乐授权或者自费制作游戏音乐后，将其游戏加入音乐网页或音乐播放器中，或者在音乐播放器安装使用过程中捆绑第三方软件，实现游戏与音乐的完美结合，满足用户休闲娱乐的需求，然后支付音乐服务提供商一定的费用，该模式一度成为在线音乐收入的增长点。最成功的音乐应用嵌入终端设备服务是国外的 iTunes + iPod 模式，终端设备内嵌音乐平台或音乐商店等应用，或与社交网站结合，通过为用户提供一站式的音乐服务收取费用。

目前，数字音乐付费消费习惯尚未形成，数字音乐商业模式的发展还存在许多的制约和阻碍。免费和盗版成为影响中国数字音乐用户为数字音乐服务付费的最主要原因。国内音乐商业化程度不足，用户缺乏数字音乐网上购买和支付的电子商务体验等也是付费下载落实困难的重要原因。在此环境下，免费音乐服务和广告分成的结合成为最流行的商业模式。

5. 数字音乐市场发展趋势

（1）新型数字音乐服务形式涌现

在数字音乐发展过程中，新的服务模式和新的应用不断涌现，结合移动互联网和流媒体潮流应运而生的各种音乐类产品发展迅速。如近年来社交类和视频类音乐产品发展较快，其中把社交引入在线 K 歌的唱吧和社交性质较强的 YY 音乐，在 2012 年的数字音乐市场中表现非常亮眼，而以"可以看的音乐"理念创建的音悦台则专注于发展音乐视频欣赏与传播平台，不断壮大自己的粉丝经济。除以上两种服务及产品外，数字音乐电台也属于新兴音乐欣赏模式之一，其在传统电台基础上结合新的技术与传播方式，满足了用户的被动收听需求，成为未来最有潜质的音乐服务类型。

（2）音乐正版服务长路漫漫

对于音乐的正版化，中国市场缺乏版权保护，唱片公司对盗版束手无策，中国的艺人无法通过卖唱片挣到钱，反而卖唱片主要是赚名气，收入主要靠商演。由于网络传播途径的便利性，中国用户很容易下载盗版音乐，盗版音乐毫无成本，而打击盗版让唱片公司疲于奔命。

从全球趋势和保护知识产权的角度来看，数字音乐肯定会走向"免费+收费"双重运营的新模式。但是在中国，付费音乐这条路必将是漫长而曲折的，等待它的不仅有盗版市场，还有用户从免费到收费的艰难心理转变。网络时代不能仅仅依靠出售音乐为生，需借力于网络时代的高速传播，让艺人或者音乐家将过去的传播成本迅速下降,真正好的音乐终会被人传唱,在音乐被认可之后,如何收费,只是机制的问题。

(五) 中国动漫行业发展情况

1. 中国动漫市场环境

2004 年,中国政府颁发《关于发展我国影视动画产业的若干意见》,首次以行政手段加大发展动漫产业的力度。2008 年,中央财政投入 700 万元扶持资金,扶持中国原创动漫作品创作。十八大报告强调要"扎实推进社会主义文化强国建设"。针对如何"增强文化整体实力和竞争力",报告特别指出,要"促进文化和科技融合,发展新型文化业态,提高文化产业规模化、集约化、专业化水平。构建和发展现代传播体系,提高传播能力。扩大文化领域对外开放,积极吸收借鉴国外优秀文化成果"。这无疑为动漫等新兴文化产业未来发展指明了方向。

《中国动漫产业发展报告》显示,2011 年动画片年产量突破 26 万分钟,远远超过日本和美国。但是在数字繁荣的背后,却有一个必须面对的现实,即我国几乎拿不出有影响力的动漫形象和品牌。原因在于动漫产业的发展,不是只要有政府政策的扶持就可以水到渠成,更重要的是做好人才培养,做好文化塑造。

鉴于国内移动互联网动漫主要依靠手机作为硬件载体进行传播,EnfoDesk 易观智库认为目前手机动漫的发展具备了充分条件,主要有以下三个原因。

(1) 建立了行业标准体系

2013 年 8 月 30 日,国家手机(移动终端)动漫行业标准发布会暨 2013 国家数字文化产业高级研修班开班仪式在清华大学举行。在这次会议上发布了"手机(移动终端)动漫内容要求""手机(移动终端)动漫运营服务要求""手机(移动终端)动漫用户服务规范"三大内容,加之已发布的"手机动漫文件格式",这一系列标准统一了内容提供者、用户服务商和运营商的规范要求,打通了手机移动终端动漫产业上下游各个环节,有助于推出更多更好的适合手机移动终端的动漫产品。

(2) 用户需求旺盛

国内整个动漫产业目前还处于起步阶段,手机作为一种随时随地订阅和阅读的便捷渠道,在移动互联网时代将成为动漫作品销售的主要渠道。和传统纸质阅读相比,未来手机阅读漫画的比例也会相当高。目前,中国手机动漫以 WAP 和彩信方式为主,WAP 是通过手机浏览器直接阅读,手机动漫彩信是将动漫作品制成彩信并下发到用户手机中。未来通过手机动漫 APPs 直接访问的比例将会提高。

根据市场调研结果显示,比较喜欢收集动漫的手机用户比例达到 62%(见图 2-44)。易观智库 EnfoDesk 进一步研究发现,根据调研用户对于移动互联网的动漫的兴趣度高达 67%（见图 2-45）。由此可以判断用户对于移动互联网动漫的需求会催生一个庞大的市场。

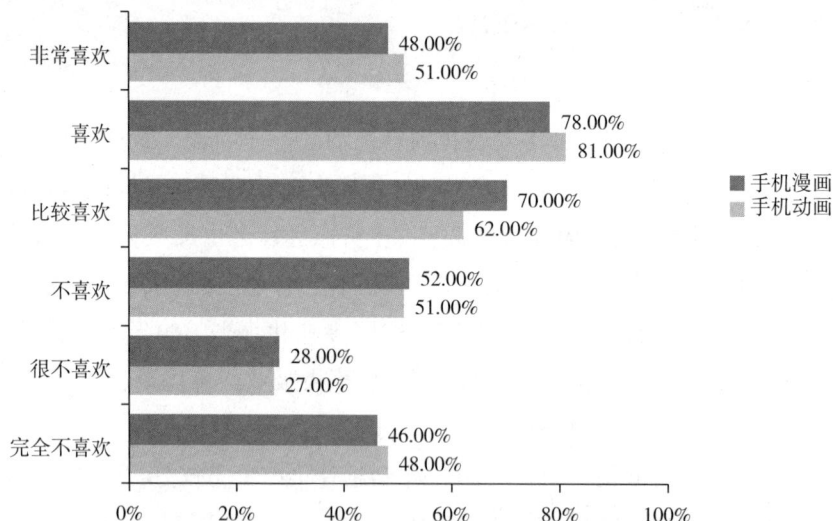

图 2-44　中国移动互联网用户对动漫的喜爱程度

资料来源：易观国际·易观智库·eBI 中国互联网商情。

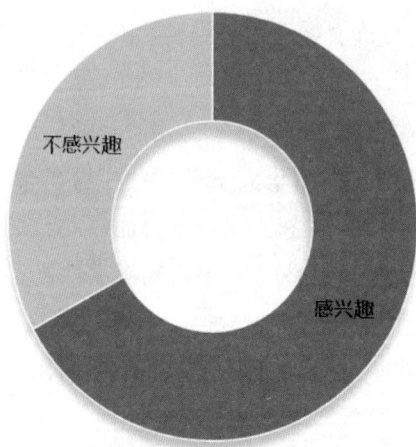

图 2-45　2014 年移动互联网用户对移动互联网动漫的兴趣度

资料来源：易观国际·易观智库·eBI 中国互联网商情。

　　研究显示，用户对于移动互联网动漫的可接受的付费范围已经初具规模，但是进入市场成熟期还需要一定的时间。细分市场的新加入者、移动互联网动漫企业可顺应整体趋势在整体竞争能力上得到发展。

　　随着移动互联网的快速发展和成熟，用户的需求从单一的好用逐渐发展到好看的层面上,对于品质的要求逐渐增对,移动互联应用服务的娱乐功能被不断加强。目前,用户需求成熟度较低,以移动游戏和移动动漫为代表的移动娱乐内容需求会率先引爆。

(3)拥有较大话语权的运营商重视并且着力推广动漫业务

为了稳定产业链地位,保持竞争优势,运营商会借助其独有优势——用户规模和支付渠道,进行营销以及推广。现阶段来看,运营商逐渐向产业链最上游发展,逐步改善通信网络条件,同时逐渐增加内容上的影响力。

移动互联网动漫对专注于移动互联网动漫的新型企业,传统的动漫企业以及电信运营商增值服务商转型企业三类企业而言均有较大的发展机会。移动互联网中的商业机构、运营经验以及对于用户行为习惯的把握均不同于以往任何领域,需要总结摸索出独特的符合移动互联网自身特征的产品推广之道,因此在理论上来讲,进入时间较早且专注于移动互联网动漫的企业较为有优势。

2. 移动互联网是未来动漫行业发展的新大陆

动漫是非常适合在移动场景下的典型应用,主要是以画面表达内容的形式,适合在非专注环境和碎片化时间中使用。目前,手机动漫的产品形式有动漫插画、漫画图书、影视作品、游戏、其他动漫新应用等。

动漫插画是展示动漫内容的图片,可作为壁纸、彩信图片等形式。漫画图书是在手机上展现完整的动漫故事。影视作品分为在可直接通过手机下载的作品、不直接下载但可在手机上播放的作品。游戏根据作品运作方式分为单机游戏和联网游戏。其他动漫新应用将动漫元素与其他应用相结合,生成多种多样的产品形式。例如真人动漫秀将人像识别技术与动漫相结合,产生"真人动漫秀"产品,客户只需上传自己的照片,即可生成自己的动漫形象,在此基础上客户可以制作具有个性化特点的贺卡、来定动画等。仅以手机漫画市场为例, Impress R&D 数据显示,本手机漫画的市场从 2003 年到 2009 年,手机漫画市场收入由 0 元增长到 513 亿日元(约 41 亿元人民币)。

在国内,动漫行业在传统渠道的传播始终未能得到健康的发展。动漫企业除了在政府的扶持下,实际的盈利能力和市场竞争能力大多数均处在"看上去很美的状态"。其中主要原因是由于多数动漫企业产品的变现能力较差,生产出的产品无法有效地到达用户手中,从而获得利润。如何选在一条有效的渠道成为摆在动漫厂商面前的一道难题。

结合日本的发展经验来看,传统动漫渠道规模下降,而手机动漫依然保持较高速的发展,具体原因有:

覆盖用户更广。移动互联网动漫除了向用户少儿进行传播之外,更多的面向年龄集中在 15—30 岁的网民或移动互联网网民。这部分人对于新鲜事物接受程度较高,而且是移动互联网的主流消费群体。

传播速度更快。传统动漫的传播方式属于大众传播的典型模式,用户被动接受。移动互联网动漫,用户可以自身为传播中心进行传播,且不用受制于地域,随时随地可以使用移动互联网产品。

多样化的商业模式。在商业化上,传统的动漫产业是中规中矩的,形式有书、电影和电视等,衍生品有文化衫、偶像等。而移动互联网的出现为企业带来庞大的用户基础及各种各样的商业模式,如广告加载或者手机扣费模式。移动互联网上的动漫作品单项收费较低,用户基数庞大(见表 2-10)。

表 2-10　动漫产品传播渠道对比分析

传播渠道	目标受众/主要消费群体	渠道优点	渠道缺点
动画片	3—10 岁	播出不受终端限制,属于主流的传播方式	电视台占据绝对市场地位,仅依靠出售转播权,难以收回成本,中小企业在此难以生存
动画电影	3—10 岁	节奏紧凑,动漫形象突出,利于后期衍生品传播	前期投资较高,需要强大内容制作团队支撑。风险极大
互联网	10—30 岁	受众广泛,市场巨大	盗版问题突出严重危及企业生存
移动互联网	10—30 岁	传播速度快,成本低,不受终端限制,受众成为主流消费群体	受带宽限制严重
传统衍生品	3—10 岁	目前动漫行业中盈利最多的环节	物流环节较长,需要稳定的现金流支持
版权	—	对动漫影响的再次开放利用	需要较为成熟的形象,且无法监督授权企业具体使用情况
纸质出版物	10—15 岁	易于保存,可反复利用观看	出版物上下游环节较多,成本较高,门槛较高

资料来源:易观智库,2015 年。

需要强调的是,移动终端具有短小、快速的传播特性,加之屏幕较小、手机内存小等属性,导致它不适宜播放长片、大片。因此,移动互联网动漫在产品设计方面必须有其自身的特点,使用户在"时间碎片"里收看;另外动漫内容服务在技术上和格式上也应作出适当调整。同时,内容匮乏也是制约产业发展的瓶颈。

由于手机动漫市场的前景广阔,各方已经开始积极发力抢占这一市场,表现为运营商方面,三大运营商顺应手机动漫时代的发展,纷纷成立动漫运营中心,打通动漫原创到发行的上下游环节。翔通动漫等多家公司开始频频跨界经营,通过整合动漫内容、渠道,以及传统行业资源,加速企业发展。

(五) 中国电影产业发展情况

1. 中国电影产业票房规模(见图2-46)

（单位：亿元人民币）　　　　　　　　　　　　　　　（单位：％）

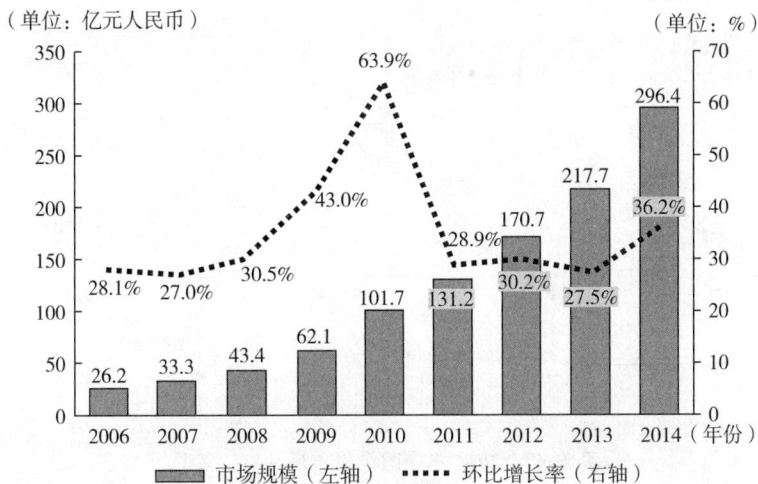

图 2-46　2006—2014 年中国内地电影票房收入规模

资料来源：Analysys 易观智库,见 www.analysys.cn。

中国电影市场处于高速发展期,2014 年中国电影总票房 296.4 亿元,同比增长 36.2%,为 2011 年以来的最快增长。其中,国产片票房 161.55 亿元,占总票房的 54.51%。全年城市影院观众人次达到 8.3 亿,同比增长 34.52%。

2. 中国电影行业发展趋势

Enfodesk 易观智库将中国电影市场的发展周期分为四个阶段,即:探索期、市场启动期、高速发展期和应用成熟期(见图2-47)。从起步至今,中国电影市场发展表现出以下特点:

(1)电影互联网化趋势加速

2014 年是电影互联网化元年。以 BAT 为代表的互联网公司用"互联网思维"对电影产业进行互联网化改造,提升了电影产业的运作效率。众筹、电子商务、视频网站等互联网商业模式与电影产业嫁接,重塑了电影产业链,对中国电影工业体系的成熟起到重要作用。

(2)在线票务网站贡献票房占比增加

以在线票务为代表的电影"O2O"商业模式发展迅速。对于电影观众而言,在线

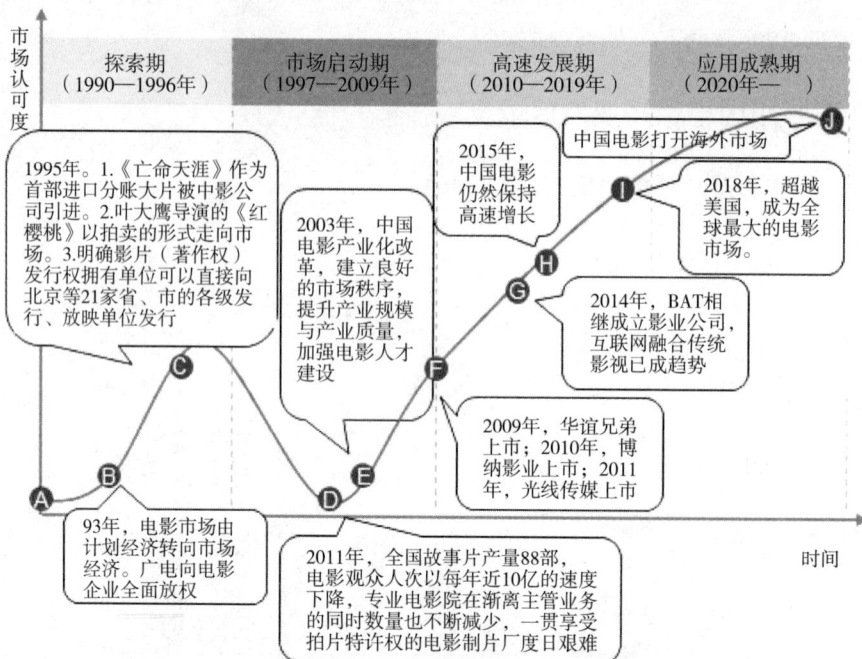

图 2-47　2014 年中国电影市场 AMC 模型

资料来源：EnfoDesk 易观智库，见 www.enfodesk.com。

购票可以享受低价优惠，节省时间成本。另外，猫眼、格瓦拉、微信电影票等售票网站在 2014 年积极铺设线下资源，对接影院数量大大增长。2014 年在线票务网站售票总额增长迅速，已占到总票房收入的近 40%，预计 2015 年将达到 70%。

（3）在线付费电影观看快速增长

目前，视频网站是电影观众观看电影重要的渠道，也是片方电影投资回收的一大重要来源。近两年，随着国家对版权保护的力度不断加强，快播、人人影视等提供盗版片源下载的网站纷纷关闭，观众在视频网站付费观看电影的意愿增强。2014 年，各家视频网站会员付费业务快速增长。

3.趋势预测

根据 Enfodesk 易观智库发布的《中国电影市场趋势预测报告（2014—2017）》数据显示，2014 年中国电影市场总票房 296.4 亿元，观影人数达到 8.3 亿。预计 2015 年，中国电影市场总票房将突破 400 亿元，2017 年突破 600 亿人民币，即达到 100 亿美元大关，可与北美市场抗衡。

（1）关键影响因素分析——促进因素（见表 2-11）

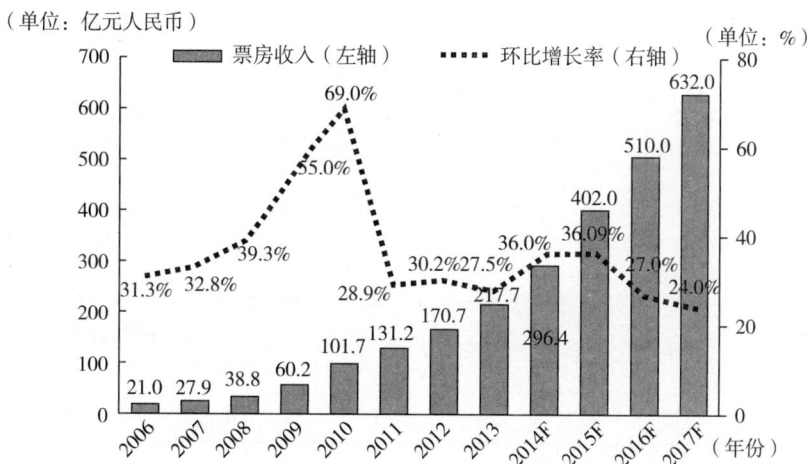

（单位：亿元人民币）

图 2-48 2014—2017 年中国电影市场票房收入规模预测

资料来源：EnfoDesk 易观智库，见 www.enfodesk.com。

表 2-11 2011—2017 年中国电影关键影响因素分析——促进因素

促进因素	2011 年	2012 年	2013 年	2014 年	2015 年	2016 年	2017 年	促进因素分析
高水准影片刺激	较低	较高	较低	较高	高	较高	较高	中国电影市场增长需要"大片"刺激。2014 年《变形金刚 4》创造票房近 20 亿，2015 年是好莱坞大片的高产年，《阿凡达 2》《超人》等影片上映。随着中国电影工业体系的日渐成熟，质量、营销俱佳的国产影片数量稳定增长
影院建设速度	较高	较高	较高	高	高	高	高	随着城市化速度的加快，中国影院投资进入高速增长期。2010 年以前，影院建设是票房增长主要原因之一。2010 年之后，观影人数增长低于影院增长速度，上座率下降，影院建设对票房驱动作用减弱。2013 年之后，影院建设将以三、四线城市为主，对拓展三、四线城市观影能力起到积极作用
在线票务低价售票	低	较低	较高	高	高	高	较高	虽则移动互联网应用快速发展，在线票务由于低价、便捷等优势，在电影观众中迅速普及。片方通过低价预售、低价促销等形式，大大刺激了消费者的观影需求，对提振整个电影票房起到了重要作用

（2）关键影响因素分析—阻碍因素（见表2-12）

表2-12 2011—2017年中国电影关键影响因素分析——阻碍因素

阻碍因素	2011年	2012年	2013年	2014年	2015年	2016年	2017年	阻碍因素分析
国产大片票房不佳	较低	较低	较高	高	高	较高	较高	近几年来，中国电影观众年轻化趋势加强，平均年龄为21岁，电影观众的欣赏口味发生了巨大变化。传统的大导演执导、大明星参演、大制作高投资电影票房表现差强人意。2014年，《太平轮》《一步之遥》等电影遭遇票房滑铁卢

（作者简介:薛永锋,易观智库互动娱乐行业中心研究总监,高级分析师。致力于TMT行业、互联网、移动互联网的行业研究,长期深入关注互动娱乐、网络游戏、数字音乐、数字阅读等多个细分领域）

智能终端行业发展分析

杨 帆

◇◇

智能终端概念最初起源于智能手机,而后向电视、机顶盒、路由器等传统家电、消费电子领域延伸,逐渐形成了以人为核心的智能可穿戴设备、以家庭为核心的智能家居、以交通为核心的智能交通等具有多样化产品形态、软硬结合的"云—管—端"生态体系,智能终端产品种类越来越丰富,对人们生活场景的渗透也越来越深入,整个智能终端市场正在向多样化、垂直化发展。

现阶段智能终端产业各细分领域所处的生命周期各不相同,本报告选取智能手机、智能电视、智能可穿戴设备和智能家居四个热门且具有代表性的领域进行分析。

一、智能手机

智能手机是指具有独立的操作系统,可以由用户自行安装软件、游戏等第三方服务商提供的程序,通过此类程序来不断对手机的功能进行扩充,并可以通过移动通讯网络来实现无线网络接入的这样一类手机的总称。目前中国智能手机市场已经进入产业成熟期。

智能手机产业链涉及上游芯片厂商、操作系统提供商、技术提供商、硬件厂商、渠道代理商、终端销售商、移动运营商、应用软件提供商、用户等。

智能手机于 21 世纪初出现,因为价格和易用性问题,用户群更多局限于需要移动办公的商务人士。直到新一代智能手机操作系统 Android 和 iOS 的出现,智能手机才被广大消费者所接受。开源的 Android 直接推动了中国智能手机产业的崛起。尽管中国智能手机市场已达到市场成熟期,但是随着未来中国 4G 的高速发展和先进创意的出现,市场格局仍有希望被打破,其关键点在于:

（一）更具创意的营销模式

联想在 2012 年开始效仿小米,运用互联网思维打造自己的粉丝团队。而华为则将最受用户欢迎的"荣耀"独立出来,以电商运作的方式与小米进行竞争。尽管许多中国智能手机厂商以不同的方式效仿小米,并且取得了一定的市场效果,但是单纯的模仿难免让消费者感到厌烦。这也注定了效仿小米不可能成为中国智能手机厂商的主流模式。因此,更具创意的营销模式将成为吸引用户的关键。

（二）持续创新的产品设计

在互联网营销大规模爆发之前,中国智能手机厂商长期依赖运营商补贴与渠道,在千元价位左右开展价格战,利润被大幅挤压,随之带来的便是产品同质化严重。当中国智能手机厂商开启互联网营销模式,并且在产品硬件配置无法互相拉开差距时,更具创新的功能与设计则成为产品制胜关键。在加强产品设计的基础上,许多厂商也开始尝试通过提高产品售价和服务,打造高端产品,如华为 Mate 系列和联想 VIBE 系列。厂商通过打造高端产品线,既能够展现其技术与设计实力,同时又能够树立高端品牌形象,这将成为未来提升品牌价值的关键。

（三）提升产业链配套能力

中国智能手机厂商一般采用来自高通、联发科或英伟达的硬件方案,这导致了其产能受制于上游硬件厂商。历史上曾经多次出现因为上游芯片厂商产能不足而导致智能手机厂商难以满足市场需求的情况。目前,中国智能手机厂商仅有华为拥有自己的海思平台,因此提升其自身产业链配套能力将成为中国智能手机厂商在未来占领市场先机的关键。

根据易观智库数据显示,2014 年中国智能手机销量将达到 4.21 亿台,较 2013 年增长 22.7%。预计 2017 年中国智能手机销量将在 5.93 亿台左右,整体增长速率呈现出下降趋势(见图 2-49)。

目前,智能手机已进入产业发展的成熟期,市场品牌格局相对稳定,整体智能手机市场超过 92% 以上为安卓智能手机,2014 年智能手机市场虽然销量仍保持增长,但是增速明显下降。阻碍智能手机市场发展的主要因素是智能手机市场本身产品缺乏新意。目前,为了应对市场竞争,各家厂商的产品更新周期都在缩短,快速迭代虽然在同一品牌内能带来技术提升,但是品牌之间横向比较很难见到差异化创新,导致硬件产品之间竞争趋同。

未来智能手机市场的发展动力将包括:一是 4G 终端将在 2015 年迎来市场爆发

（单位：亿台）

（单位：%）

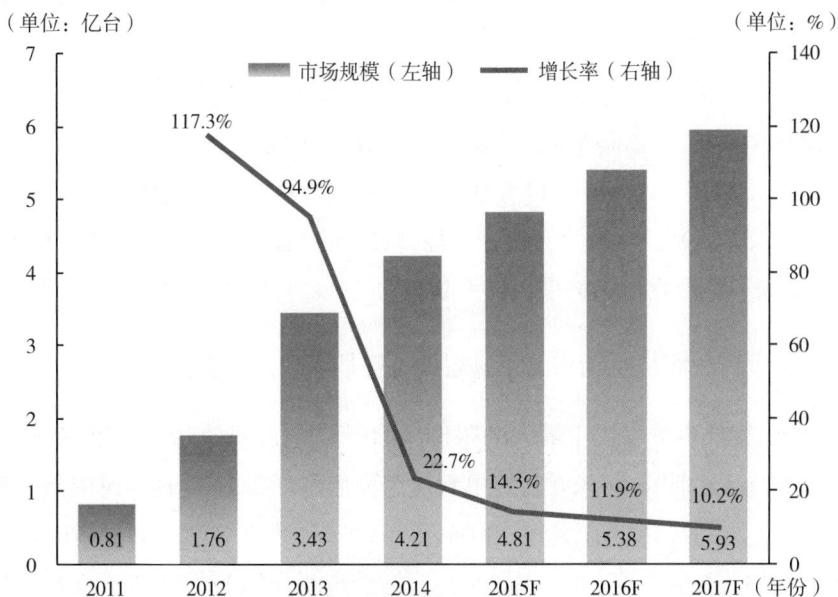

图 2-49　2015—2017 年中国智能手机市场规模预测（不含水货和山寨机）
资料来源：易观国际。

期。2014 年年初中国移动 4G 业务开始商业化，国家政策也积极推动 4G 业务的发展，运营商的终端补贴政策下调促使三大运营商将发展重点放在业务竞争层面，而随着技术的发展，4G 终端手机可以实现全网通。二是智能手机生态系统的建设。2014年各家手机厂商的旗舰机型基本配置雷同，而且定价方面基本以覆盖成本为主，毛利率很低，未来的重点发展将放在软件、内容与硬件生态的建设，并以此来弥补硬件成本。

二、智能电视

智能电视指具有全开放式平台，搭载了操作系统，使用户在欣赏普通电视内容的同时，不仅可观看互联网内容、交互式内容，也可自行安装和卸载各类应用软件，持续对功能进行扩充和升级的新电视产品。

目前，智能电视产业生态主要由芯片厂商、零部件厂商、内容提供厂商、应用服务提供商、操作系统厂商、电视机生产厂商、互联网电视牌照方、销售渠道、家庭用户等部分组成。

视频内容资源按照国家要求必须要接入互联网电视播控平台中才允许播放内容，这对智能电视厂商形成了很大的限制，特别是对于像乐视和小米这样具有互联网基因的智能电视。未来智能电视的盈利重点将放在内容平台,而盈利方式主要还是依靠广告、应用分发等模式为主。

智能电视作为客厅的大屏设备之一,用户的浏览体验比智能手机和平板电脑要强很多,同时由于其具备操作系统和第三方应用扩展能力,在 2013 年成为各大企业竞争的内容入口之一。但是 2014 年由于广电总局收紧对智能电视的政策管控,使许多互联网视频播放平台无法进驻客厅市场,同时也对智能电视产业造成了巨大影响。2015 年,中国智能电视市场将呈现以下趋势。

(一)内容提供商与互联网视频播控牌照方加紧合作

2014 年,智能电视发展中最大的限制来自于广电总局的政策管控,在政策调整初期,所有视频应用均被要求在智能电视应用商店中下架,后期还同时限制了用户从第三方渠道安装的视频应用,优酷、乐视、迅雷、搜狐、腾讯等第三方视频网站的电视APP 均无法播放视频内容,唯一视频来源为智能电视中播控平台牌照持有者聚合的内容。这种管控使以内容盈利的企业受到了极大限制,而唯一解决方案就是与牌照持有者深度合作。

(二)智能电视渗透率持续上升,智能电视游戏将成为下一个智能电视上的核心应用

智能电视销量市场渗透率持续上升,2014 年已经接近 60%。随着智能电视覆盖率不断上涨,以及硬件配置和运算能力的不断提升,越来越多的游戏开发者被吸引至智能电视平台。大屏幕优势和优质的 CPU 运算能力为大型电视游戏提供了很好的发展环境,预计智能电视游戏产业将成为下一个智能电视领域爆发内容资源。

根据易观智库数据显示,2014 年,中国智能电视销量在 2668 万台,环比 2013 年销量上涨 24%,预计 2017 年智能电视销量将达到 4668 万台。

三、智能可穿戴设备

智能可穿戴设备是应用穿戴式技术①对日常穿戴进行智能化设计、开发出的可以穿戴的设备的总称。目前,智能可穿戴设备的产品包括手表、腕带、头戴式、戒指、纽扣、跑鞋等。

---

① 可穿戴技术泛指被整合进可穿戴设备中,以实现各项功能的科学技术。主要包括:嵌入技术、识别技术(语音、手势、眼球等)、传感技术、连接技术(Wi-Fi、蓝牙、GSM 等)、柔性显示技术、电池技术等。

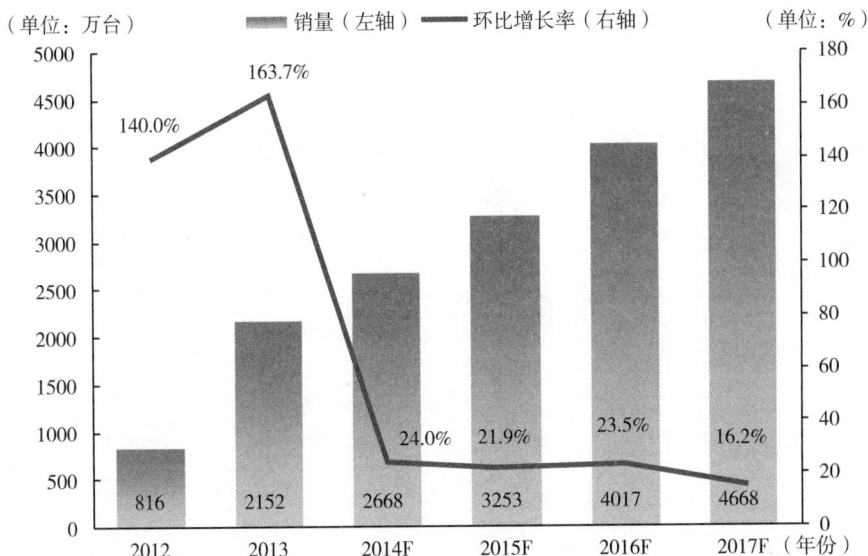

图 2-50　2014—2017 年中国智能电视销量及预测

资料来源：易观国际。

智能手表：将手表内置智能化系统、搭载智能手机系统、连接于网络而实现多功能，能同步手机中的电话、短信、邮件、照片、音乐等。

智能腕带：内置传感器芯片，可以通过人体的体温、运动、脉搏等生命特征来侦测人体机能，并通过数据形式呈现。

智能头戴式设备：指具有独立操作系统，可以由用户安装应用程序，并可通过语音或动作操控进行人机交互的眼镜和头盔等设备。

智能可穿戴式设备市场产业链主要涉及芯片、传感器、屏幕、电池、硬件厂商、系统平台、云服务及健康大数据平台、开发者生态系统、语音控制与交互技术、制造业代工和封装、线上销售渠道、线下销售渠道、软件商店、应用软件和用户等环节。

在智能可穿戴设备领域的发展过程中，居于核心地位的是苹果、Google、微软等掌控"系统平台+开发工具+软件及分发渠道+硬件+大数据云计算"的联盟间的竞争。

智能硬件以及智能可穿戴设备的营销模式正在悄然发生改变。由于电子商务推动销售渠道的扁平化，以及智能终端设备的普及，在线营销方式逐步为广大消费者接受，广大硬件制造商/智能硬件创业企业普遍打出线下零售+线上电商渠道的组合方式来销售产品。另外，随着智能可穿戴设备的发展，还催生了众筹以及预售等新的在线销售模式。

目前，中国智能可穿戴设备市场仍处于市场探索期。众多厂商进入该领域，各种产品层出不穷。对中国智能可穿戴设备市场发展周期总结以及预测,其发展过程如下(见图 2-51)。

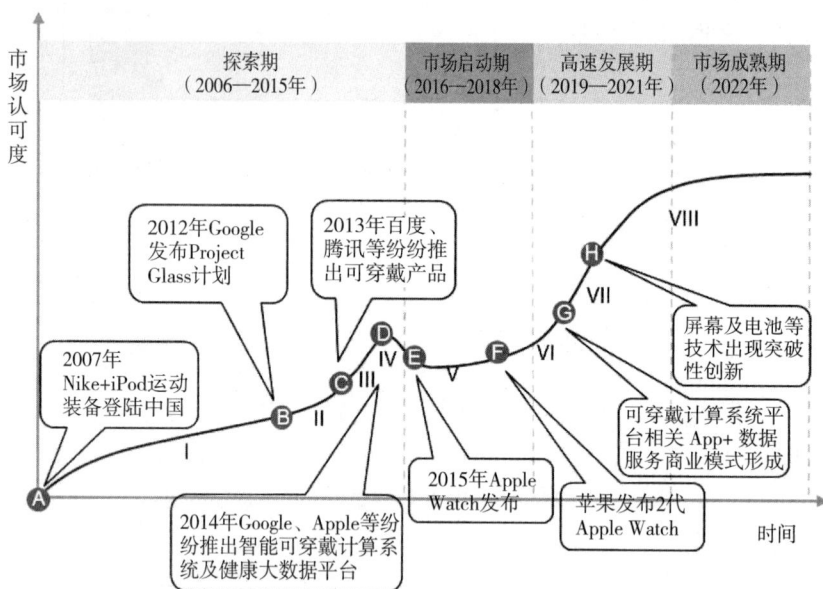

图 2-51　2014 年中国智能可穿戴设备市场 AMC 模型

资料来源:易观国际。

探索期(2006—2015 年):

2007 年,Nike+iPod 运动装备正式登陆中国市场,意味着运动数字化设备首次进入中国普通消费者视野。同年,Fitbit 发布首款智能可穿戴的追踪设备。2012 年 Google 发布 Project Glass 计划预示着智能可穿戴设备时代即将到来。2014 年是智能可穿戴设备爆发元年,Google 发布了转为智能可穿戴设备设计的操作系统 Android Wear 和 MOTO 360 智能手表,Microsoft 发布了 Microsoft Band,Apple 发布了 Apple Watch;生态系统方面,Google,Microsoft 和 Apple 都在健康大数据和云服务领域发布了平台,分别是 Google Fit,Microsoft Health 和 Apple Healthkit。

启动期(2016—2018 年):

健康大数据服务逐步成熟,产品差异化加大。2015 年 Apple Watch 的推出将吸引越来越多的消费者关注智能可穿戴设备,更多的关注带来更多的产品诞生,产品差异化将加大,为消费者带来更多的产品选择。随着苹果发布 2 代 Apple Watch,智能可穿戴设备提供的服务愈加完善,健康类数据快速增长,健康类大数据服务将逐步成熟。智能可穿戴设备将在人体健康监测等领域发挥重要的作用,配合大数据和云服务,此类产品会在健康、运动、医学等市场未来使用场景广泛。智能可穿戴设备未来将在人体健康监测等领域发挥重要的作用,配合大数据和云服务,此类产品未来会在健康、运动、医学等市场广泛使用。

得益于市场上日渐增多的智能可穿戴设备,以及在消费者中的日渐普及,中国智能可穿戴设备市场在 2014 年的规模为 22 亿元人民币。在 2015 年,Apple Watch 的正式上市会极大地刺激整个智能可穿戴设备市场规模的增加,预计市场规模将会达到 135.6 亿元人民币。在 2016 年,市场规模增速有所回落,但预计依然会增长到 228.0 亿元人民币(见图 2-52)。

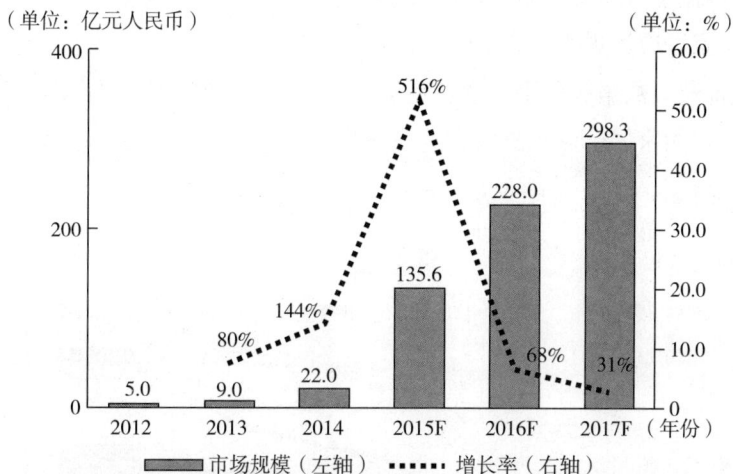

图 2-52　2015—2017 年中国智能可穿戴设备市场交易规模预测

资料来源:易观国际。

四、智能家居

智能家居设备指以住宅为平台,基于物联网技术,由硬件(智能家电、智能硬件、安防控制设备、家具等)、软件系统、云计算平台构成的一个家居生态圈,实现人远程控制设备、设备间互联互通、设备自我学习等功能,并通过收集、分析用户行为数据为用户提供个性化生活服务,使家居生活安全、舒适、节能、高效、便捷。

互联网公司、智能硬件厂商、房地产公司积极进入智能家居市场,智能家居产业链参与者增多;同时云服务与大数据平台驱动生活服务平台产生,智能家居产业链链条延伸;在销售端,众筹平台、应用商店成为智能家居产品新销售渠道。

智能家居平台的关键作用是将智能设备提供给用户的孤立的数据和信息进行整合,通过对数据的交互分析,得出最适合用户的家居环境数据,从而为用户的生活带来舒适和便利。同时,通过开放接口(API),将各个智能家居平台、云服务平台的能力开放给第三方开发商/开发者,将更多的产业链中的合作企业聚集到平台中,将线上线下的资源进行整合。

未来将智能设备间相互孤立的数据和信息将被打通,实现是数据和信息共享后,将产生更多的商业机会和赢利模式。

从投资价值看,生活服务 O2O、智能安防、医疗类智能家居产品及服务较高。从投资表现看,医疗、老人、儿童等的智能家居产品及服务较好。综合以上因素,2015年的重点投资区域将围绕生活服务 O2O、智能安防、医疗类智能家居产品及服务等相关企业。得益于市场上不断增多的智能家居硬件产品,并在消费市场中的日渐普及,中国智能家居市场规模在 2016 年将出现明显增长。至 2018 年,随着主要的智能家居系统平台及大数据服务平台搭建完毕,下游设备厂商完善,智能家居产品被消费级市场接受,智能家居行业将进入高速发展期,市场规模将达到 1000 亿元人民币以上(见图 2-53)。

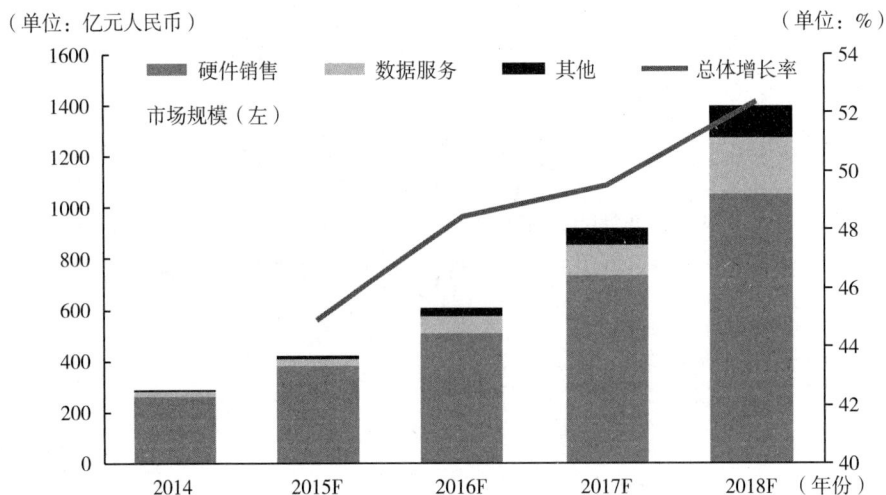

图 2-53　2015—2018 年中国智能家居市场规模预测

资料来源:易观国际。

(作者简介:杨帆,易观智库分析师,致力于互联网终端及应用领域研究,专注于智能硬件、WiFi 网络、应用分发、传统产业互联网化等细分领域)

车联网市场体系发展分析

李德升

◇◇

随着汽车智能化水平不断提高和移动互联网广泛普及,全球车联网市场快速发展。我国车联网已形成一定范围内小规模应用,潜在的巨大市场前景吸引了多方企业加入,围绕产业链重要环节和生态系统构建展开了竞争和合作,加速了产业变革和创新。但另一方面,车联网发展还面临着商业模式困境及联网率低、缺乏统一标准规范等问题,需政府、产业界和用户共同努力,打造良好的环境。未来车联网与汽车将进一步走向深度融合,并推动自动驾驶汽车更快进入市场。

一、车联网市场快速发展

在移动互联网快速发展的推动下,全球车联网市场发展迅猛。根据 GSMA(全球移动通信系统协会)的数据,2014 年全球车联网市场规模达到 199.9 亿欧元,比 2013 年增长了 21.8%。其中,服务是市场的主要部分,占到了 67.9%;其次是 TSP(汽车远程服务提供商),占到了 12.9%(见图 2-54)。从实现方式来看,嵌入式通信系统是最主要的,其市场规模比例不断提升,2014 年为 49.4%;随着智能手机的广泛普及,通过智能手机联网的比例快速提高,从 2009 年的 1.6% 上升到 2014 年的 27.1%(见图 2-55)。在全球的车联网市场发展中,安全保障是重要的驱动因素,并将成为普及率最高的车联网业务。

我国车联网还处于小规模应用阶段,但市场增长迅速。在国家相关政策和措施的推动下,我国车联网技术和产品已形成小规模应用,车联网产业开始起步。在车身和个人级应用方面,主要以信息服务和安全服务为主,车与网络的互联也是基于车身安全及车身数据,缺乏车与路、车与车之间的交互。在企业级应用方面,车联网主要服务于运输企业和物流企业的车辆和运输队伍监控管理,主要功能是实时定位、车辆

（单位：百万欧元）

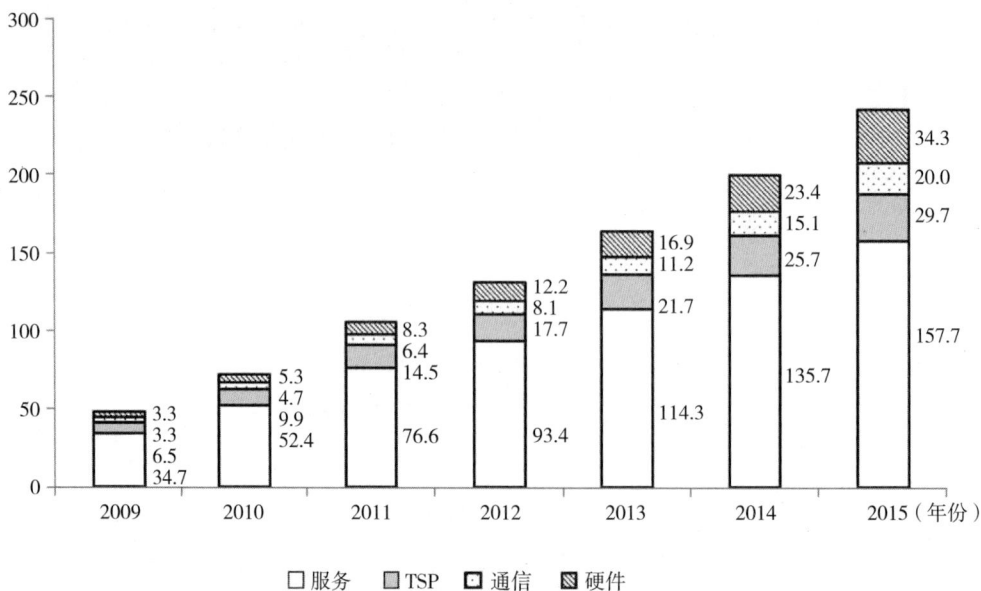

图 2-54　2009—2015 年全球车联网市场增长情况

资料来源：GSMA。

（单位：百万欧元）

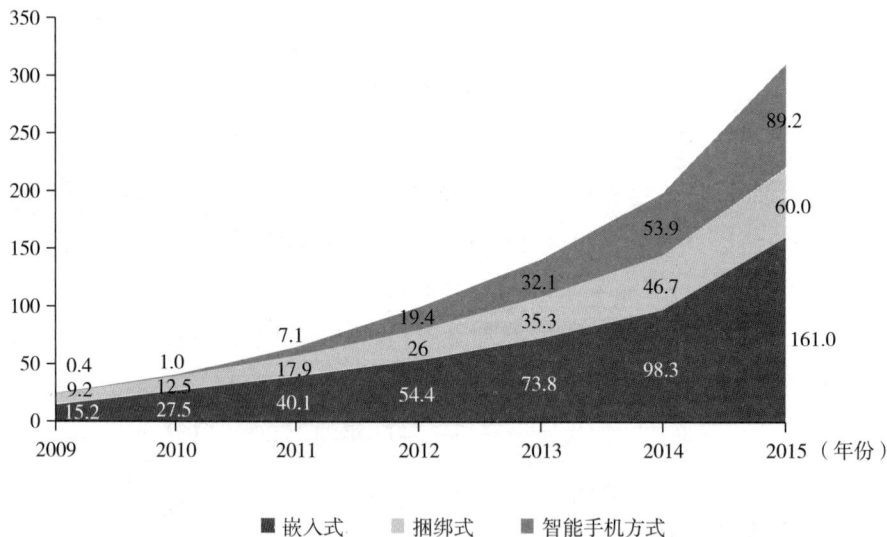

图 2-55　2009—2015 年全球车联网市场上不同实现方式的市场规模增长情况

资料来源：GSMA。

监控和一些必要的信息服务。在行业级应用方面还处于起步阶段,缺乏整合,主要满足交通管理部门对辖区内长途客运、货运、危险品运输的监控管理。面向庞大汽车用户群体的跨行业、跨区域、跨平台的车联网应用,由于用户需求多样,相关的功能和服务涉及安全辅助、通行辅助、定位导航、信息服务、生活娱乐、维修保养、金融保险、节能减排等各个方面,且使用不受地域、行业的限制,还处于酝酿和探索阶段。

2013 年,我国汽车保有量达到了 12683 万台(见图 2-56),车联网渗透率为 7%左右,市场规模约为 100 亿元,增速在 30%以上。当前的车联网市场主要包括以汽车厂商为主导的前装市场和以导航为主要内容的后装市场。前装市场在车联网中的地位和重要性不断凸显,越来越多的企业介入前装市场。2014 年,前装导航产品出货量达到 251 万台,同比增长 37.9%,预计 2015 年将增长到 355 万台(见图 2-57)。

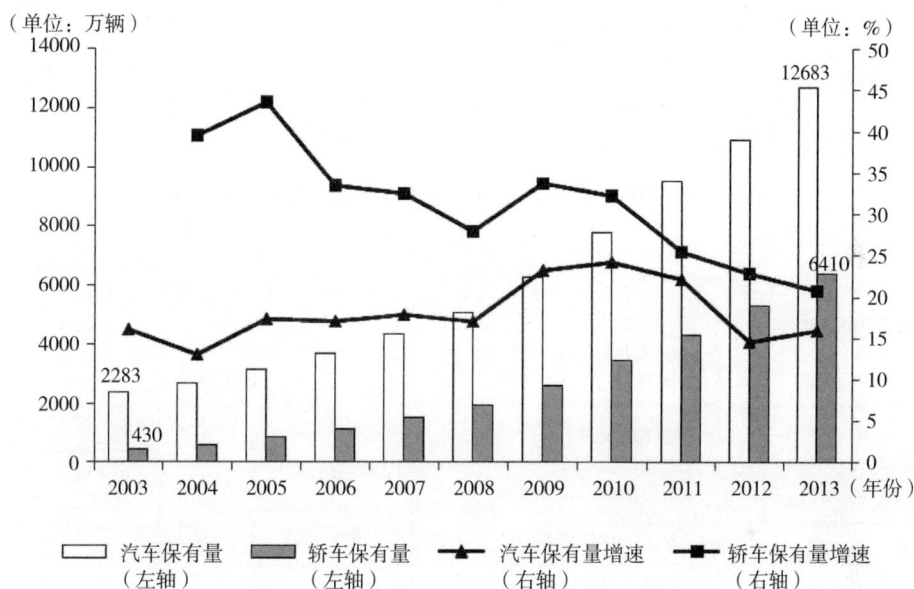

图 2-56　2003—2013 年我国汽车保有量增长情况

资料来源:中国汽车工业协会、国家统计局。

二、车联网市场多方争夺战已经展开

车联网市场一般可简单划分为前装市场和后装市场,但车联网的产业结构复杂,参与主体多,综合来看,产业链主要包括元器件设备制造商、终端设备制造商、汽车厂商、系统集成商、软件开发商、车联网平台运营商、网络运营商、内容/数据/服务提供商等(见图 2-58)。在车联网的产业链中,各环节环环相扣,相互影响,同时某个领域的厂商可以位于产业链的多个环节。

随着汽车、智能手机的广泛普及和云计算、大数据、物联网、移动互联网等新技术

（单位：万台）　　　　　　　　　　　　　　　　　　　　（单位：%）

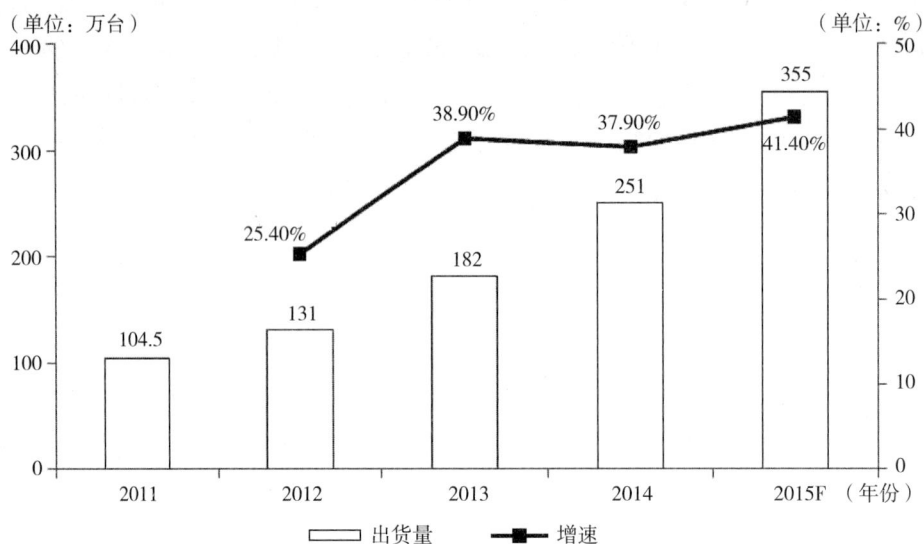

图 2-57　2011—2015 年我国前装导航产品出货量增长情况

资料来源：本报告整理。

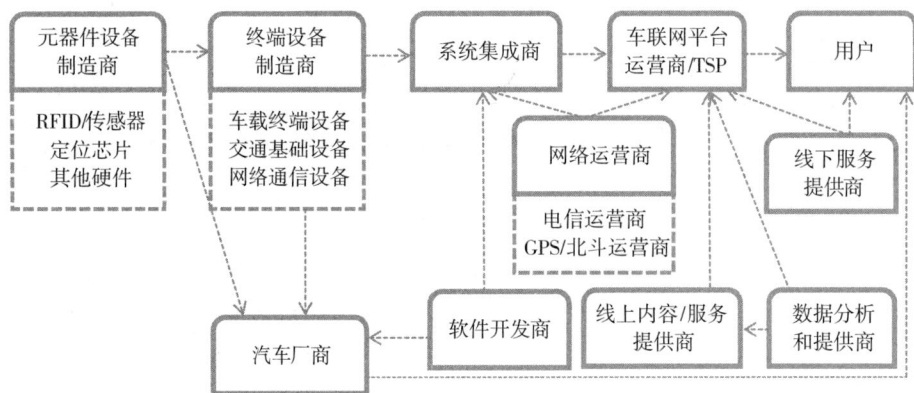

图 2-58　车联网产业链

新模式的快速发展，庞大的车联网市场需求吸引了各类企业的关注，国外汽车厂商、自主品牌汽车厂商、互联网企业、通信设备和智能终端厂商、电信运营商纷纷在车联网产业链中进行布局，展开了车联网市场的"五军之战"。

国外汽车厂商方面，通用汽车公司的 On-Star 不断升级和改进，旗下的雪佛兰、别克、凯迪拉克等汽车品牌也研发自己的车联网产品；福特、克勒斯勒、宝马、奔驰、沃尔沃、丰田、日产、现代等纷纷开发推出自己的车联网产品和服务，并不断扩大搭载的车型（见表 2-13）。自主品牌车企方面，自上汽集团启动了"InkaNet"项目之后，华泰、一汽、吉利、奇瑞、长安、比亚迪等自主汽车厂商先后推出了各自的车联网系统；宇通、苏州金龙海格、厦门金龙、陕汽集团等客车厂商和重卡厂商也围绕客运汽车和重卡推出车联网系统（见表2-14）。谷歌、百度、阿里巴巴、腾讯等国内外互联网巨头通过研发、并购等方式大力布局车联网市场,推出了更具互联网特色的产品和服务（见表2-15）。通信设备和智能终端厂商也加快了向车联网靠拢的步伐,苹果公司于2013年发布了全新的"iOS in car"计划,并在2014年推出了Carplay;诺基亚将汽车互联技术作为新的发力点,推出了车联网服务平台HERE Auto;华为在2013年12月发布了车载模块产品ME909T。家电企业TCL通过旗下康钛汽车信息服务公司推出了智能互联驾驶信息服务系统Cartel。电信运营商也积极布局车联网,中国联通就与上汽集团合作推出了具有"互联网汽车"概念的荣威350之后,借助WCDMA技术与众多汽车厂商和终端厂商合作车联网业务;中国移动成立了主攻车联网业务的中移动物联网有限公司,并先后推出了"行车无忧"智能终端、4G多功能车机、车载路由诊断设备（OBD）;中国电信于建立了"中国电信车联网服务上海基地",之后推出了"Inte-Care 行翼通"车载信息系统。

表 2-13 国外汽车厂商推出的车联网产品

汽车厂商	车联网产品	应用情况
通用	On-Star	搭载于通用汽车公司旗下的雪佛兰、别克、凯迪拉克等多款车型
	Mylink	搭载于新科鲁兹等车型
	CUE	搭载于 XTS 等车型
	IntelliLink	搭载于昂克拉、新君威等车型
福特	SYNC	搭载于新蒙迪欧、翼虎等车型
	Applink	搭载于福克斯、翼虎、嘉年华等车型
克勒斯勒	Uconnect	搭载于 2014 款 Jeep 自由光、Jeep 大切诺基、道奇 Durango 等车型
大众	Car-Net	搭载于新款的甲壳虫、Eos、CC、帕萨特、途观等车型
宝马	iDrive	搭载于宝马全系车型
奔驰	COMAND	搭载于奔驰全系车型
奥迪	MMI	搭载于奥迪全系车型
沃尔沃	Sensus	搭载于新款 S60L、V40 等车型
丰田	G-book	搭载于雷克萨斯 RX350、丰田凯美瑞等车型
日产	CARWINGS	搭载于新天籁、新奇骏等车型
现代	Blue Link	搭载于雅尊等车型

资料来源:本报告整理。

表 2-14　自主品牌汽车厂商推出的车联网产品

汽车厂商	车联网产品	产品简介
上汽	inkaNet	搭载于荣威 350、550、MG5 等车型
一汽	D-Partner	搭载于奔腾 B70 等车型
长安	In Call	搭载于悦翔 V5 等车型
吉利	G-Netlink	搭载于帝豪 EC8 等车型
奇瑞	Telematics	搭载于奇瑞新 A3、风云 2、瑞麒系列部分车型
比亚迪	I 系统	搭载于思锐等车型
华泰	TIVI	搭载于 B11 等车型
纳智捷	Think+	搭载于纳智捷 SUV、纳智捷 MPV 等车型
宇通	安节通	搭载于宇通客车和部分非宇通客车
苏州金龙	G-BOS	搭载于苏州金龙海格 10 米以上公路客车
厦门金龙	龙翼	搭载于部分金龙客车
陕汽	天行健	搭载于部分运输企业的重卡车型

资料来源:本报告整理。

表 2-15　互联网企业推出的车联网产品

企业名称	车联网产品	产品简介
谷歌	Android Auto	可将使用 Android 系统手机的界面映射到车载屏幕上,驾驶者可通过车载液晶屏幕对手机进行操作,还集成了谷歌语音、谷歌搜索等系列谷歌服务
百度	CarNet	由百度 LBS 部门和钛马公司合作研发。使用 CarNet,用户可以在车上实现地图位置搜索、路线规划导航、生活服务信息及豆瓣 FM、凤凰 FM 应用
百度	CarLife	跨平台车联网解决方案,可与 Linux、QNX、Android 等适配,主要有地图导航、电话、音乐等功能
阿里巴巴	高德 VECAR	车主电商示范项目,将不同的车主服务(如导航、位置服务、保险、售后维修等)整合在一起,探索构建车主后市场消费 ARPU 商务模式所需的相关软件、服务平台及关键技术
阿里巴巴	"智驾盒子"和"智驾行"	阿里巴巴旗下北京九五智驾信息技术公司开发。"智驾行"以"智驾盒子"为载体,以应用客户端、呼叫中心为主要服务方式,提供一键导航、车况诊断、驾驶评测、行车报告、安防提醒、紧急救援等服务
腾讯	路宝	以"路宝 APP+路宝盒子"的方式提供服务,实现汽车与腾讯云服务的互联,提供驾驶行为评测、油耗评估、实时路况、路线规划、语音导航等服务,同时还加入社交、UGC 等元素
腾讯	趣驾 WeDrive	由腾讯与旗下四维图新公司联合推出,整合了腾讯车载 QQ、QQ 音乐、腾讯新闻、大众点评、自选股、腾讯看比赛和四维图新的趣驾导航、趣驾 T 服务等应用,提供安全出行、娱乐、社交及生活服务

资料来源:本报告整理。

三、车联网生态系统已具雏形

从架构上看,车联网与其他物联网应用类似,也是从"端"到"云"的有机整体。信息通过感知层进行获取和采集,然后通过无线传输网络进行传输,最终进入云平台,最后云平台再根据信息流识别来对车主进行按需服务。汽车厂商、互联网企业、通信设备和智能终端厂商、电信运营商等围绕这个架构里的内容展开竞争和合作,推动新的产业生态系统兴起。四大类生态系统已形成雏形,它们是以汽车厂商为主导的封闭式生态系统、以开放平台为基础的开放式生态系统、基于标准行业联盟的联合式生态系统和基于大数据网络后台的服务云生态系统。

以汽车厂商为主导的封闭式生态系统包括通用 On Star、丰田 G-Book、宝马的 iDrive、福特的 SYNC、上汽 inkaNet、长安 InCall 等。这类系统一般由汽车厂商研发和运营,起步相对较早,特点是以车为主,注重安全服务。

以开放平台为基础的开放式生态系统将智能手机与车载系统进行结合,构建起支持人机交互的开放式车载平台,并以此形成应用联盟。苹果公司的"Carplay"和谷歌公司的"Android Auto"是此类生态系统的典型代表。

基于标准行业联盟的联合式生态系统以标准制定和应用推广为目的,将众多汽车厂商和 IT 企业联合起来,GENIVI 联盟、MirrorLink 是这一类生态系统的典型代表。GENIVI 联盟已有 170 多家汽车生产商和供应商。

基于大数据网络后台的服务云生态系统以一些主流汽车厂商的支持联网和 APPs 的车载开放平台为基础,基于云平台提供车联网服务,云平台上的应用和服务来自于汽车厂商、车联网服务商或其他第三方。

四、车联网发展推动产业变革

随着车联网的持续发展和车联网产业生态系统的构建完善,车联网给汽车产业和互联网产业带来了革命性的影响,推动产业的变革和创新。对汽车产业来说,车联网的影响有可能是颠覆性的。

首先,车联网带来汽车产品属性和用户需求的重大变革。在车联网时代,汽车不再是简单的交通工具,而是一个移动的生活娱乐空间,用户对汽车的需求也从过去单一关注车辆硬件条件向关注车内可提供的服务和软硬条件相结合转变,并进一步向关注汽车智能化、交通安全、丰富的内容和服务方向转变。

其次,车联网将带来汽车设计和制造模式的重大变革。IT 的开放性、创新性等特性将随着车联网的发展融合到汽车设计和汽车制造环节,推动汽车制造模式由传统的资源投入型向创新驱动型转变,进而实现个性化制造、社会化制造、服务化制造。

第三,车联网将加速汽车业与 IT 业的跨界融合。在近两年的国际消费类电子产品展览会(CES)展上,本与展会毫无瓜葛的汽车厂商频频亮相并带来众多车联网和智能汽车的创新技术和产品,标志着汽车与 IT 走向融合。在移动互联网时代,IT 企业的跨界已是常态,谷歌早已在研发智能汽车,近年来苹果、乐视等 IT 企业更是动作频频,大有要研发生产汽车的架势。在互联网和移动互联网的冲击下,有着 120 多年历史的汽车产业开始向 IT 领域拓展,越来越多的汽车厂商走向"IT 化"。大众在硅谷建立了 ERL 实验室,与谷歌、nVidia 等高科技公司紧密合作。奔驰的北美研发中心(MBRDNA)搬进硅谷的 Sunnyvale 办公室,主要开发谷歌眼镜的车辆应用及其车载信息娱乐系统的功能。通用成立"IT 创新中心",计划招聘 1 万名员工从事 IT 技术研发。日产在硅谷 Moffett Park 建设实验室,由曾在 NASA 任职的 Maarten Sierhuis 牵头研发自动驾驶汽车。

第四,车联网将推动自动驾驶汽车更快产业化。当前,以谷歌为代表的 IT 企业和汽车厂商都在大力开发自动驾驶汽车,前者主要开发基于复杂传感系统的自动驾驶车辆,后者主要开发基于普通车载传感系统的自动驾驶车辆。不管哪种方式,在现有 GPS、雷达、摄像头等车载传感器所得数据的基础上,通过车联网将更为全面的车辆运行状态、道路交通状态、周边环境状况等信息进行采集和处理,将有效推动自动驾驶技术的发展和自动驾驶车辆的早日普及。预计在 2017—2020 年出售的高档汽车中,将有 70% 以上的汽车配备自动驾驶设备;到 2020 年,部分汽车厂商,如沃尔沃、通用、奔驰、宝马等推出的汽车将能实现部门路段的自主驾驶,自动驾驶系统将开始成为汽车标准配置;到 2025 年,全自主驾驶车辆将推向市场。

第五,车联网还带来了产业组织形式的变革,金融、电商和大数据将在车联网的商业模式中发挥重要作用。车联网使得汽车厂商与 IT 业、金融保险以及新的服务业合作加强,将汽车产业链条拉长,而且还使得 4S 店与保险公司、车厂及车联网服务提供商形成新的协同关系,并通过在线诊断、在线升级和优化、实时车况监测等功能,创新汽车服务业客户关系管理维护模式。通过与车联网结合,电商和保险将成为商业模式创新的重点内容。在车联网中,大数据是潜在市场和盈利的关键,不仅为精准营销、精准保险、增值服务提供支撑,更重要的是可以帮助汽车厂商更快、更经济地发现并处理整个汽车系统的问题。

五、车联网市场健康发展需解决诸多瓶颈问题

我国车联网市场虽然发展迅速,但仍处于应用的起步阶段,还存在诸多瓶颈问题。一是相对庞大的汽车保有量和产销量,汽车联网的数量和比例都比较低,"有车无网"的现象制约了车联网的可持续发展。二是参与力量多元化,但由于车联网产业链长,涉及行业多,参与者对车联网"盲人摸象"的理解和利益博弈比比皆是,而能主导产业生态系统建设的却如凤毛麟角。三是缺乏有效的商业模式和可靠的盈利模式,服务内容单一,同质化严重,市场容易陷入主机厂不愿买单、运营商不能免费、用户不想续费的死循环。四是缺乏标准规范。我国还没有形成车联网行业标准,在车载终端、服务平台、应用服务、信息安全等方面都尚未建立应用市场和行业发展的标准规范。五是数据和信息安全问题。车联网在感知层存在数据加密和安全控制复杂问题,在网络层存在攻击威胁,在应用层存在数据的安全性、平台的安全性问题。

为解决这些瓶颈问题,推动我国车联网产业的健康快速发展,政府、产业界和用户要协力合作,推动车联网产业政策的制定和信息安全相关法律法规的完善,加快建立车联网相关技术标准和行业规范体系,加强产业链各环节的合作,打破数据封闭和市场碎片化的格局,共同打造良好的市场环境。

(作者简介:李德升,高级工程师,中国社会科学院财经战略研究院博士后,主要研究方向为服务经济、新兴服务业)

在线旅游市场发展

朱正煜

◇◇

一、旅游业宏观背景

（一）旅游业成为国家战略性支柱产业

旅游业作为拉动内需的主要市场,战略地位明显,国务院、地方政府及旅游局等相关政府机构相继出台多项行政法规,引导和保障旅游业健康平稳发展。2009 年 12 月国务院公布《关于加快发展旅游业的意见》,首次将旅游业定位为国民经济的战略性支柱产业,并提出加强旅游行业监管、完善旅游业立法和政策保障、深化旅游业改革开放,提高旅游业发展水平;2013 年 2 月国务院公布《国民旅游休闲纲要（2013—2020 年）》,对居民带薪休假制度落实作出指导,从政策层面保障旅游业向休闲旅游转变;2014 年 8 月 21 日,国务院发布《关于促进旅游业改革发展的若干意见》,明确旅游产业支持政策;2013 年 10 月 1 日正式实施《中华人民共和国旅游法》,从法律层面对国内旅游行业发展起到指导和规范作用。

（二）居民可支配收入持续增长,放大旅游需求

全球经济正缓慢复苏,国际旅游业持续增长,亚太地区旅游发展前景看好,其中,中国经济基本面较好,2014 年中国人均 GDP 达到 7485 美元,可支配收入增长带动居民旅游出行需求增长;旅游产业投资强劲,全年完成旅游直接投资 6800 亿,同比增长 32%;旅游产业总收入达到 3.38 万亿元人民币,同比增长 14.7%;在线旅游市场规模达到 2798 亿元人民币,同比增长 28.3%,占旅游产业总收入的 8.3%。

（三）居民消费观念改变,旅游逐渐成为日常消费

20 世纪七八十年代改革开放后,因商务、政务入境的外籍人士规模迅速增加,带

动中国入境游市场发展。20 世纪 90 年代,入境游市场进入平稳发展阶段。随着国内居民人均收入提高,国内居民全年假期增至 114 天,国内游市场开始快速发展;进入 21 世纪后,中国国内居民人均 GDP 突破 1000 美元,出境游市场呈现爆发式增长。

(四) 互联网技术发展提升旅游业服务效率和服务质量

传统旅游业通过线下旅行社采购或整合各类旅游资源的方式为游客提供信息咨询、机票、酒店预订、团队出游等服务,在一定程度上解决信息不对称问题,但效率较低,同时难以满足游客个性化出游的需要。

随着互联网技术的发展,游客与旅游资源间的距离大幅缩短。航空公司、酒店集团、旅游景区、旅行社等各类旅游机构通过互联网渠道为游客提供信息展示、信息咨询、产品预订等服务,游客得以足不出户完成旅游决策,极大减少信息不对称问题,提高了决策效率。移动互联网的发展进一步拓展了旅游业服务内容,游客通过移动端随时随地接入互联网,借助定位系统和 POI 技术快速获取周边旅游信息,进一步缩短旅游决策时间,进行即时决策。

互联网技术发展也为旅游资源供应商和代理商等经营者增加便利,提高服务质量和服务效率。旅游业经营者通过互联网突破地域和时间限制,为更多游客提供服务,节约营销成本,提高管理水平和效率;并借助社会化媒体、大数据等互联网技术深入分析消费者需求,及时调整经营策略,满足消费者个性化需求,提高服务质量。

二、中国在线旅游市场发展历程

(一) 在线旅游市场探索期(1997—2003 年)

20 世纪 90 年代末,中国旅游产业开始信息化进程,一批传统旅行社开始设立官方网站,并探索在线销售旅游产品。1997—1999 年,华夏旅游网、中青旅在线(现更名为"遨游网")、携程旅行网和艺龙旅行网等中国主要在线旅游网站相继成立,拉开了中国进行在线旅游产品代理的发展序幕。在线旅游主要为用户提供旅游资讯、机票预订和酒店预订业务,酒店预订代理是主要收入来源。线上交易环境和支付体系仍不完善,用户主要通过呼叫中心进行机票、酒店等产品预订,并采用线下现金支付的方式完成交易。

2001 年,互联网泡沫的破灭淘汰了一批业务同质化的小厂商,2003 年受"非典"影响,在线旅游产业陷入短期低谷。

2003 年下半年旅游业开始复苏,在线旅游厂商也迎来新一轮发展期,携程、艺龙等实力较强的在线旅游厂商业务规模增长迅速,2003 年,携程在美国纳斯达克上市。

(二) 在线旅游市场启动期(2004—2006 年)

2004 年艺龙在纳斯达克上市。由于技术发展,旅游产品在线代理进入标准化阶段,在线机票销售平台已较为成熟,机票代理发展迅速,成为在线旅游厂商主要收入来源。随后,同程、去哪儿、酷讯、芒果旅行等在线旅游网站相继诞生,在线旅游市场形成包含机票、酒店、门票等在线预订 OTA 业务和平台类业务共存的多元化业务结构。

(三) 在线旅游市场高速发展期(2007—2017 年)

2007 年至今,在线旅游市场处于高速发展期。大量资本涌入在线旅游市场,推动细分市场创新和行业整合。机票预订市场已趋于成熟,酒店预订市场成为最大在线预订市场,随着 2011 年人均 GDP 突破 5000 美元,度假旅游市场发展迅速,各在线旅游厂商争夺度假旅游市场份额。2013 年起移动互联网兴起,极大扩充了在线旅游发展空间,并为线上线下业务整合提供了可能性。领先在线旅游厂商将通过对产业链上下游和同类厂商的投资、收购或战略合作巩固市场份额。预计行业高速增长态势持续到 2017 年。

(四) 在线旅游市场成熟期(2017 年后)

预计 2017 年及以后在线旅游市场将进入应用成熟期。经过移动端、PC 端互联网业务和线下资源的融合,在线旅游厂商将实现业务模式的 O2O 转型,线上和线下业务的互联互通将大幅提高行业渗透率,并通过各细分市场业务竞争形成稳定市场格局。

三、中国在线旅游市场现状

(一) 在线旅游交易规模高速增长

中国在线旅游市场规模保持 20% 左右高速增长,2015 年预计市场规模达到 3523.8 亿元人民币,同比增长 25.9%,预计 2017 年达到 4983.4 亿元人民币(见图 2-59)。旅游业互联网化达到成熟水平,从旅游资源的规划、建设、营销、运营、管理和渠道各环节改进产品供应链和服务链效率,提升用户旅游体验,满足个性化需求。

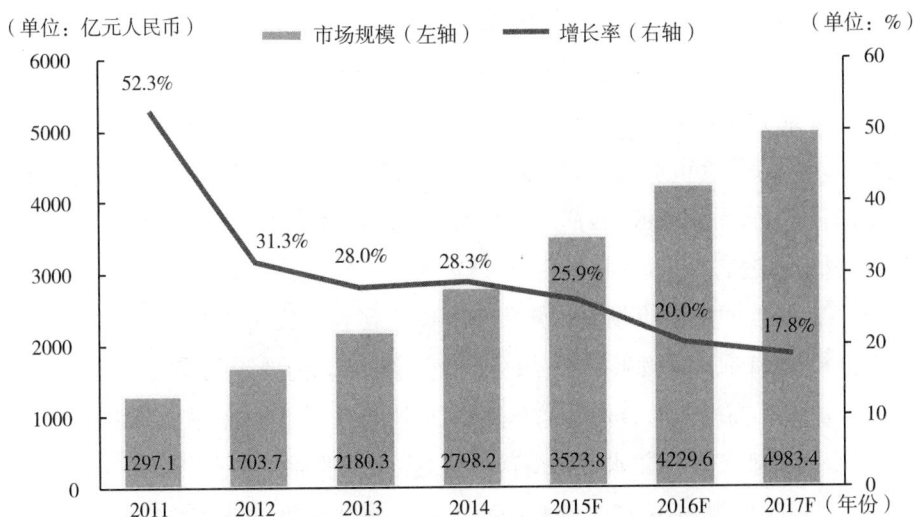

（单位：亿元人民币）　市场规模（左轴）　增长率（右轴）（单位：%）

图 2-59　2015—2017 年中国在线旅游市场规模预测

资料来源：Analysys 易观智库，见 www.analysys.cn。

（二）在线交通预订占据较大交易份额，度假和酒店预订增长迅速

中国在线交通预订产品以机票为主，具备较高的标准化程度和客单价，是中国在线旅游主要细分市场，2014 年交易规模为 1942.9 亿元人民币，同比增长 27.8%，占整体交易规模的 69%（见图 2-60）。在线机票预订业务已进入成熟发展阶段，火车票、汽车票等其他交通产品互联网化程度较低，在线预订业务仍处于初始阶段，在线交通预订市场呈现平稳增长，在在线住宿和度假旅游预订市场高速增长的背景下，在线交通预订交易规模份额稳步下降。

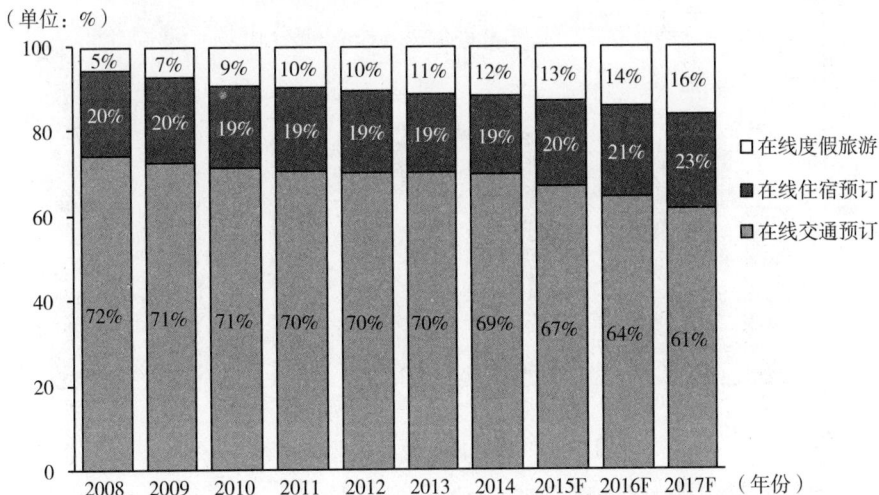

（单位：%）

图 2-60　2015—2017 年中国在线旅游细分市场交易规模占比预测

资料来源：Analysys 易观智库，见 www.analysys.cn。

2014 年在线住宿预订交易规模为 522.6 亿元人民币,同比增长 26.8%,占整体交易规模的 19%。在线住宿预订是发展最早的细分市场,在经济型酒店和连锁酒店快速发展的背景下,标准型住宿在线预订发展迅速,随着用户个性化需求的增长,非标准住宿在线预订受到市场关注,多家厂商推出 PMS 酒店管理系统,以提高非标准住宿互联网化水平,形成服务、运营、营销、渠道的互联网化闭环。未来在线住宿预订市场将保持稳定增长,交易规模份额将持续扩大。

2014 年在线度假旅游市场交易规模为 332.6 亿元人民币,同比增长 36.2%,占整体交易规模的 12%。度假旅游产品标准化程度较低,仍处于初步发展阶段,2014 年主要在线旅游厂商以战略合作、投资等形式加速与线下旅行社、旅游资源经营方的融合,通过提高行业互联网化水平精简产业链,提高度假旅游服务效率和服务质量。Analysys 易观智库预测,中国在线度假旅游市场交易规模将维持 30% 左右增幅的高速增长,2017 年将达到 803.3 亿元人民币,较 2014 年增幅达到 141.5%;届时,在线度假旅游市场交易规模预计占整体在线旅游市场的 16.1%,较 2014 年提高 4.2 个百分点。

(三) 旅游业互联网渗透率增长迅速,但仍处于较低水平

中国在线旅游市场进十年来增长迅速,2014 年市场规模达到 2798 亿元人民币,中国旅游业总收入达到 3.38 万亿元。2014 年互联网渗透率达到 8.3%,较 2008 年提高 4.1 个百分点。

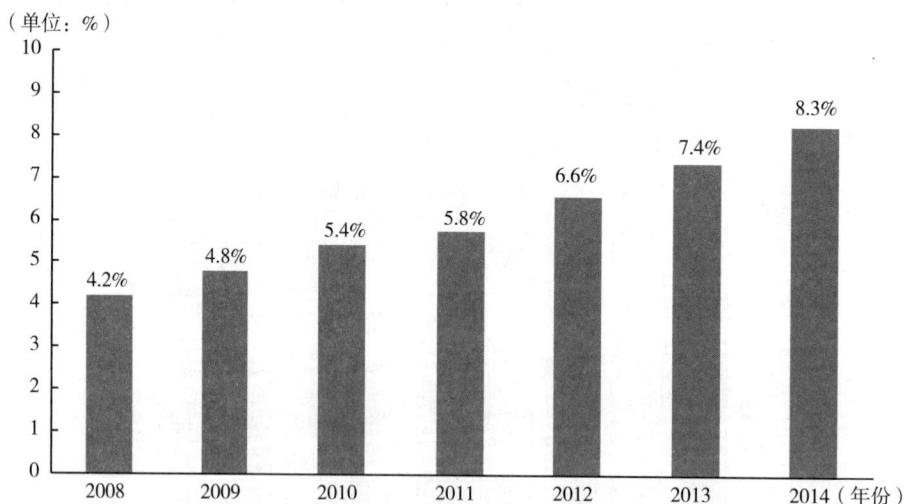

图 2-61 中国旅游业互联网渗透率

资料来源:Analysys 易观智库,见 www.analysys.cn。

从发达国家发展经验来看,中国旅游业互联网渗透率仍然偏低。欧美国家用户通过互联网进行旅游产品预订的比例在 40%以上。主要原因是前十多年中国旅游业互联网化主要由线上企业推动,用户预订行为向线上迁移的趋势促进旅游业渠道和营销互联网化,而线下旅游资源极为分散,经营主体众多,在经营管理、产品运营、用户服务等方面仍处于较初级的信息化阶段,互联网化水平较低。

近年来,旅游业互联网化进程明显加速,用户个性化旅游需求的增长使旅游厂商的战场不局限于渠道,而拓展到产品和服务。一方面线上旅游企业逐渐加大对旅游资源的投入力度,通过投资入股、战略合作等多种方式介入产业链上游——旅游产品运营和服务;另一方面线下旅游企业通过投资入股、自建电商渠道等方式拓展线上渠道,通过产销一体的运营模式提高服务效率,并反向改进业务链前端的互联网化水平。

四、中国在线旅游市场厂商竞争格局

企业市场执行能力和企业产品创新能力是体现企业竞争力的两组核心指标。在线旅游厂商市场执行能力维度包含收入规模和活跃用户规模。活跃用户规模体现了企业品牌推广、市场营销和客户关系管理的能力,反映了企业在线平台的流量规模;收入规模体现了企业在运营过程中流量变现能力,既包含对在线旅游预订业务量规模的考量,也包括对每一单业务谋取收益最大化的能力的考量。

在线旅游产品创新能力维度包含营销创新、IT 技术创新、服务方式创新、产品结构创新和收费模式创新。产品创新能力综合考量企业服务用户的能力,通过对于营销、IT 技术、服务方式、产品结构和收费模式等指标进行创新性考核,衡量企业是否为消费者提供良好的线上预订和线下服务体验。

模型分析结果表明,携程、去哪儿处于领先者象限,艺龙、去啊处于务实者象限,遨游网、驴妈妈、芒果网、穷游、蚂蜂窝处于补缺者象限,同程和途牛处于创新者象限(见图 2-62)。

(一) 领先者象限分析

在线旅游领先厂商对于在线旅游市场有较为深入的理解,拥有良好的运营经验,能够引导市场和产业的走向,同时厂商具备自己较高的品牌认知,市场领先者普遍具备良好的盈利能力,并能够保持一定创新能力。

携程是国内第一批进入在线旅游代理市场的厂商之一,业务体系较为完善,形成了一站式在线旅游服务体系。携程在线旅游市场多年发展所积累的线下资源和运营

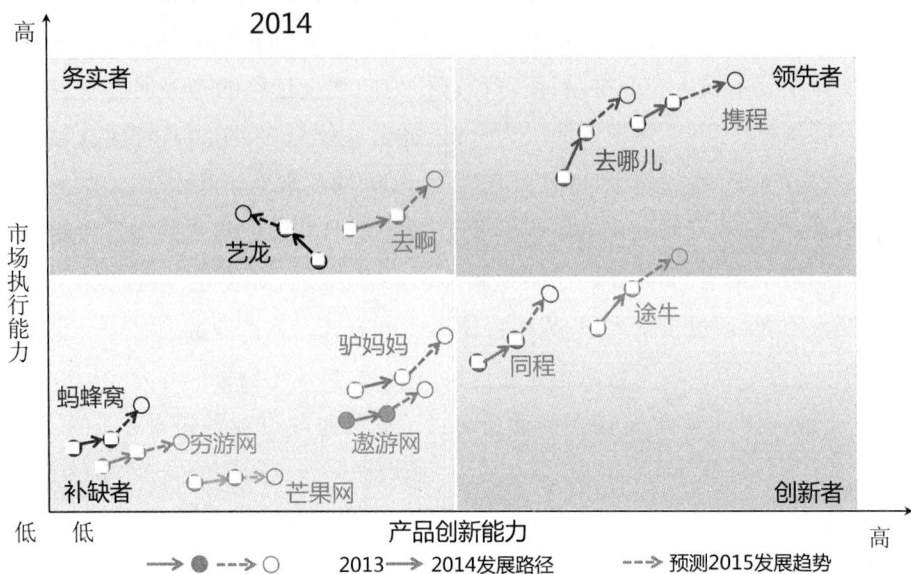

图 2-62　2014 年中国在线旅游市场实力矩阵

资料来源：Analysys 易观智库，见 www.analysys.cn。

执行经验有助于其形成规模化经营模式。规模化经营结合高效率的执行确保了携程对于在线旅游产业链全面覆盖。在机票预订和酒店预订业务上，携程一直保持绝对领先位置，在度假旅游细分市场上，同程、途牛等市场后来者通过商业模式创新进行侧面竞争，取得一定市场份额，携程领先优势不明显。

去哪儿是在线旅游市场的后起之秀。去哪儿主要商业模式是打造在线旅游搜索商务平台，通过点击付费和广告费实现盈利。去哪儿通过自身技术积累建立起较高技术壁垒，依靠百度入股带来资金和流量支撑，去哪儿在线旅游市场的订单规模已处于领先地位。2014 年起去哪儿通过直签酒店接入旅游代理业务，"商务搜索平台+OTA"的战略目标已逐渐清晰。

（二）务实者象限分析

务实者本身具有良好的营收能力，且在部分市场内具有较好营收水平。但是由于市场局限以及运营定位模糊等方面存在局限，在拓展市场以及完善产品线上仍有进步空间。

艺龙是国内最早一批进入在线旅游市场的厂商之一，主要以酒店预订业务为主，同时提供机票预订和旅游资讯服务。艺龙从发展初期便受到携程竞争压制，市场份额长年位于国内第二，2006—2007 年人事结构发生动荡，竞争实力有所减弱。2007年，艺龙确定了砍断弱势业务线，摒弃成本高昂的呼叫中心，专注于酒店在线预订业务的发展战略,从而大大降低艺龙的运营成本,同时为公司未来发展注入了互联网基因,艺龙主要依赖互联网进行营销、分销和渠道建设,在互联网普及的社会趋势下,艺龙在在线预订上的深耕细作积累了丰富的线上资源和渠道,并为移动互联网布局奠定了较好的基础。但单一酒店业务的业务模式会对艺龙未来发展空间带来较大不确定性,酒店预订业务竞争壁垒较低,在服务质量上,各厂商各有优势和短板,在酒店覆盖面上,其他线下执行力较强的竞争厂商易于跟单,短期可以大幅提高酒店覆盖面,此外,携程、去哪儿等提供一站式在线旅游解决方案的厂商会对艺龙唯酒店预订业务模式产生挤压效应。

(三) 补缺者象限分析

补缺者具备一定资源,但是优势资源带来的效应并没有明显地表现出来,立足于某一细分市场,尚有发展潜力。

遨游网率属于中青旅集团,前身是中青旅在线,是中国第一批在线旅游网站。在十多年发展历程中,遨游网主要向消费者提供旅游度假预订、资讯及专业服务。依托上市公司中青旅三十多年的行业积累,拥有享誉全国的中青旅联盟逾10年的全国网络和旅游服务资源,遨游网提供北京、上海、广州、南京等多个出发城市、遍及全球一百多个国家和地区的旅游产品预订及度假服务,包括出境旅游度假、国内旅游度假、海岛旅游度假、抢游惠等丰富线路及领先服务。2014年中青旅向遨游网增加投资,未来遨游网将作为度假旅游预订平台的定位实现进一步发展。

驴妈妈主要定位于“自助游+景点门票”的旅游在线代理模式。为消费者提供以打折门票、自由行、特色酒店为核心,兼顾跟团游的巴士自由行、长线游、出境游等在线旅游业务。在度假和景点门票等细分市场上,驴妈妈具有较强的竞争力,发展空间较大。从市场份额来看,驴妈妈占比较小,但市场定位独特,业务整合能力较强,随着自助旅游人群的急速增加和电子商务团购业务的快速发展,在线旅游市场也不断地扩大,驴妈妈通过初期“自助游+景点门票”业务和攻略分享内容积累,可以逐渐实现从“中介型网站”向“服务型网站”的转型,形成一个庞大的景区营销平台,吸引景区在上面做精准营销推广,以收取广告费用以及其他整个产业链延伸所带来的收入。

芒果网隶属于香港中旅集团,主要为消费者提供以度假旅游为核心的、涵盖酒店、机票、度假等多项旅游产品和服务的一站式在线旅游服务。芒果网主要竞争优势在于来自集团的雄厚的资金和资源支持。芒果网作为香港中旅集团的信息化战略的重要环节,在高投入的在线旅游市场,港中旅为芒果网提供了稳定的资本保障,港中旅旗下数百个旅行社营业点、自营或控股的大型景区、控股或参股的多家酒店,以及香港中旅旗下的汽车、轮船客运公司等,为芒果网提供了大量旅游资源供应商。资本和资源的保障是芒果网发展的最大优势,对芒果网飞速发展助力很大。但在运营上,芒果网未形成差异化特色,业务模式与携程等厂商类似,携程等大型厂商的挤压效应明显。

(四)创新者象限分析

创新者在产品/技术上的投入很大,并在商业模式、技术或者产品服务的创新性上有独特的优势。但是由于种种原因没有得到很好的市场表现。创新者迫切需要获取研发投入的产出,将会大力改变整个产业的格局。

途牛创立于2006年10月,为消费者提供由北京、上海、广州、深圳等64个城市出发的旅游产品预订服务。目前,途牛旅游网提供8万余种旅游产品,涵盖跟团、自助、自驾、邮轮、酒店、签证、景区门票以及公司旅游等。途牛2014年5月在纳斯达克上市,是中国首个度假旅游细分市场上市公司,途牛依靠丰富的旅行社资源,通过产品重新设计包装,为消费者提供个性化旅游服务。途牛在产品创新上的实力已体现为用户规模和收入规模的快速增长,预计2015年途牛将进入领先者象限。

同程是精耕细作于度假旅游细分市场的厂商。在以景点门票为代表的周边游市场上,同程是先行者,通过门票和周边游作为用户入口,布局国内游和出境游市场,同程凭借强劲的执行能力,实现了快速发展,进入领先者象限。2014年年末,同程开始布局出境游,通过与万达旅游进行战略合作,补充线下资源缺口,并依靠资本支持,同程旅游正谋求实现从门票第一名到休闲旅游第一名的跨越。

五、中国在线旅游市场发展趋势

(一)度假旅游市场占在线旅游市场比重大幅提高

机票预订业务和酒店预订业务为网络旅游市场营业收入最高的两个业务板块。机票预订市场发展已较为成熟,由于机票是同质化较高的旅游产品,同时,航空公司在线售票体系已比较完善,近年来不断加强直销力度,机票代理佣金率下降较快,未来机票预订市场规模增长有限,在整体网络旅游市场中的比重呈现缓慢下降趋势;在酒店预订市场,不同酒店提供的服务体验差异性较大,佣金率水平较高,同时,大量小微型酒店、客栈等住宿服务供应商仍未实现信息化,酒店在线预订市场覆盖率存在较大增长空间,酒店预订业务市场规模将继续稳定增长;度假旅游近几年来增长较快,市场规模迅速扩大,在国家积极扶持个人旅游市场、出行便利性不断提高、个人可支配收入不断增长以及旅游需求不断扩大等利好促使下,度假旅游产品在整体网络旅游市场中的占比将快速提高。

（二）旅游产品信息化进程加快，在线旅游对旅游行业渗透率提高

中国在线旅游市场对旅游行业的渗透率仅在 8.5% 左右，远低于发达市场水平。未来随着信息技术的进一步发展和互联网覆盖面的进一步扩大，更多的消费者将选择在线旅游的消费方式，消费者对网络旅游需求的增长将促使线下旅游产品及服务供应商和代理商加速信息化进程，在线旅游市场规模将迅速增长。

（三）移动端在线旅游市场规模迅速发展并向 O2O 转型

随着智能终端的普及，移动互联网得到快速发展，2013 年智能手机销量占到整体手机市场的 73.1%。目前，在线旅游市场主要集中在"旅行前+旅行后"这两个阶段，智能机的普及和移动互联网的易得性使得消费者可以通过移动客户端，在"旅行中"实时满足对旅游产品或服务的需求，移动客户端填补了消费者"旅行中"的在线旅游消费，从而形成"旅行前+旅行中+旅行后"的完整的在线旅游市场覆盖。在线旅游市场对"旅行中"阶段的渗透将激发全新的市场机会，通过与线下旅游产品进行信息化整合，可以加速行业信息化进程，形成线上线下一体化的 O2O 旅游市场。

（作者简介：朱正煜，易观智库分析师，从事互联网及互联网化市场以及互联网企业的分析及前瞻性研究，致力于在线旅游、电子商务等细分领域的市场及企业深度分析）

第三部分　行业管理

Part Ⅲ　Industry Management

首都网络文化环境评价及对策①

邢建毅　刘胜枝　雷　鸣

网民是首都网络文化环境的直接使用者。网民在上网过程中对首都网络文化环境的评价和感受如何？为此,本报告利用问卷调查方法②并结合焦点小组的访谈加以考量,并提出完善首都网络文化环境建设的建议。

一、首都网民对网络文化环境评价

（一）被调查网民的个人基本情况

1. 性别情况

接受调查的网民中,男性为48.2%,女性为51.8%(见图3-1)。

2. 年龄分布情况

被调查网民的年龄分布情况与首都网民整体情况基本相符,主要集中在20—40岁的群体,占比为76.3%。其中20—30岁群体占比最大,为52.2%(见图3-2)。

3. 学历分布情况

被调查网民的学历整体较高,本科以上占比69.3%,高中以下仅为17.2%(见图

① 本文系北京市社科联决策咨询课题《首都网络文化环境研究》的部分成果。本课题负责人、首席专家邢建毅,课题组主要成员刘胜枝、雷鸣。王飒飒、张小凡、孙树公、李佳玲等同志也为本课题研究工作作出了贡献。

② 发放调查问卷共1000份,回收980份,有效问卷951份。问卷发放选择了几个代表性群体,其中大学生发放300份,其中有效问卷285份。北京各高校教师群体发放100份,有效问卷91份。网络文化企业从业人员发放300份,有效问卷291份。社会群体发放300份,其中包括中小学生家长100份,有效问卷284份。

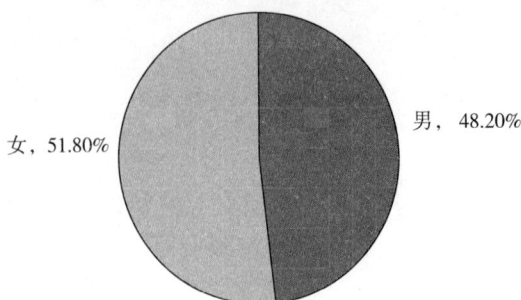

图 3-1   被调查网民性别比例图

男，48.20%
女，51.80%

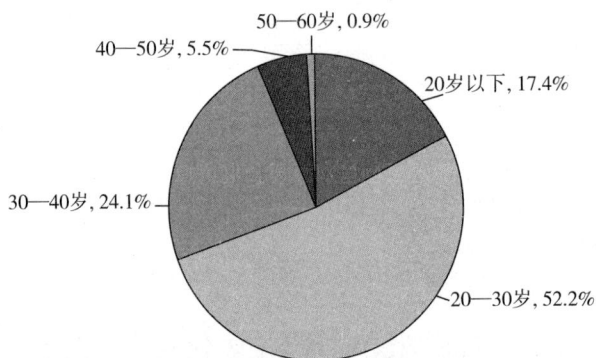

图 3-2   被调查网民年龄分布图

50—60岁，0.9%
40—50岁，5.5%
20岁以下，17.4%
30—40岁，24.1%
20—30岁，52.2%

3-3）。这是因为高学历群体是首都网民的核心群体,如大学生、企业白领等,他们对网络文化环境更为敏感。

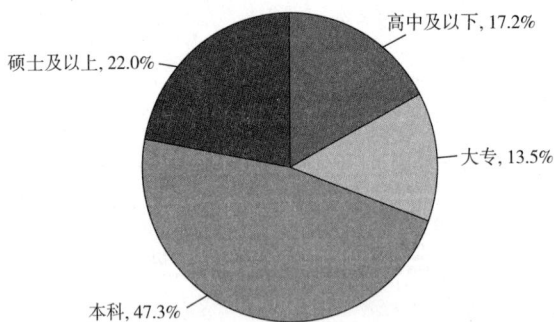

图 3-3   被调查网民学历分布图

高中及以下，17.2%
硕士及以上，22.0%
大专，13.5%
本科，47.3%

4. 职业情况

被调查网民的职业在选择样本时有所考虑,主要选择大学生、网络企业白领、教育工作者三类群体,这些群体是积极的网络文化环境使用者,也是网络文化的创造者。第四类社会群体是指不特定的社会成员,又集中选择了中小学家长和农民工群体(见图3-4)。

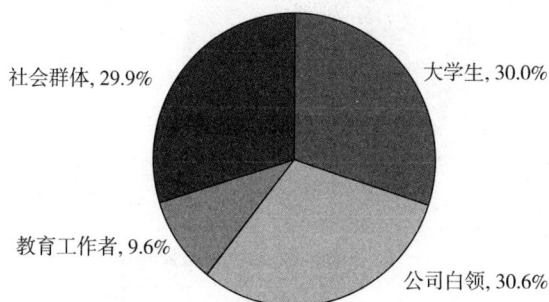

图3-4 被调查网民职业分布图

5.收入情况

被调查网民的收入属于比较高的群体,5000元以上占比为52.6%,主要集中在教育工作者和企业白领。另外,3000元以下的占比30.9%,主要是大学生群体(见图3-5)。

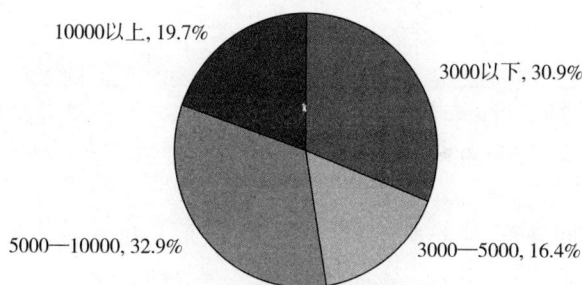

图3-5 被调查网民收入分布图

(二) 被调查网民的上网经历及看法

1.上网渠道

在被调查的网民中,手机是第一上网渠道,占到51.8%;其次是台式计算机,占41%(见图3-6),因为被调查群体中的企业白领和教育工作者主要使用台式计算机作为办公工具。相比之下,教育工作者更少使用手机作为主要上网渠道,而大学生使用手机作为上网主要渠道的比例高达78%(见图3-7)。

2.上网时长

在被调查的网民中,41.9%的群体每天的上网时间在4小时以上(见图3-8),其

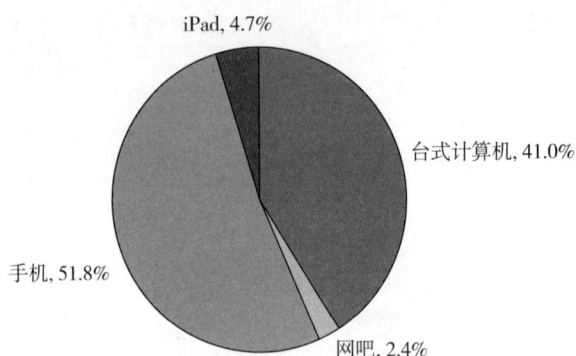

图 3-6　被调查网民上网渠道分布图

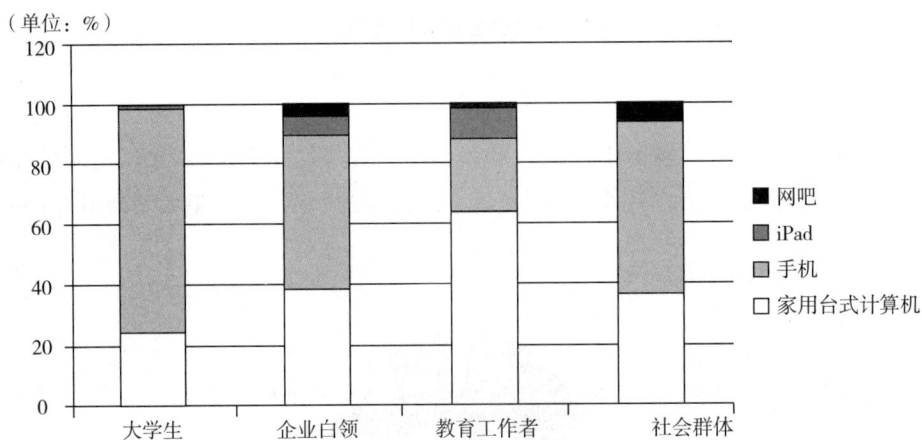

图 3-7　各类网民上网渠道分布图

中企业白领上网时间最长,接近 60% 的企业白领每天上网 4 小时以上(见图 3-9)。只有 7% 的群体每天上网时间在一小时以下。

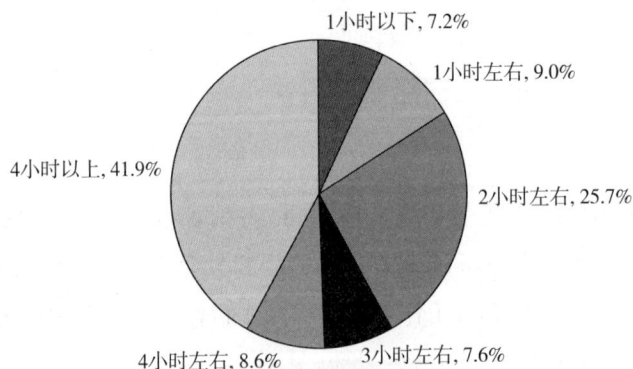

图 3-8　被调查网民日均上网时长分布图

（单位：%）

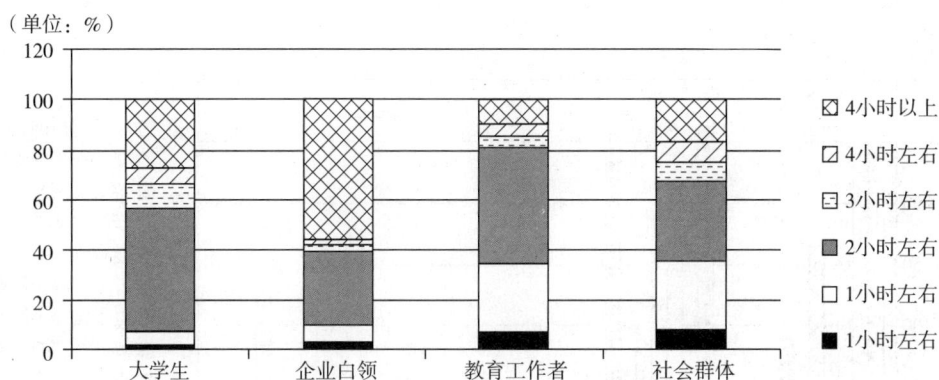

图3-9　各类网民日均上网时长分布图

3. 上网的主要目的

在调查中,受访者上网的目的主要是娱乐和发展个人爱好,其次是与熟人沟通交流和了解国内外新闻事件。结识新朋友的比例则较低,表明人们对网络的社交信任还是较弱。另外表达自己的意见或发表自己的作品的人数也较少,表明在网络文化环境中绝大多数网民是信息内容的消费者、使用者而不是积极生产者。其中大学生利用网络进行意见表达和发布个人作品的诉求最为强烈(见图3-10)。

（单位：人）

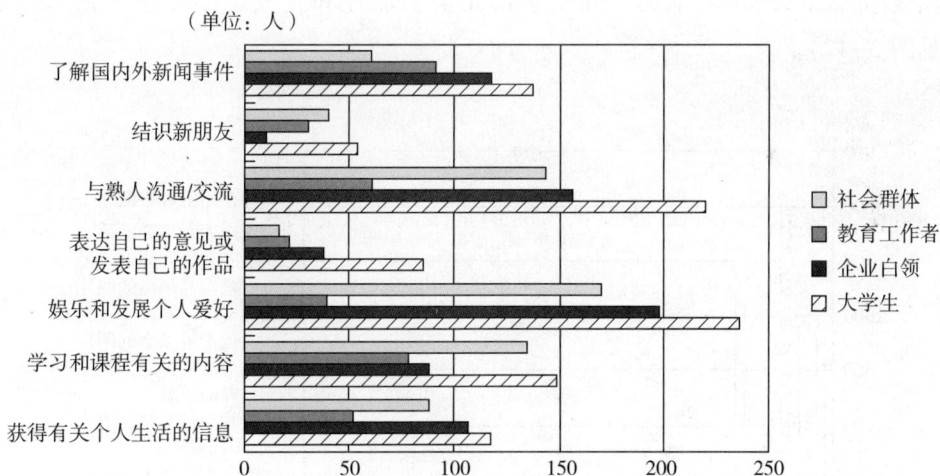

图3-10　各类网民上网目的分布图

4. 经常光顾的网站类型

娱乐时尚类网站和交友聊天类网站是用户接触最多的网站类型,其次是新闻媒体类、电子购物类、教育学习类网站,而文学社科类、政务门户类、占卜星座等相对专业小众的领域网民关注的较少,情色类网站在调查中接触的人群比例最低(见图3-11)。

（单位：人）

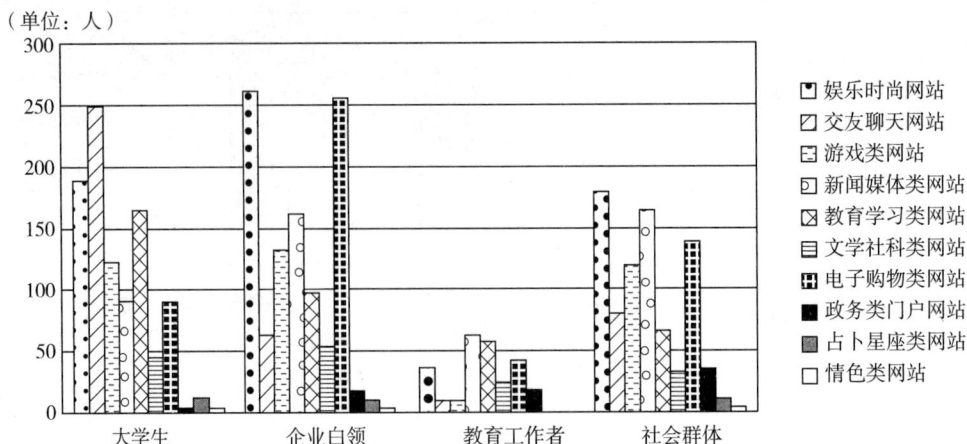

图3-11　网民上网网站类型分布图

5. 上网过程中的经历

网民群体在上网过程中遭遇到的负面行为较多，主要集中在遇到骚扰广告、收到过虚假信息、情色内容等方面。但是通过数据分析发现，网民对这些网络负面行为被动接受较多，主动传播较少。由此可见，网络整体的大环境中，多数网民遵守网络行为规范，网络环境的净化更多的是需要监控和制裁少部分违法犯罪分子（见图3-12）。

（单位：人次）

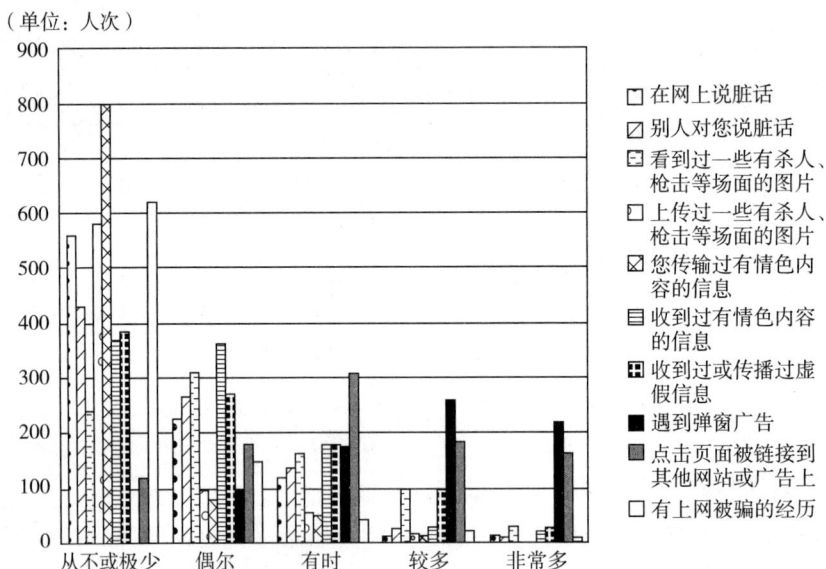

图3-12　网民上网经历情况分布图

6. 对网络上黄色和低俗信息的态度

对于网络上的黄色和低俗信息,超过85%的网民持反感态度,其中60%的人认为是垃圾信息,不予理睬。只有8%的网民表示找相关部门举报过,并认为效果比较理想。值得注意的是,有30%左右的受访者表示厌恶但无奈,但不知道如何有效地举报。这说明网络文化环境治理中群众监督的手段运用还不够,举报渠道宣传得还不够,网民监督举报的意识也还比较弱,需要加大这方面的工作力度(见图3-13、图3-14)。

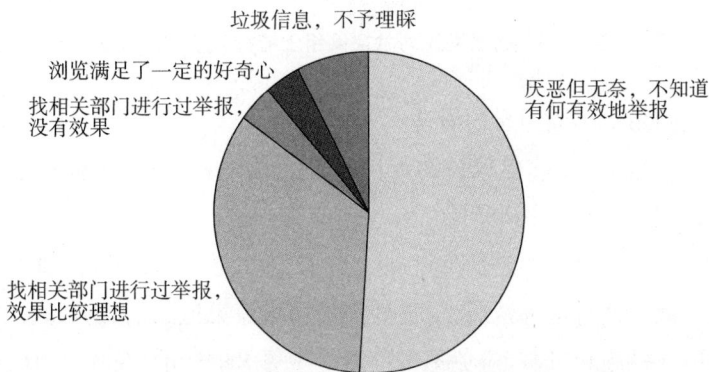

图3-13　被调查网民对黄色和低俗信息的态度图

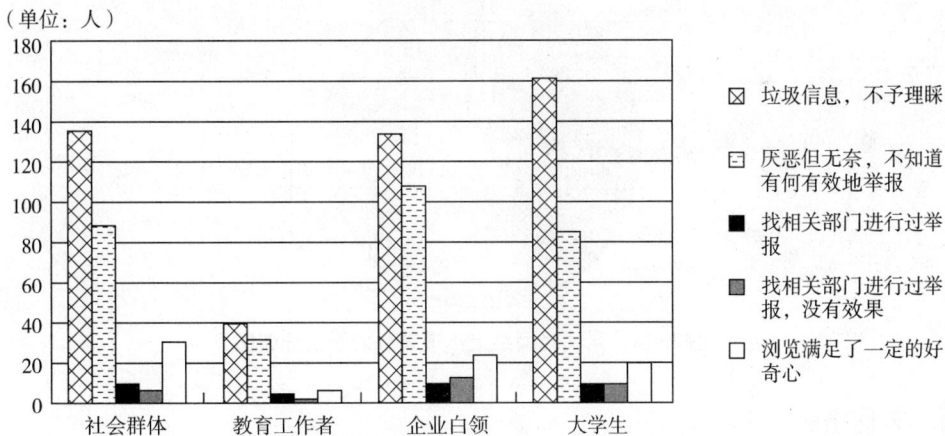

图3-14　各类网民对黄色和低俗信息的态度图

7. 对社交网络上流行帖子的看法

对社交网站上流传的所谓"生活小常识""您不知道的历史""令人震惊的新闻"等帖子的看法,50%的受访者表示不在意不转发,有25%的受访者表示以前相信,但后来看到太多了就没兴趣了。这一调查也表明网民的媒介素养在日益提高(见图3-15)。

（单位：%）

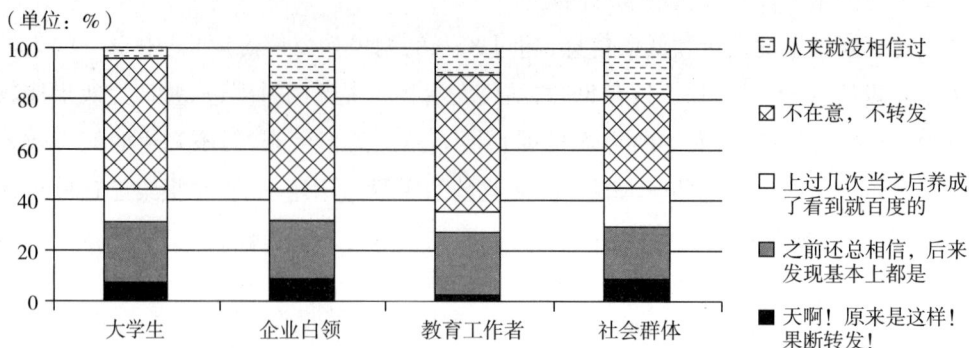

图 3-15　各类网民对社交网络上流行帖子的态度图

8. 对一些网络上小道消息的看法

对于网上小道消息，只有 20% 的网民明确表示不相信，其中教育工作者明确表示不相信的比例最高，达到了 65%。但总体而言，70% 多的受访者表示半信半疑，这表明人们对网络上传播的小道消息还缺乏辨识能力，也说明主流传播渠道的公信力受到一定的质疑。面对这种情况，应进一步加强主流渠道的信息公开透明，并更有针对性地推出辟谣措施和机制，避免不实信息产生更大的影响（见图 3-16、图 3-17）。

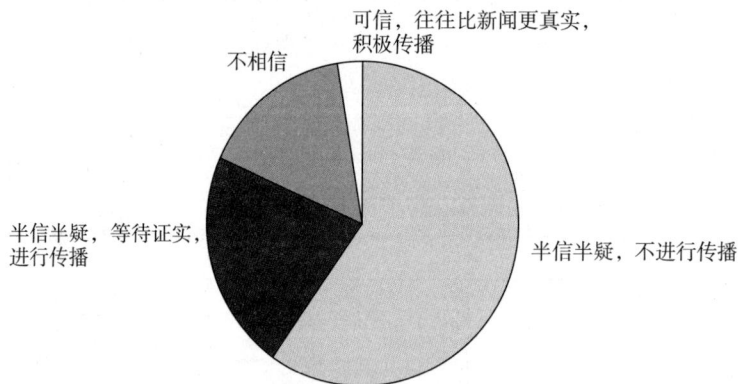

图 3-16　网民对网络上小道消息的看法分布图

9. 网络版权意识

对于网络版权问题，较多的受访者能够意识到版权问题，但对于"是否需要治理"，有半数认为不需要治理，表明不少网民习惯了"免费的午餐"，版权意识不强（见图 3-18）。

10. 喜欢的信息或帖子类型

在各类网络信息中，最受网民欢迎和愿意转载的是娱乐搞笑类和新闻类信息，其次是生活实用类信息，此外，大学生、企业白领、教育工作者对专业知识类信息也较为

（单位：%）

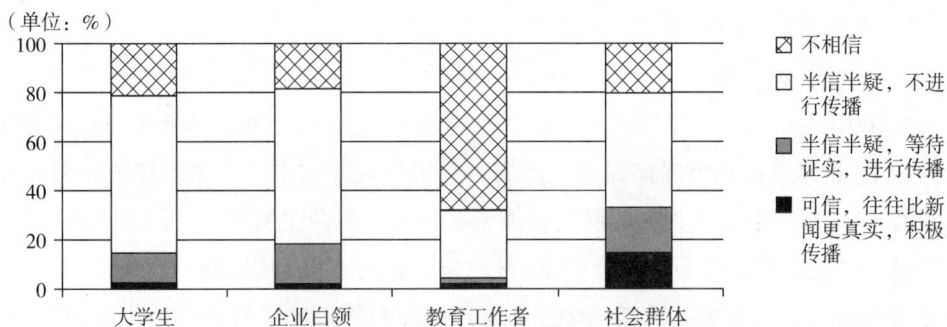

图 3-17　各群体网民对网络小道消息的看法分布图

（单位：%）

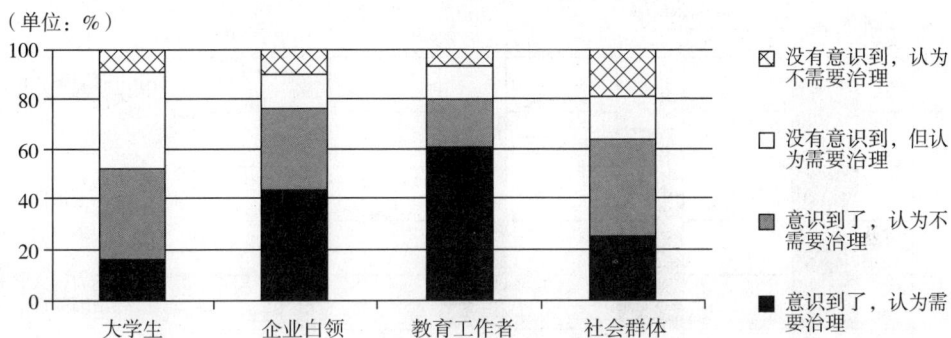

图 3-18　各群体网民网络版权意识分布图

重视,表明网民对网络信息的多元化需求。公益爱心类信息也较受欢迎,表明网络文化环境中正能量的传播日渐得到网民的认同(见图 3-19)。

（单位：%）

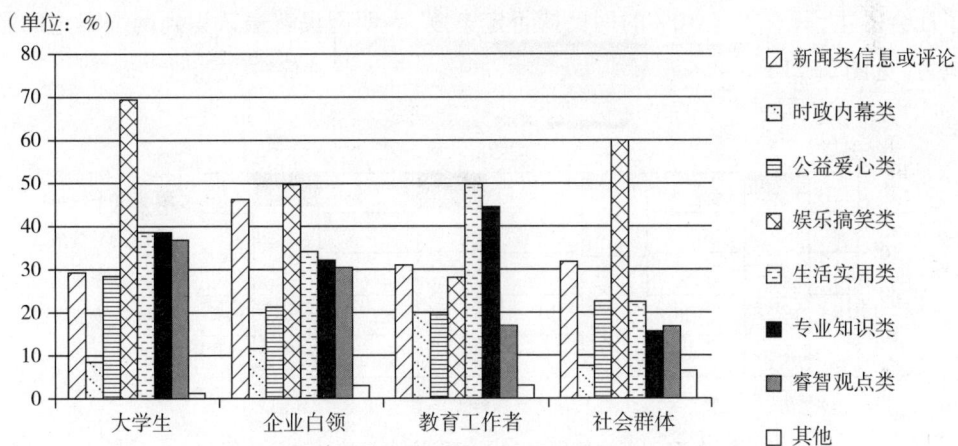

图 3-19　各群体网民喜爱和转发帖子类型图

11. 对主流媒体网站影响力的看法

在人民网、新华网等主流媒体网站的影响力方面,总体上被调查的网民认同度还不太高,60%的网民认为影响力不大或没有影响力,这显示了网络环境下主流文化受到的冲击,也对主流网络媒体提出了挑战。大学生群体对主流网络媒体的认可度相对较高,60%的大学生认为主流网络媒体影响很大。访谈中发现,一方面大学生对主流网络媒体更少成见或者说刻板印象;另一方面也与人民日报微博等新型网络主流媒体的崛起有关。事实上,如前所述,人民日报微博粉丝中年轻人占绝大多数,这对主流媒体如何在网络环境中发挥影响力提供了很好的借鉴(见图3-20)。

(单位:%)

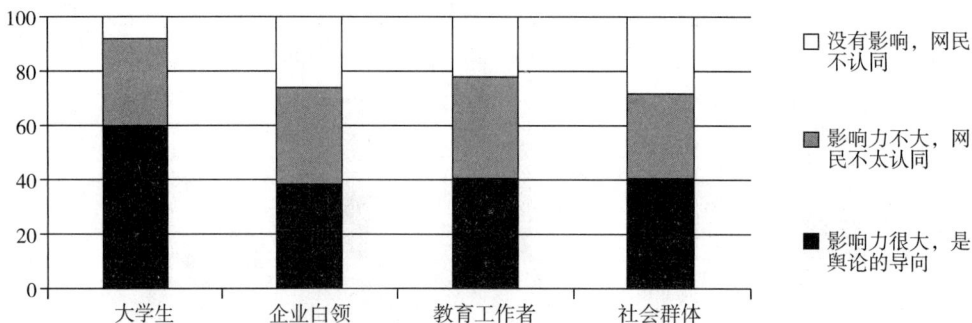

图 3-20　各群体对主流网络媒体影响力的看法分布图

12. 对网络舆论监督的看法

各受访群体均对网络舆论监督持肯定态度,认为网络政治参与和舆论监督推动了社会民主,只有不足10%的网民持否定态度,表明网民普遍认识到网络舆论的影响力(见图3-21)。

(单位:%)

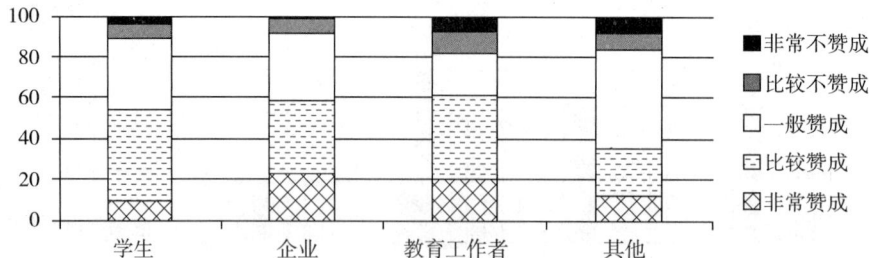

图 3-21　各群体网民对网络舆论监督的看法分布图

13. 对社会主义核心价值观网络宣传效果影响因素的看法

50%的被调查者认为,对核心价值观网络宣传造成负面影响的主要因素是,宣传内容假大空、手段生硬、网民不信任也不感兴趣。这提醒有关机构,今后需要采取更为贴近网民、贴近现实、生动灵活的手段进行核心价值观的宣传推广工作。其次,有25%的网民认为宣传主要集中在主流官方网站。还有20%的网民认为核心价值观宣传跟自己没有多少关系,工作学习忙,无暇关注。另外,值得注意的是大学生更多地选择了欧美日韩等外来文化的影响,这一群体是接受外来文化影响最多的群体,这表明他们也对此有一定的反省意识(见图3-22)。

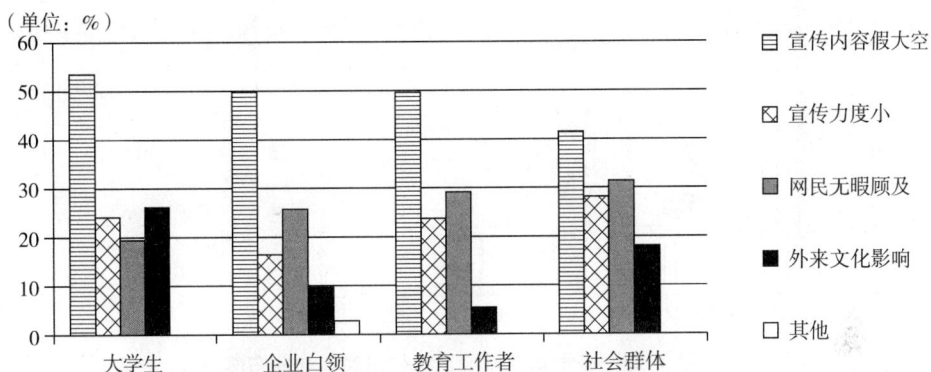

图3-22　对核心价值观网络宣传效果影响因素的看法

(三) 被调查网民对网络文化环境的评价及建议

1. 互联网的正向作用

受调查的网民比较普遍地认同网络在获取新闻信息更便捷、增长见闻、社交便利、提供学习资源和渠道、获得娱乐文化服务等方面的积极作用。此外,网络在讨论公共事务和维护个人利益方面的作用也得到了半数网民的认可。这些数据说明网络在各方面的正向作用都得了网民的认同。

2. 互联网的负面影响

关于互联网的负面影响,最受关注的是网络依赖和网瘾问题;其次是网络安全、过度娱乐化和信息真假难辨的问题。相比之下,选择网络上色情、暴力、低俗信息影响人的行为和价值观选项的人数则相对并不多,这表明网民们认为自身对不良信息具有一定的免疫力。访谈的数据也支持了这一观点(见图3-24)。

3. 对当前网络文化环境的看法

接受调研的各个群体中,半数以上认为还可以或不错。40%的网民认为,网络文化环境反映了当下实际社会的状况。有35%的网民认为不太好,需要进行一定的整治和规范。只有不到7%的网民认为环境很差(见图3-25)。

（单位：人次）

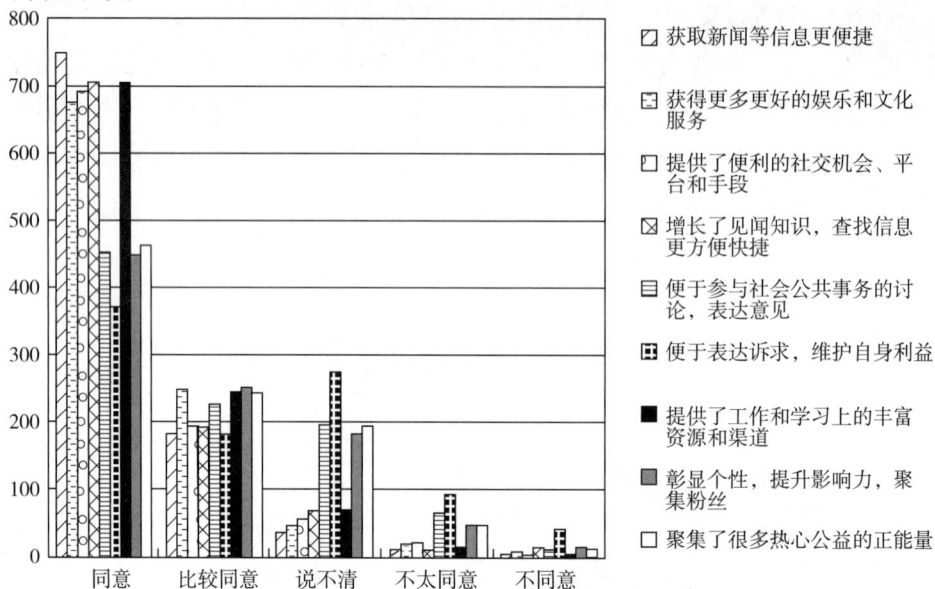

图 3-23 各群体对网络正向作用的看法分布图

（单位：人次）

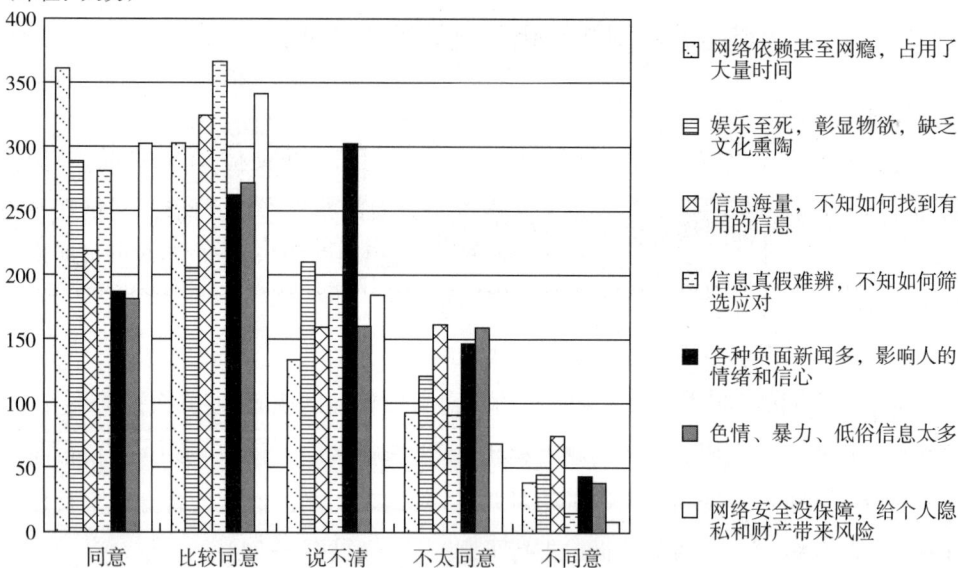

图 3-24 各群体对网络负面影响的看法分布图

4. 对当前首都网络文化环境的评分

对当前首都网络文化环境的评分,90%以上的网民选择了及格以上。其中80%

（单位：%）

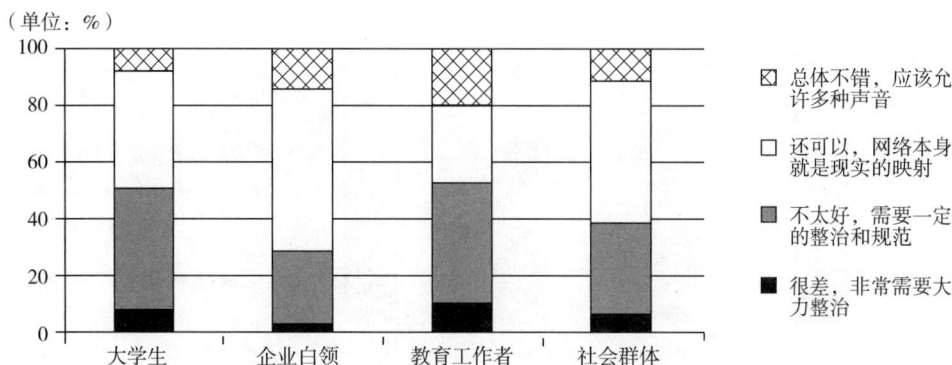

图例：
- 总体不错，应该允许多种声音
- 还可以，网络本身就是现实的映射
- 不太好，需要一定的整治和规范
- 很差，非常需要大力整治

图 3-25　各群体对当前网络文化环境的看法分布图

的意见集中在 60—80 分中间，这一数据表明网民对网络文化环境基本上是满意的，但是满意度还需要进一步提升（见图 3-26）。

（单位：%）

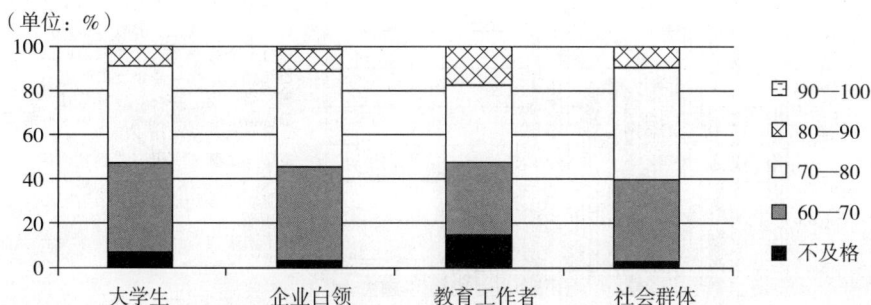

图例：
- 90—100
- 80—90
- 70—80
- 60—70
- 不及格

图 3-26　各群体对网络文化环境的评分图

5. 对近两年首都网络文化环境变化的评价

对于近两年首都网络文化环境的变化，60%以上的网民认为进步很大或有进步，这一数据表明，近两年首都网络文化环境的治理见到了成效（见图 3-27）。

6. 当前网络文化环境存在的问题

被调查网民认为，问题主要集中在：商业广告和垃圾邮件、个人隐私泄露、网络欺诈和虚假信息、色情暴力信息，以及不实新闻、标题党等。这表明，网民比较关注网络环境中信息的真实性，以及个人信息保护、防范对个人形成骚扰等（见图 3-28）。

7. 对当前网络文化环境存在问题原因的看法

各群体普遍认为，商业机构追逐利润和网民整体素质不高是最重要的原因。这说明，网民对网络文化环境的商业化感受较深，对网民素质也较为关注。访谈发现，这两者是网民容易有直接感受的地方。教育工作者对网络传播的特点给予了相对较多的关注。另外，我们发现，各被调查群体都较少把网络文化环境问题归因到政府监

（单位：%）

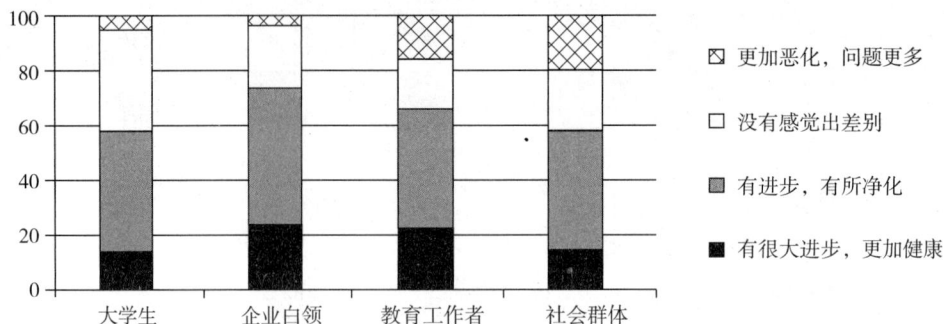

- ☒ 更加恶化，问题更多
- ☐ 没有感觉出差别
- ▨ 有进步，有所净化
- ■ 有很大进步，更加健康

图 3-27　各群体对近两年首都网络文化环境变化的评价图

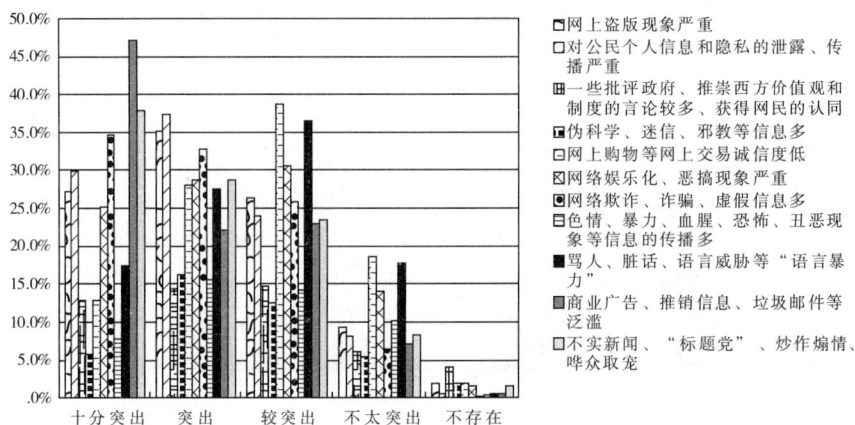

- ☐ 网上盗版现象严重
- ☐ 对公民个人信息和隐私的泄露、传播严重
- ⊞ 一些批评政府、推崇西方价值观和制度的言论较多、获得网民的认同
- ◪ 伪科学、迷信、邪教等信息多
- ☐ 网上购物等网上交易诚信度低
- ▧ 网络娱乐化、恶搞现象严重
- ◧ 网络欺诈、诈骗、虚假信息多
- ☐ 色情、暴力、血腥、恐怖、丑恶现象等信息的传播多
- ■ 骂人、脏话、语言威胁等"语言暴力"
- ▨ 商业广告、推销信息、垃圾邮件等泛滥
- ☐ 不实新闻、"标题党"、炒作煽情、哗众取宠

图 3-28　各群体对当前网络文化环境问题的看法图

管乏力方面（见图 3-29）。

（单位：%）

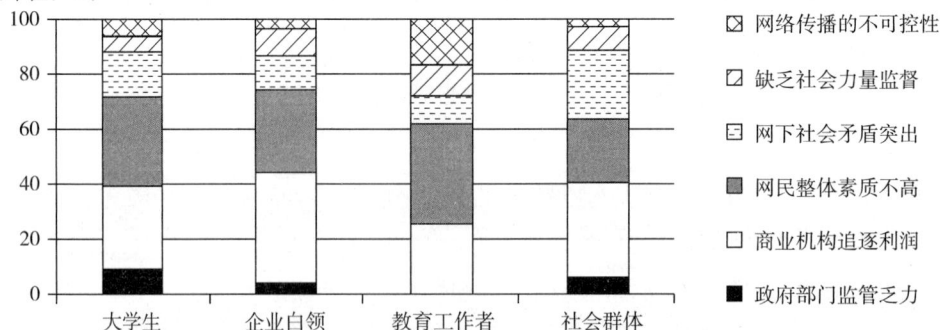

- ☒ 网络传播的不可控性
- ▨ 缺乏社会力量监督
- ☐ 网下社会矛盾突出
- ▨ 网民整体素质不高
- ☐ 商业机构追逐利润
- ■ 政府部门监管乏力

图 3-29　各群体对网络文化环境存在问题原因的看法图

8. 对加强网络文化环境管理和建设的看法

70%的被调查者认为,加强网络文化环境的管理和建设是必要的,其中36%的人认为是非常有必要的。这一数据表明,网民普遍认识到网络文化环境是需要加强规范和引导的。其中大学生持有这一观点的比例最高(见图3-30)。

（单位：%）

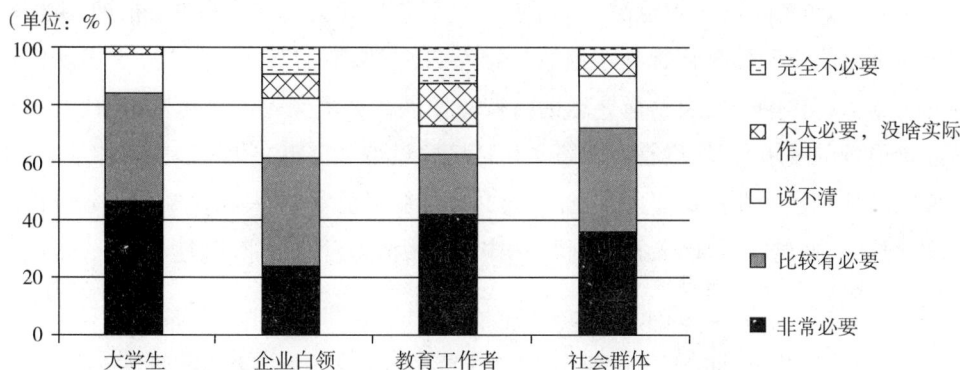

图 3-30　各群体对是否需要加强网络文化环境建设和管理的看法分布图

9. 对当前网络文化建设的建议

针对当前网络文化环境中存在的问题,被调查网民的建议主要集中在加强立法和监管上。此外,相比之下,教育工作者更关注社会舆论的引导,而企业白领更关注提高网民文化素质问题,社会群体更关注网站自律,体现了不同群体之间的细微差异(见图3-31)。

（单位：%）

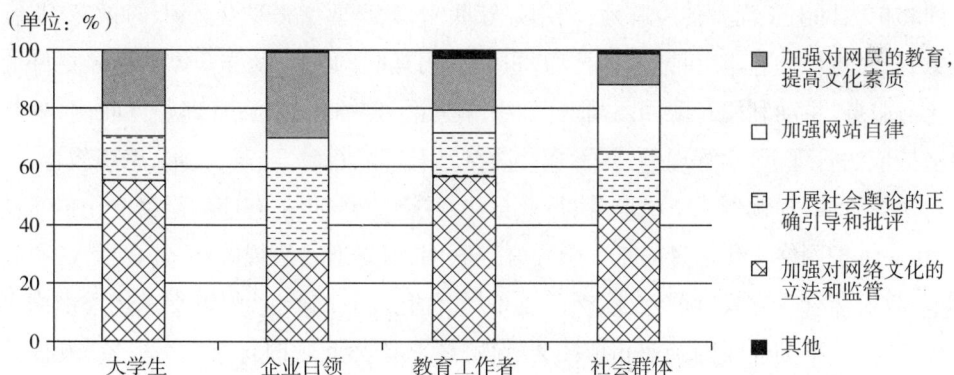

图 3-31　各群体对当前网络文化建设的建议情况图

二、促进首都网络文化环境建设的对策建议

北京是中国的网都,是全国的网络文化人才荟萃中心、网络文化产业发展中心、

网络文化传播中心和网络舆论集聚中心。加强网络文化环境建设是关系到首都互联网科学发展、全国文化中心建设和我国网络意识形态安全的重要举措。要加强首都网络文化环境建设,就要从不断满足广大人民群众精神文化需求、积极抢占全球网络文化传播制高点、推动实现"两个一百年"奋斗目标和中华民族伟大复兴的中国梦的高度出发,深入贯彻落实习近平总书记在文艺工作座谈会上的重要讲话精神,贯彻落实中央网络安全和信息化领导小组第一次会议精神,贯彻落实中央《关于推动传统媒体和新兴媒体融合发展的指导意见》,按照发展社会主义先进文化、弘扬社会主义核心价值观的要求,把促进首都网络文化环境建设纳入全市文化发展的总体战略,作为发展文化创意产业的重要内容、提供公共文化服务的重要手段,团结和带领全市网络文化战线,通过统筹规划、开拓创新、积极作为,努力营造健康、理性、文明、诚信、清朗的首都网络文化环境。

(一)促进首都网络文化环境建设,要坚持"建用并举、管导结合"的思路

要不断更新观念、开阔视野,在准确把握现代网络信息科技迅猛发展的新趋势、传播方式的新变化和网络文化的新生态的基础上,结合北京实际统筹考虑技术、产业、政策、管理、人才等方面,坚持"建用并举、管导结合"的总体思路,推动首都网络文化环境建设又好又快的发展。

建设好互联网,就是要强化顶层设计,优化发展环境,加强网站建设和内容建设,巩固和扩大网上正面宣传主阵地;利用好互联网,就是要增强受众意识、时效意识、服务意识,注重传播艺术、讲究传播技巧,积极利用互联网为人民群众提供更多更好的文化与服务,主动利用互联网团结网民、引导舆论、传播正能量;管理好互联网,就是要坚持依法管理、科学管理、有效管理,综合运用法律、行政、经济、技术、思想教育、行业自律等手段,加快形成依法监管、行业自律、社会监督、规范有序的网络文化传播秩序,切实维护网络文化信息安全。引导好互联网,就是通过法规政策、资金投入、税收调节、政府监管等方式,调整互联网产业布局,优化互联网产业结构,促进优秀网络文化生产传播,推动互联网企业承担社会责任,树立首都互联网行业良好形象,发挥其引领中国互联网的积极作用。

从管理的组织保障和工作机制上说,要以北京市网络安全和信息化领导小组成立为契机,构建全市网络安全和信息化工作架构,建立健全北京市网络文化建设管理工作议事决策制度、沟通联络制度、重大事项报告制度、督促检查制度和考核奖惩制度,建立完善联合研究、联合建设、联合宣传、联合引导、联合监看、舆情共享、工作调度、应急管理、共同执法和技术保障等长效工作机制,整合全市网络文化建设、运用、

管理、引导资源,形成合力。通过加强规划、完善制度、规范管理、充实队伍等综合施策,强化网络文化产业发展与网络文化事业发展的统筹协调,把"建用并举、管导结合"的要求贯彻到网络技术、产业、内容、安全等各个方面,推动首都网络文化环境不断净化、优化。

(二) 促进首都网络文化环境建设,要积极推动网络空间的法治化进程

依法管网是国际通行规则,推动行业自律和网民自治是网络发展管理方向。要围绕贯彻落实党的十八届四中全会提出的依法治国的目标,进一步加强依法治网、依法办网、依法上网,用法治规范网络空间的行为。结合北京市网络文化发展的特点,针对网络文化管理中存在的突出问题,加快网络文化发展管理地方性法规调研、论证和立法工作,提高地方性法规的前瞻性、针对性和有效性。当前,建议推动《北京市互联网发展促进条例》的研究和制定工作,推动首都网络基础设施安全保护和互联网新技术新应用管理立法,同时推动线下法律向网上延伸,做到线上线下行为一并规范。

贯彻落实国家互联网相关法律法规,进一步健全互联网信息内容方面的执法规范,梳理网络执法工作流程,建立并完善网络执法工作内部管控机制,增强网络执法工作的相关程序意识,确保网络执法工作依法合规。梳理执法工作的法律依据,在现有法律的规则框架下,结合互联网发展实际,完善违法行为的表述,量化相关违法情形,科学合理地确定行政处罚的种类和幅度,力求过罚相当,确保执法客观性、公正性和执法效果。强化互联网执法队伍建设,强化执法人员的法律意识,加强对执法人员资格资质的管理,加大执法培训工作力度,提高执法工作能力和水平。探索网站的分类管理,克服过于商业化、逐利化带来的问题。

鼓励开展数字作品著作权登记,支持公共服务信息平台建设和开展反盗维权行动等。依法保护网民个人信息,避免被泄露、被滥用。健全互联网行业管理、内容管理、安全管理工作联动机制,依法打击利用网络煽动和实施民族分裂、暴力恐怖、网络攻击、网络诈骗、淫秽色情、网络窃密等各类违法犯罪活动,依法治理编造散布网络谣言、虚假新闻、虚假宣传、广告泛滥、低俗信息等违法和不良行为。坚决惩治网络乱象,不断净化网络空间。

指导属地互联网机构建立完善内部管理制度,推动网站落实主体责任。加强网站从业人员法制培训,推动形成依法办网、合法经营、有序竞争的发展局面。以落实《北京市移动互联网应用程序公众信息服务自律公约》为契机,推动网站完善内容总编辑负责制,健全人工管控和技术防范相结合的安全保障制度,引导网站将经济效益

和社会效益结合起来。指导网站探索网络党建、团建内容形式,完善网站自律专员制度、网民协议,推动网站和网民自我服务、自我教育、自我管理。

(三) 促进首都网络文化环境建设,要大力发展网络文化产业

结合落实《北京市"十三五"时期文化创意产业发展规划》,制定实施北京市网络文化产业发展规划,明确发展思路、工作重点和主要措施。健全网络文化产业政策体系,在调研的基础上,完善《北京市文化创意产业投资指导目录》《北京市促进文化创意产业发展若干政策》《北京市关于推动游戏动漫产业发展的若干政策》等政策规定,积极利用财政、税收、金融、人才等政策杠杆,加大对网络文化重点行业、重点企业、重点项目的扶持力度,积极推动网络影视、网络出版、网络游戏等产业发展。

加强全市网络文化产业资源的整合,借鉴中关村科技园区经验,打造"网络文化中关村",通过规划建设北京市网络文化产业园区,搭建网络文化技术支撑平台、孵化平台、信息和人才交流平台以及版权交易平台,推进网络文化产业规模化、集聚式、生态化发展。

加快实施"文化与科技融合"发展战略,建立完善产学研相结合的网络技术和网络文化创新体系,鼓励大众创新、集成创新、企业创新。推动电信网、广播电视网、计算机网"三网融合",支持"三网融合"技术研发和产业化,在互联网关键技术上保持全国领先地位。为网络文化产业发展构建更加完备的基础设施和运行平台。

针对首都网络文化产业资本中外资、民营背景占很大比例的状况,可考虑积极探索国有文化资本投资网络文化产业的有效途径,同时支持小米等本土网络文化企业做大做强。引导风险投资、银行资本、社会资本进入网络文化市场,支持有条件的网络文化企业上市融资,重点培育2—3家国有或国有控股的大型网络文化企业集团,使之成为北京市网络文化市场的主导力量和战略投资者。培育战略性新媒体业态,优化网站布局、结构,支持属地互联网企业发展壮大。

(四) 促进首都网络文化环境建设,要积极推动优质网络文化产品和服务的供给

繁荣发展中国特色网络文化,要坚持百花齐放、百家争鸣的方针,发扬学术民主、艺术民主,营造积极健康、宽松和谐的文化氛围。当前,要重点围绕平台建设、推动原创、传播正能量等三方面,积极推动优质网络文化产品和服务的供给。

在平台建设方面,一是建立互联网企业、各类网站交流、沟通、使用的开放平台。发挥网信部门管理协调职能,以文化内容为纽带,吸引和号召网络正能量集聚,搭建网络文化内容资源信息平台,集纳各网站文化类频道和专业性网站的文字、图

片、音频、视频等内容。建立优秀网络文学作品库、流行网络音乐作品库、热门图片库、优秀网络视频库等，及时研究评估网上文化热点，总结规律并适时引导。二是构建北京市各部委办局、各区县文化资源数字化平台，发挥桥梁作用，促进传统文化内容向互联网平台输送，统筹全市数字图书馆、数字博物馆、网上文化馆等资源，促进优质文化内容数字化。三是探索在社区、中小学、农民工住地和郊区农村等建设"网络文化站"，免费向居民尤其是老龄群众、青少年、外来务工人员和农民提供网络文化内容、技能辅导、硬件应用等方面的服务，促进网络文化公共服务的大众化和均等化。

在推动原创方面，一是整合高等院校、科研机构、文化企业等资源，建立跨界的首都网络文化研发机制，加强网络文化内容和传播渠道、路径、方法、载体、工具研究，出一批高质量的基础性、战略性、对策性和应用性的网络文化研究成果。推动相关研究成果转化。二是大力实施网络文化精品工程，坚持以人民为中心的创作导向，通过开展网络文学艺术创作大赛、优秀网络作品推荐征集等活动，鼓励制作和上传健康向上的网络文化产品。组织开展"网络文化精品"评选，组织评选优秀网络频道、网络专题、出版网站、网游动漫、网络音乐、网络歌曲年度评奖活动，鼓励创作接地气、促和谐、讴歌真善美、传播正能量，深受广大人民群众欢迎的优秀网络文化作品。推动优秀小说、戏剧、影视、绘画、演出、展览与文物等文学艺术产品的数字化、网络化传播。三是设立"北京市网络文化发展基金"，发挥政府资金的带动作用，鼓励和支持文化事业、产业机构积极参与网络文化建设。四是用好和扩大体制内的网络内容生产、制作队伍，特别是音视频创作队伍，生产符合主流价值观和网络传播规律的优秀文化产品。五是保护好、发挥好广大网民网络文化创作和传播的首创精神和积极性，利用大数据把握网民关注点，提高网络文化策划、活动组织的能力，引导网民关注现实生活，创作积极健康的网络文化作品。线上与线下互动，共同发力。六是发挥北京属地商业网站影响大、受众广、技术强的优势，采取政府购买公共文化服务的方式，鼓励和引导商业网站积极发展和传播健康向上的网络文化。

在传播正能量方面，可考虑运用新技术手段，自动识别网上正能量内容，在属地网站实现全网抓取正能量信息，实时更新，连续推送，并通过效果调查反馈，摸清网络正能量传播规律，扩大正面内容影响力。建设网络文化活动数据库，提前搜集属地各网站计划举办的文化活动，研判后有重点地推送，公布举办方、活动时间、主题、有效期、作品量、热点作品等信息，并及时总结交流鼓励。积极利用微博、微信、微视等的交互特点，结合重大主题，深入开展网上大讲堂、网上看北京、互联网文化季、网络大过年等网络文化品牌活动，营造和谐、健康的网络文化氛围。

（五）促进首都网络文化环境建设，要大力加强网络空间主流文化阵地建设

面对网络文化环境中多元文化并存的生态，要加强网络空间主流文化阵地的建设。首先，要坚持党管媒体、党管新闻网站的原则，重点扶持千龙网、首都之窗、北青网等属地主流网站建设，在资金投入、资源利用、人员待遇等方面给予支持，增强其自主经营、自我发展、自我约束的动力和活力。

第二，加快推进媒体融合进程，整合市属传统媒体和新媒体优势资源，打造基于互联网逻辑构建的全媒体传播集团，形成新的价值生产模式和业态模式。通过建立适应媒体融合发展的组织结构，重构新闻信息生产流程，搭建现代化立体传播体系，建立"中央厨房"式的大编辑部，实现一次采集、多种生成、多渠道传播、多终端到达，建成拥有强大实力和传播力、公信力、影响力的新型媒体集团，打造首都新闻信息制作发布传播的"总平台、总出口"。

第三，支持新华网、人民网、法制网、光明网、中国日报网等中央网媒机构北京频道建设，在信息发布、采访报道、项目合作等方面予以扶持，充分调动其宣传报道首都北京的积极性。

第四，通过政策激励、服务创新，鼓励和支持属地商业网站坚持正确舆论导向，遵循网络传播规律，主动做好正面宣传报道和网络文化传播工作，引导它们自觉为党和国家工作大局、首都建设发展服务。加强属地网站时政新闻专区建设，鼓励属地网站大力发展手机客户端等传播形态，构造以政务网站、新闻网站、媒体网站为龙头，属地商业网站为主力军的网络文化阵地。

（六）促进首都网络文化环境建设，要加强舆论引导，努力培育凝聚扩大社会共识

面对网络文化空间呈现出的舆论狂欢化的现实，一方面我们要适应网络舆论的新常态，改变过去长期以来形成的单一的线性的思维方式和管理方式，认识到并尊重网络文化的多元；另一方面也要重新认识和研究网络传播的新特点，在尊重传播规律的基础上积极引领网络舆论，加强主旋律的声音，努力打通、建好两个舆论场，培育、凝聚和扩大社会共识。

贯彻落实好北京市《关于加强网络舆论引导的意见》（京办发13号），牢牢把握正确舆论导向，强化网络宣传思想工作的顶层设计和整体规划，采取网上网下结合、PC端和移动端打通、传统媒体和网络媒体并举，不断壮大网上舆论的主旋律。

围绕时间轴、事件轴、活动轴，科学制定宣传规划、宣传日历，通过主动设置宣传

议程,综合运用文字、图片、音视频、微博、微信、微视等多媒体形式,做好中国特色社会主义、中国梦、核心价值观、依法治国等重大主题,以及中央重大战略部署、政策措施和领导人重大活动等网上宣传报道,及时、准确、有效地传播党和政府的声音。指导属地网站创新报道方式,通过小切口策划、生活化展现、碎片化传播,化推送为引导,促进交流互动,凝聚网民共识,引领网络空间的文化风尚。

指导属地网站以积极创新的话语表达方式介绍有关北京的发展成就,讲好北京故事,展现北京风采。宣传注意贴近网民、贴近生活,全面展现普通北京人追梦、筑梦、圆梦的生动实践。

积极利用节庆宣传,弘扬优秀传统文化。围绕春节、清明节、端午节、中秋节、重阳节等节日,指导属地网站制作专题页面,烹制丰盛网络文化大餐。

鼓励网站创建"每日正能量"专题,集纳全国各地涌现出来的好人好事、善行义举、感人故事。

围绕首都改革发展稳定大局、当下中心工作、重点任务,巧妙设置网络议题,讲究引导的"时、度、效",通过权威发布、专家访谈、草根言说、互动转评等多种形式,主动、及时回应社会关切,疏解社会情绪,凝聚社会共识,培养平和理性的网民心态和网络舆论氛围。

探索新媒体融合环境中利用社交媒体开展舆论引导的有效路径。在移动化、社交化、视频化的新型融合舆论场中,统筹利用微博、微信、移动客户端等新媒体传播渠道,牢牢掌握网上舆论引导的主动权。团结一批在网上有影响、传播正能量的大V、公号,经常性开展沟通,做到在重点话题、关键时刻能积极响亮地发出主流声音,形成健康向上的网络舆论。

（七）促进首都网络文化环境建设,要不断壮大网络文化人才队伍

要树立人才是第一资源的理念,制定首都网络文化人才规划。支持北京大学、清华大学、中国人民大学、北京邮电大学、中国传媒大学等高等院校设立相关学科、专业和研究方向,培养网络文化创意、网络内容策划编辑传播、网络技术、网络安全与信息管理等方面的专业人才,支持、资助文化单位、互联网站和高等院校合作举办专题辅导班和研修班等。

创新人才培养、选拔、使用、考核机制,努力培养一批掌握现代互联网高新技术的科技人才,一批原创能力较强的网络文化产品开发人才,一批持正面立场、得到广大网民认可的大V名号,一批政治坚定、本领过硬的互联网宣传管理人才。设立网络文化工作奖,鼓励更多优秀人才投身到首都网络文化建设。

制定完善网络文化人才政策,将高端网络文化人才纳入首都相关人才工程当中,

优先为其在企业设立、项目申报、科研条件、社会保障等方面提供便利服务,通过政策吸引、事业留人、环境留人等方式,留住和聚集优秀网络文化人才。

建立网络文化人才库和相应联络机制。以深入分析优秀网络文化内容为切入点,及时发现一批具有专业背景、德艺双馨、接地气、受欢迎的网络文化名人,将其纳入首都网络文化人才数据库并进行动态追踪、分类管理与量才使用。在首都互联网协会下建立涵盖文化大 V、影视大 V、微电影工作者(导演、编剧、演员等主创)、网络音乐人、歌手、表演者等在内的网络文化人分会,通过定期召开茶话会、艺术沙龙、名人论坛等方式团结大批网络文化名人,共同研讨形势,通报情况,听取建议,开展培训,服务引导,鼓励其开设微博、微信公众号,支持其开展网络文化创作、传播,充分发挥其名人效应、辐射带动效应,形成对首都社会文化生活的强大正向影响力。

(八)促进首都网络文化环境建设,要深入推动网络文明引导工程

面对部分网站社会责任缺失和部分网民道德失范的状况,要继续深入推动网络文明引导工程。通过制定文明网站评选标准和动态管理办法,完善退出机制,引导广大网站和网民增强法律意识和道德观念,主动承担社会责任,营造文明、诚信、理性网络文化氛围。

加强网站自律。完善文明办网的长效机制。与高等院校等合作,定期举办各种层次的网站人员培训班,将法律法规、职业道德、网络传播伦理等纳入培训,帮助网络从业人员提高依法办网、文明办网的意识,引导网站将社会利益放在首位。推行网络从业人员资格认证制度,将是否经过培训纳入年度考核和任职条件。督促网站修订完善内部考核评价制度,使网站人员行为导向和国家、社会的要求相一致。督促网站完善信息审核发布机制,不制作、发布、传播危害国家安全、危害社会稳定、违背社会公德的不良信息,坚决不给有害信息任何传播渠道。督促网站完善违法和不良信息举报落实反馈机制,推动自律专员制度建设,通过提供服务或奖励等方式发动网民进行监督,帮助网站做好信息管理工作。推动互联网站建立党组织,充分发挥网站党组织的战斗堡垒作用和网站党员的先锋模范作用。

更好地发挥行业协会的作用。发挥好网络新闻信息评议会、妈妈评审团、联合辟谣平台等行业监督评议机制的作用并不断完善。首都互联网协会等行业组织要健全行业自律规范体系,不断扩大行业自律的参与面。

进一步发挥社会监督作用,鼓励和动员全社会共同参与网络文化环境治理。畅通社会监督渠道,加强群众监督、舆论监督、社会组织监督,加强网络违法和不良信息举报工作,加大对不良网站的曝光和处理力度。充分利用大众媒体,突出报道文明网站创建成果。动员知名网站及其高管、社会名人等带头承诺、示范,引导广大网民、特

别是青少年养成科学、文明、健康的上网习惯,形成文明办网、文明上网光荣,违法办网、不文明上网可耻的舆论氛围。

最后,要持续不断地提升网民的综合素质、文化素养和网络媒介素养,宣传普及网络使用和网络文化常识,引导网民养成良好的用网和网络表达习惯。

首都互联网 2014 年度舆情分析

曹甲清

作为名副其实的"网络之都",首都北京的网络舆情在很大程度上引领或者影响着全国的舆情走势,并日益成为全世界网络舆情的重要一极。

纵观 2014 年,国家高层在继续厉行反腐的同时,对网络的管控也进一步加强。首都互联网监管亦始终呈现高压态势,一方面坚决打击各类违法违规行为,另一方面强化舆论引导工作,不断向专业化和智能化方向提升,在形成网民自律、推动网络信息理性化进程和减轻网络舆论总体压力方面取得了明显的效果。但是,在转型期各种利益冲突加剧、多种观点碰撞不断的大环境下,官方和民间两个舆论场既有交集部分的显著扩大,亦有未交集部分的相对分歧。

传媒业的自身变革中,以微博、微信、微视频、移动客户端为代表的"三微一端",成为网络舆论的重心。兼具用户强社会关系和社交媒体话题多元化魅力的微信,渐次成为信息聚集、获取和社交的第一平台,强势地位进一步凸显。但在涉及敏感议题和偏激议论方面,并不落后于之前鼎盛时期的微博。而微博的热度尽管显著下降,却在马航失联、东莞扫黄、山东招远血案等重大突发事件中,于信息快速流通、意见充分表达方面再次成为网络舆论的集散中心,展现出微信无法超越的一面。相对而言,微信偏私密的社交属性,微博偏强大的开放的媒体属性。值得一提的是,自身运营的诉求,加上阿里巴巴等电商的深度介入和一些大 V 转向"微商"等要素的助力,新浪微博已经具备了显著的商业属性。

同时,随着扎客(ZAKER)、今日头条、搜狐、网易、新华社、澎湃等新闻客户端(APP)的崛起,新闻客户端(APP)亦成为大量用户获取信息和参与评论的重要载体或者平台。而由非专业媒体人主导的"自媒体",则日益显现出其业余、围观、浮躁乃至情绪化的一面。

2014 年的一个重要标签,是"媒体融合元年",来源于中央全面深化改革领导小组 8 月 18 日第四次会议审议通过的《关于推动传统媒体和新兴媒体融合发展的指导意见》。当年,首都传统媒体和新媒体的融合既亮点多多,又遇到了资金和技术人才双重不足的困境。

一、2014 年首都互联网监管舆情热词

(一)净网行动

净网行动是北京市乃至全国互联网舆情的年度热词。这既跟强化引导与控制的监管思维有关,也是治理良莠不齐龙蛇混杂的虚拟世界之必要手段。全国 70% 以上的大型门户网站都聚集在了北京,在网站和网民数量激增的同时,网络犯罪、黑客攻击、网络谣言、淫秽色情等网络乱象也随之凸显。

净网行动即净化网络环境专项行动始于 2011 年。当年 8 月 24 日起至 11 月底,公安部宣布在全国范围内部署开展以清理整治制作贩卖枪支爆炸物品违法信息为重点的"净网行动"。2013 年 1 月下旬及 7 月中旬,国家互联网信息办公室两次组织开展净化网络环境专项行动。同年 3 月 5 日,全国扫黄打非办公室宣布,从 3 月上旬至 5 月底在全国范围内启动"净网行动",以整治网络文学、网络游戏、视听节目网站等为重点,开展网络淫秽色情信息专项治理。

2014 年 4 月中旬至 11 月,全国扫黄打非办公室、国家互联网信息办公室、工业和信息化部、公安部决定在全国范围内统一开展打击网上淫秽色情信息"扫黄打非·净网 2014"专项行动。北京市互联网管理部门积极行动,要求各网站立即开始自查自纠、全面清理,凡是含有淫秽色情内容的文字、图片、视频、广告等信息,一律予以删除,并严格落实信息安全管理制度,完善内容审核把关机制,研发相应的技术措施,杜绝淫秽色情信息的传播条件、渠道。首都互联网协会在向全行业发出"坚决打击网上淫秽色情信息"倡议的同时,也公布了举报渠道,并按照有关举报奖励办法,对举报人予以奖励,同时依法保护举报人的个人信息及安全。

互联网运营企业也积极响应。千龙、新浪、搜狐、网易、百度、凤凰等多家网站负责人均表示,坚决支持并积极响应"扫黄打非·净网 2014"专项行动,全面配合政府主管部门严厉打击淫秽色情信息传播,并在网站显著位置开设不良信息举报入口、举报专区,方便网民举报监督。新浪等网站还成立了专门的工作小组,对网站内容展开全面清查;同时建立日常监管机制,从后台操作、前台页面、工作流程、人员培训、责任追究等方面出台了一系列方法和措施,防范和杜绝网络色情低俗信息的传播。

随后,监管部门与监管对象之间建立起了一套快速有效的通知删除机制,并建立

了移动智能终端应用软件开发者黑名单制度,以及境外淫秽色情网站禁搜黑名单制度。

2014年7月,北京市开启治理移动互联网专项行动,"净网行动"升级。相关治理措施分为三步进行:

第一,督促和检查应用商店建立开发者真实身份信息验证、应用程序安全检测、安全审核、社会监督举报、恶意程序下架等制度,完善处置响应与反馈流程;组织专业检测机构对应用商店中的应用程序开展安全抽查;通知相关应用商店下架恶意程序,对不履行安全责任的应用商店依法予以处理;督促基础电信运营企业完善恶意程序监测与处置技术手段,落实网络安全责任。

第二,督促指导相关单位认真执行《移动互联网恶意程序监测与处置机制》,加大对恶意程序控制服务器和传播服务器所使用恶意域名和 IP 地址的监测与处置力度;结合用户举报、安全抽查、网络监测等工作,对恶意程序黑色地下产业链进行深入分析,挖掘线索;对利用恶意程序损害用户权益的开发商、移动智能终端生产企业、经销商、信息服务提供者等责任主体,依法进行处理。

第三,组织发现和依照有关通信行业标准认定恶意程序,并将违法犯罪线索提交工商部门或者公安部门,形成打击整治工作合力;指导基础电信运营企业、相关互联网企业、移动智能终端生产企业、行业协会等综合利用多种方式和多种渠道,加大对移动互联网安全的宣传力度,普及网络安全知识,提高用户的安全防护意识;建立健全恶意程序举报处理机制,充分发挥社会监督作用。

来自北京市文化执法总队的消息显示,截至2014年7月31日,北京市在"净网2014"专项行动中,以查办大案要案为抓手,全面清查网络,打击网上传播淫秽色情信息和侵权盗版违法违规行为,全市共查办刑事案件15起、行政案件366起,刑事拘留93人,治安拘留377人;清理删除各类有害信息270余万条,关闭贴吧、论坛、个人空间等1.12万个,处罚违法违规网站561家,关闭网站578家,罚款600余万元。

2014年4月初,北京市文化执法总队对新浪网涉嫌传播淫秽色情信息进行立案核查。经核实,新浪公司在其开办的新浪网读书频道中,登载了20部淫秽色情互联网作品,在新浪网视频节目中,登载了4部色情互联网视听节目。4月30日,北京市文化执法总队依法对北京新浪互联信息服务有限公司作出罚款508万元的行政处罚,同时受国家新闻出版广电总局委托,送达吊销其《互联网出版许可证》和《信息网络传播视听节目许可证》的行政处罚决定。该案被文化部列为2014年上半年全国文化市场重大案件。

来自首都互联网协会的信息显示,北京市互联网违法和不良信息举报中心开展了一系列清理互联网上违法和不良信息的专项举报工作,包括清理互联网上淫秽色情及低俗信息、铲除网上暴恐音视频、清理网络秀场中的色情低俗信息等专项举报，取得了明显成效。2014 年共受理社会公众举报信息 41887 件，其中 80% 来自网络社会监督工作者的举报。

在有效举报信息中，淫秽色情信息及色情低俗信息依然是举报重点，其中举报淫秽色情信息 20941 件，色情及低俗信息 10907 件，占所有举报信息的 76%。资料显示，早在 2006 年 4 月，北京市就率先在全国省级地区成立了北京互联网违法和不良信息举报热线。9 年来，北京市互联网违法和不良信息举报中心已受理网民举报信息 33 万余条。

2014 年 12 月 10 日，北京市网信办通报，在打击治理移动互联网恶意程序专项行动中，共要求北京属地 21 个手机应用商店下架了 67 款恶意应用程序。其中，包括百度等 4 家被下架恶意程序较多的应用商店被点名。

（二）网络实名制

网络实名制是以用户实名为基础的互联网管理方式，虽然在保护、引导互联网用户方面具有不可忽视的作用，但是对于如何保证网民的监督权和言论空间等问题，一直争议颇大。

其来源，一般都认为是清华大学新闻学教授李希光在 2002 年接受媒体采访时提出：人大应该立法禁止任何人匿名在网上发表东西。经过一段时间激烈的争论之后，李希光自称已经对这个话题丧失了兴趣，"禁止网上匿名是非常不现实的，在法律上和技术上都行不通"。

但在有关部门的推动下，2012 年年底实名制正式立法。2013 年 3 月 28 日，国务院办公厅发布《关于实施〈国务院机构改革和职能转变方案〉任务分工的通知》，规定 2014 年 6 月底前出台并实施信息网络实名登记制度。

2014 年 10 月 9 日，最高法院公布《关于审理利用信息网络侵害人身权益民事纠纷案件适用法律若干问题的规定》，被业界普遍解读为将"倒逼"互联网企业要求网络用户实名登记，使实名制真正进入可操作阶段。

（三）网络安全

网络世界具有社交性质，还有大量的商业活动。网络言论的合法性，个人信息的不受侵犯，个人财产的保护，防范网络欺诈等，既是网络环境的整体安全，也是网民的个人安全。网络安全是指网络系统的硬件、软件及其系统中的数据受到保护，不因偶然的或者恶意的原因而遭受到破坏、更改、泄露，系统连续可靠正常地运行，网络服务不中断。中国目前是网络攻击的主要受害国。仅 2013 年 11 月，境外木马或僵尸程序控制境内服务器就接近 90 万个主机 IP。侵犯个人隐私、损害公民合法权益等违法行为时有发生。

没有网络安全就没有国家安全。2014 年 2 月 27 日，中共中央总书记、国家主席、中央军委主席、中央网络安全和信息化领导小组组长习近平主持召开中央网络安全和信息化领导小组第一次会议并发表重要讲话。习近平强调，网络安全和信息化是事关国家安全和国家发展、事关广大人民群众工作生活的重大战略问题，要从国际国内大势出发，总体布局，统筹各方，创新发展，努力把中国建设成为网络强国。3 月 5 日提交人大审议的政府工作报告，首次出现"维护网络安全"这一表述，这意味着网络安全已上升到国家战略。

随后，北京市政府正式批准将每年 4 月 29 日设为"首都网络安全日"，倡导首都各界群众和网民共同提高网络安全意识、承担网络安全责任、维护网络社会秩序。

（四）互联网知识产权

互联网知识产权就是由数字网络发展引起的或与其相关的各种知识产权。作为一种新技术，互联网在给人们的生活方式、交流方式带来深刻变革的同时，也逐渐成为知识产权侵权的重要场域。近年来，有关域名、通用网址、无线网址的网络知识产权侵权事件层出不穷。搜狐视频、优酷土豆与百度、快播因聚合平台纷争，腾讯、金山与 360 公司互诉对方不正当竞争……聚合平台的法律问题、互联网环境下的不正当竞争已经成为影响产业界探索发展新模式的拦路虎。如何完善和加强互联网时代的知识产权保护，成为一个重要议题。

2014 年 4 月 25 日，由北京市高级人民法院知识产权庭和中国互联网协会调解中心共同举办的"第五届首都互联网知识产权保护论坛"在京举行。会上，来自北京地区的各级法院代表针对"电子商务平台的审查义务""避风港原则下的网站审查义务完善""网络商标侵权""互联网环境下的不正当竞争"以及"聚合平台相关问题"等广受关注的话题进行了深入解读，并提出"有关法律的适用将向完善知识产权审查机制、减轻和减少对权利人的利益分流、促进各方利益分享模式的创新方向发展""从不正当竞争角度规制'聚合平台'问题"等设想。

同时，多家互联网企业出席会议，百度、腾讯、迅雷等企业就网络不正当竞争、云服务等话题发表了观点，引发了与会人员的热烈探讨。迅雷公司表示，目前迅雷公司已与第三方机构联合开发版权保护技术，净化网络盗版传播行为，尽管此举并非法定义务，但迅雷希望借此进一步遏制有害和不良信息的传播，为知识产权保护创建更良好的环境。

二、2014 年首都互联网行业舆情热点

（一）首都互联网行业宏观舆情

2014 年度,首都互联网行业宏观舆情热词仍然包括"信息消费",即一种直接或间接以信息产品和信息服务为消费对象的经济活动,当前的重点是针对 6 项产品和 4 项服务,含功能手机、智能手机、平板电脑、微型计算机、智能电视、IPTV 机顶盒;语音服务、互联网接入服务、信息内容服务、软件应用服务。此外,目前逐渐开始流行的云存储、健康手环、智能手表等可穿戴式设备,都是未来信息消费的典型产品。

据测算,信息消费每增加 100 亿元,将带动国民经济增长 338 亿元。2012 年,美国、日本的人均信息消费支出大约分别为 3400 美元和 2400 美元,中国仅为 190 美元。

2 月 20 日,为了贯彻落实国务院《关于促进信息消费扩大内需的若干意见》而正式颁布实施的《北京市关于促进信息消费扩大内需的实施意见》预计,到 2015 年,北京市信息消费规模达到 1100 亿元,电子商务交易额超过 1 万亿元,一批未来信息消费产品和新型业态初具规模,在全国占有率达到 15% 以上;对全市 GDP 的增长拉动 0.95 个百分点。

"北京促进信息消费一靠改革,二靠创新。"北京市经信委副主任、新闻发言人姜贵平说,在破除阻碍信息消费发展的制度障碍和瓶颈的同时,北京将充分发挥中关村自主创新示范区的优势,在"新型"和"未来"上下功夫,以新业态、新服务、新技术引导消费,创造市场。

北京市信息消费领域的标兵有:

一是小米公司的智能手机。自 2011 年 8 月以来,累计销售超过 2600 万部。随着手机销售的火爆,小米公司正逐步依托终端设备的"技术,产品,服务"上的经验和优势,利用互联网和移动互联网的优势打造一个基于智能终端用户的生态体系。

二是百度的大数据服务。2014 年 1 月 25 日,百度公司研发了基于大数据的"百度迁徙"项目,这是中国首个关于人口迁徙的大数据可视化应用,通过大数据技术与 LBS(基于地理位置的服务)开放平台的结合,以数亿网民日均近 70 亿次定位信息为研究对象,分析、处理和挖掘网民迁徙数据,全程、实时、动态、直观地展现出春节期间人口迁徙的轨迹和动态。

（二）首都互联网行业公司舆情

1. 新浪执行副总裁兼总编辑陈彤加盟小米

2014 年 10 月 22 日,在新浪网深耕 17 年之久的执行副总裁兼总编辑陈彤宣布离职,随即成为微博和朋友圈里最为热门的话题。这与以往某媒体总编辑离职引发的反响大相径庭。

事实上,陈彤的离职跟网易在三年里两任总编辑离职、原搜狐总编辑刘春在 2013 年也从搜狐离职等,都是折射出同一个背景,即汽车之家、金融界等垂直网站的兴起,移动化、垂直化、社交化的加速到来,大而全的门户网站已经沦为传统媒体。在迫切的转型期,在广告之外的新商业模式的挖掘过程中,商业化的压力远大于内容运营的压力,总编辑的重要性相对降低,角色越来越不好扮演。

加速推进垂直化转型,正是门户网站目前面临的最大挑战。早在 2005 年,时任网易总编辑的李学凌就提出要将频道独立为子公司。新浪则在 2008 年将房产和家居频道分拆,和易居中国组建了新浪乐居并借壳上市。搜狐也在 2009 年将汽车频道升级为汽车事业部。陈彤离开之后,新浪门户几个中心被分拆成各个事业部,机制更加灵活,自主权也更大,显然是意图在各个垂直细分市场复制新浪乐居模式。

11 月 4 日下午,小米正式宣布陈彤加盟小米公司,担任小米公司副总裁,负责内容投资和内容运营。小米计划第一期 10 亿美元投资内容产业,由陈彤负责。陈彤和小米联合创始人王川一起肩负起小米电视与小米盒子中视频内容建设的重任。

2. 陌陌上市,网易突袭

2014 年 12 月 10 日凌晨,网易突然发布声明,对正处于赴美上市前夕的陌陌公司创始人、CEO、前网易员工唐岩,提出职业道德质疑。声明称唐岩于 2003 年至 2011 年就职于网易期间,存在各种违反《劳动合同法》,违背职业道德的行为,伤及网易的商业利益。其中,尤以利用职务之便向其妻子所在广告公司输送经济利益;对网易隐瞒其在 2007 年因个人作风问题被警方拘留 10 日这两点最引人注目。随后,李甬、方三文等其他网易离职老员工纷纷站出来支持唐岩,声称网易是家"奇葩"公司。而在朋友圈里,吐槽"丁三石"的段子也大批量流传。

但这场骂战并没有对陌陌的上市进程造成实质性影响。12 月 11 日,陌陌在纳斯达克交易所挂牌上市,交易代码为"MOMO",开盘价 14.25 美元,较发行价上涨 5.6%,市值 26.57 亿美元。

3. 百度直达号剑指微信公众号

2014 年 9 月 3 日,百度在一年一度的百度世界大会上宣布,"直达号"公众平台投入应用,以此为核心的、连接传统企业与移动互联网的百度新战略正式实施。"直达号"是商家在百度移动平台的官方服务账号,基于移动搜索、@账号、地图、个性化推荐等多种方式,让顾客随时随地直达商家服务。简而言之,就像是一个传统企业在移动端的官方网站,但是这个"移动官网"不仅能够展示公司及其产品服务的相关信息,还覆盖了产品展示、营销平台、支付环节及用户反馈的整个商业流程。比如餐饮企业可以完成订位订餐,查看菜单和点菜买单等。

仅仅几小时之后,一张百度直达号和微信公众号对比的图片在社交网络上广泛流传,图片中百度直达号的各项指标均完爆微信公众号。百度直达号究竟能不能超越微信公众号呢?在业界人士看来,中国的社会商品零售总额2013年就超过了20万亿元,如此巨大的市场完全可以同时承载百度、腾讯、阿里甚至京东、58同城、苏宁这些企业同时做本地生活服务,空间足够大的情况下大家各施所长,都可以活得很好。所以百度推出直达号颠覆的不是微信,而是落后的传统的本地生活服务市场,并且帮助到更多的线下商户进行触电。

就在百度发布"直达号"的几天前,腾讯宣布了名为"微信智慧生活"的全行业解决方案,阿里则上线了"支付宝钱包开放平台",也都宣称旨在促进传统行业向移动互联转型。互联网巨头们向传统企业频频抛来橄榄枝,无外乎是希望更多的传统企业能够"安家"在自己的平台上,进入自己的生态圈。

4. 小米联手北京银行进军互联网金融

2014年2月19日,小米公司与北京银行签署移动互联网金融全面合作协议。根据协议内容,双方将在移动支付、便捷信贷、产品定制、渠道拓展等多个方向探讨合作。具体而言,基于小米公司互联网平台的综合金融服务,双方的合作范围包括基于近距离无线通讯技术(NFC)功能的移动支付结算业务、理财和保险等标准化产品的销售、货币基金的销售平台以及标准化个贷产品在手机/互联网终端申请等。

为实现上述目标,北京银行将针对小米公司客户群设计专属产品流程。其初步规划包括:为小米公司股东和员工提供个人信贷融资服务及个人理财、投资服务;小米公司成为北京银行的产品拓展渠道和产品开发合作伙伴,支持北京银行向其用户及员工提供零售金融服务,如银行卡、理财、基金、保险、信用分期、外币兑换等。

2014年4月15日上午,北京市金融工作局召开互联网金融企业座谈会,宜信、小米、融360、天使汇、百度、合力贷、有利网、91金融等8家企业高管受邀出席。大家集中关心的问题包括:机构主体资格的进一步明确,征信系统的接入,电子合同有效性和规范性,抵押登记制度改革,以及小贷公司担保资格等。

三、结 语

2014 年,在加强监管、媒体融合和技术进步等要素的推动之下,首都互联网舆情发生了格局性的转变。在日趋复杂、多元的社会现实下,官方和民间两个舆论场的打通,既取得了显著的成效,也面临着巨大的挑战。

互联网的魅力,既在于未知远远大于已知,又在于"自由、包容、多元"的基因。主导其变化与前行的内生性和驱动性力量,亦根源于此,不以任何人的意志为转移。政府的监管工作,当在严厉打击违法犯罪行为的同时,更多寻求市场化的解决方案,适应、拥抱、引导媒介形态的急剧变化。唯有如此,才能使得网络世界的"晴空初现"真正走向"晴空万里",才能使得首都北京乃至全国的网络舆论散发出更加充沛的正能量。

（作者简介:曹甲清,华声财讯总编辑,著名财经评论员、舆情管理专家,《集资阵痛》作者）

"互联网+"时代的立法与公共政策

腾讯研究院

2015 年 3 月 5 日,李克强总理在提请十二届全国人大三次会议审议的政府工作报告上,首提"互联网+"行动计划。3 月 25 日,李克强总理主持召开国务院常务会议,强调要顺应"互联网+"的发展趋势,以信息化与工业化深度融合为主线,重点发展新一代信息技术等 10 大领域。

"互联网+"和很多新概念初期一样,目前仍呈现一种开放性和发展性,各行各业正在用实践为其注入新的内涵,进行更深层次的诠释。从总体来看,"互联网+"是指互联网与传统行业融合创新,创造更多新兴产业和新兴业态,推动经济社会各领域的繁荣发展。

在国家层面上,"互联网+"概念的正式提出,意味着政府与业界形成了一种共识,即互联网的基础性作用、先导性作用以及战略性地位日益提升,其与传统行业的融合创新,将形成新的经济增长点,成为新常态下推动经济转型升级,提升社会管理水平,增进人民福祉的战略重点,开启了互联网服务经济、民生发展的新篇章。

法律政策环境是产业健康有序发展的保障。互联网行业的长期实践证明行之有效的一些商业模式、经营理念、运行方式、产品技术以及创新精神等,已形成所谓的"互联网基因"。在很大程度上,"互联网+"就是将这种基因注入传统行业,进行基因层面和生态层面的提升改造,产生大量全新的"商业物种",以及新的商业生态和利益格局,并焕发出强劲生机,也带来前所未有的大变局,对现有的制度体系带来冲击。

一、"互联网+"需要"包容性治理"的理念

党的十八届四中全会《决定》提出,要坚持系统治理、综合治理、源头治理,提高社会治理法治化水平,支持各类社会主体自我约束、自我管理,发挥行业规章等社会

规范在社会治理中的积极作用。这种"包容性治理"的理念,对于"互联网+"带来的新局面非常必要。

长期以来,我国一直强调"互联网监管"的理念与思路。互联网监管强调的更多的是政府单方面的管理。目前,我国互联网行业监管体系沿用了传统行业监管体系,主要强调市场准入监管,以准入为抓手,通过牌照等方式管理。"互联网+"时代的到来,新业态不断出现,并呈现出平台化、融合化、自媒体化等特征,既难以预见和穷举,也难以清晰界定和分类。各级行业主管部门对互联网监管边界、监管目标和监管定位的认识存在诸多困惑与分歧。互联网业务多重属性日益突出,"齐抓共管"中部门间职责交叉大量存在,监管越位、缺位与错位问题不断。与此同时,由于"互联网+"进入传统行业后对传统行业和既得利益造成冲击,并与维护现状的法律制度发生冲突,使得"互联网+"面临体制、机制和法律制度的困境。

面对互联网管理新局面,迫切需要转变思路与理念。国际上"互联网治理"概念提出已久。2006年11月,联合国根据2005年11月在突尼斯举行的信息社会世界峰会的决定而设立国际互联网治理论坛(IGF)。"互联网+"时代,我国需要实现由"监管"到"治理"思路的转变,并倡导"包容性治理"。

第一,差异化监管。在监管过程中,坚持具体问题具体分析,根据被监管对象本身的特点,尤其是面对新生"商业物种"的商业模式、经营方式等与传统不同,不能削足适履,强迫新事物符合旧的监管框架,而应在监管中鼓励创新,宽容试错。

第二,适度监管。监管过度可能扼杀产业的创新动力,监管不足则可能导致市场秩序的紊乱,甚至危及产业的发展。由于"互联网+"进入传统行业后对落后生产力和既得利益造成冲击,并与维护现状的法律制度发生冲突,使得"互联网+"面临体制、机制和法律制度的困境。若以工业时代的法律政策为准绳,今天很多没有实质危害性的创新事物,都难免带有灰色甚至"形式违法"的特征,此时在这种"二律背反"的困境下,适度监管就成为"互联网+"治理的理性选择。

第三,柔性监管。近年来,寻求更多协商、运用更少强制、实现更高自由的观念,日益深入人心,很多国家都在考虑如何运用诱导的方式,促使监管对象能够自发地在竞争发展中注意风险的预防和化解,这促使了柔性监管手段的兴起和运用,使政府不但是执法者,而更像一个教练。

第四,内生性治理。与一味强调政府监管相比,"互联网+"更需要强调市场的力量,通过市场的充分竞争和鼓励更好的商业模式,实现监管的目的。比如,出租车行业长期以来管制的主要目的是保障服务质量和顾客权益,而打车软件的出现,提供了更优质、更廉价的管制解决方案。现在,无论是出租车还是专车,司机的联系方式、家庭背景等资料都被互联网详细备案,服务评价更为简单,投诉更有威慑力,司机改善服务的意愿更强,相比之下,延续至今百年的行业准入、专营制度显得笨重低效。内生性治理,就是在政策制定中主动发现、充分运用这种内生动力,实现治理的目标。

第五,多元合作治理。多元合作,强调治理不仅要包括政府管理,也更多包括行业自律、企业自治、消费者意识提高等诸多因素。当然,企业的参与不在于承担政府职能进行相应管理,而在于发挥市场竞争的力量,不断提高产品和服务质量,加强自治、自律和自觉。

二、"互联网+"需要积极落实配套政策

(一) 建立科学合理的平台责任制度

近年来我国互联网立法实践中,很多草案将原本由公权力机关享有的对违法行为进行认定、处理的职权,规定为互联网平台企业承担的义务(第三方义务)。比如,《广告法》修订、《食品安全法》《互联网食品药品经营监督管理办法》等法律法规的草案中,要求企业就其平台内的"违法行为"承担"发现—制止"的义务,否则需承担相应的行政处罚。

这种不合理的平台责任制度,固然可以降低监管成本和舆论风险,但会带来一系列负面后果。原因在于:首先,行为是否"违法",只能由执法机关、司法机关依法认定,企业不具备法定资格。其次,企业对他人采取"制止"行为,其后果很多时候与行政处罚大致相当,但是没有相应的程序和救济来保障用户的权益,即便可以通过民事诉讼主张权利,但是民事证据规则、证明责任等和行政诉讼中对相对人的保护也有很大差距。第三,违法行为认定标准复杂,平台缺乏专业人员、专业知识及技术手段,难以实现对于违法行为的有效认定,立法目的难免落空。按照该制度设计,监管机关可以通过互联网信息服务提供者这样一个"抓手",替代承担执法成本、法律风险和舆论风险,但必然对我国互联网产业的创新和发展产生负面影响,尤其对于刚创业起步的中小型平台企业冲击将更加明显。

第三方平台义务问题是当前各国互联网发展中普遍面临的问题,美、欧、日、韩等国家或地区相关立法均未要求其承担极为严格的责任,仅要求其履行合理注意义务,即根据过错承担相应责任,而非赋予其直接监管的义务。

李克强总理在政府工作报告中指出,"推进社会治理创新。注重运用法治方式,实行多元主体共同治理"。在互联网领域,也要努力形成政府、互联网信息服务提供者、用户、行业自律组织共同发挥作用的规则体系。"以网管网"不是将管理责任由政府统管一切都推到互联网企业一方,由一个极端走向另一个极端,而是应当强调:

（1）善于利用互联网最新技术治网，搭建智能化监控系统，减少人力成本；（2）善于利用社会化网络治网，引入多元合作的互联网治理新模式，开放参与渠道，共同发挥网民、互联网企业、行业自律组织以及政府的优势力量；（3）提倡互联网思维治网，政府部门转变单向行政管理思路。

事实上，只要在一个科学合理的制度设计下，企业可以辅助政府做很多治理工作。比如，可以规定平台企业对涉嫌违法行为有发现、及时举报义务，对经有权部门依法认定的违法行为进行配合处理、证据保全等义务。此外，还可以建立"负面清单+黑名单"制度，由有权部门进一步明确细化违法行为和违法标准，形成负面清单，互联网信息服务提供商对照执行；对经有权部门确认违法的删除指令拒不执行，不遵守法律、法规要求的，互联网信息服务提供商要主动纳入黑名单，严格管理。此外，还可通过利用互联网最新技术搭建智能化监控平台。

总之，应在立法层面建立科学合理、与产业发展相适应的平台责任制度，综合发挥网民、互联网企业、行业自律组织以及政府作用，多方参与，多管齐下，共同推进"互联网+"的发展。

（二）加强网络安全立法

党的十八大报告中指出，"海洋、太空、网络空间安全，是关系到国家利益的三个重要方面"。党的十八届四中全会《决定》也提出要加强网络安全方面立法。

国际层面，从 2003 年开始，美国相继发布其《网络空间国家战略》（2003 年）、《网络空间可信身份标识战略》（2011 年 4 月）及《网络空间国际战略》（2011 年 5 月）。从欧盟来看，2005 年，德国通过了其《信息基础设施保护国家计划》。2006 年，瑞典制定了《改善瑞典网络安全战略》。2007 年，爱沙尼亚在受到严重网络攻击后，于 2008 年发布了欧盟第一个广泛的国家层面的网络安全战略。目前，欧盟已有 10 个成员国发布了国家网络安全战略。一些成员国正在制定其网络安全战略，部分即将发布。此外，部分成员国有非官方或非正式的网络安全战略。2013 年 2 月，欧盟委员会发布了其第一个欧盟范围的《网络安全战略——一个开放、可信、安全的网络空间》。此外，韩国、日本等国也纷纷发布其网络安全战略，阐述其网络空间的相关立场、主张及措施等。

我国目前尚缺乏网络安全的顶层设计，尚未发布《网络安全战略》。网络安全是"互联网+"时代根本保障，我国也应尽快出《网络安全战略》，加强网络安全顶层设计，完善网络安全相关立法，将网络安全问题法治化。同时，网络安全问题立法也应综合平衡各种需求和价值，遵循"比例原则"，避免安全问题泛化。

（三）建立科学合理的个人信息保护制度

大数据时代,个人信息保护立法成为全球热点。自20世纪70年代以来,针对信息通信技术飞速发展带来的个人信息泄露和滥用问题,西方发达国家开始了个人信息保护的立法实践。在"国家主导,统一立法"的欧盟模式和"倡导自律,分散立法"的美国模式的影响及推动下,目前,全球约五十多个国家和地区制定了个人信息保护法。目前我国没有制定关于保护个人信息的专门立法,散见于法律、法规、规章中,缺乏体系。此外,我国对网络环境下个人信息保护相关的立法主要针对网络信息安全制定,其出发点在于网络安全。

为了更好地保护个人信息、发挥大数据在"互联网+"行动计划中的作用,我国也应在立法中建立与我国互联网产业发展相适应的个人信息保护制度,明确个人信息的监管机构与职责,明确个人信息处理者的权利与义务,建立与产业发展相适应的个人信息保护制度,为大数据合理运用数据划清边界。此外,还应该切实提高个人信息保护的观念和意识,加强行业自律,推行行业个人信息保护宣言、建议、指南等。

（四）出台公共数据开放政策

大数据正成为继互联网、云计算、移动互联网和物联网之后引起广泛关注的新概念,将像能源、材料一样,成为战略性资源。2013年5月9日,奥巴马正式签署并发布行政命令《政府信息公开和机器可读行政命令》(下称"行政命令"),为进一步推动公众创新活动、企业经济发展以及促进政府透明化和工作效率,政府将推动数据开放。作为政府数据开放工作的一部分,联邦管理预算局以及科技政策局同时联合发布了《数据开放政策》。2011年12月12日,作为欧盟2020年数字议程的一项行动目标,欧委会通过了《公共数据数字公开化》决议。

纵观全球范围内的数据开放政策,虽然历史不长,但发展十分迅猛,并且体现了以下几大特点:(1)政府主动承诺,以政策和立法推动逐步开放数据;(2)建立统一的政府开放数据门户网站,集中提供可直接利用的数据是通行做法;(3)数据开放紧密围绕公共服务需求,民生类数据优先程度高。

我国至今还未推出相应的开放数据政策,而与开放数据相关联的数据所有权界定、授权、个人隐私保护等议题也都尚在讨论中。2015年"两会"期间,李克强总理明确表态,政府应该尽量公开非涉密的数据,以便利用这些数据更好地服务社会,也为政府决策和监管服务。这是中国政府首次正式公开表态支持数据开放。此前中国各级政府一些部门已在数据开放上有所尝试,但整体规则目前尚未明朗,如何界定数据的公共信息属性,是否构建统一的数据开放平台,以及数据开放过程中的透明化与公私合作关系,都是有待探讨的问题。

可以预见,在"互联网+"时代,大数据应用将给中国经济发展带来新的机遇,深刻影响零售、金融、教育、医疗、能源等传统行业。"互联网+"时代我国信息化法制建设中,应紧紧抓住该历史机遇,制定政府数据开放相关立法及政策,促进公私合作,促进大数据技术应用,保障大数据产业发展及我国信息化建设。

三、"互联网+"需要政策鼓励公共部门率先垂范,推动应用创新,深挖服务潜力

十八届四中全会报告中指出,"加强互联网政务信息数据服务平台和便民服务平台建设",2015 年《政府工作报告》指出,"实现治理现代化,全面实行政务公开,推广电子政务和网上办事",明确"提供基本公共服务尽可能采用购买服务方式,第三方可提供的事务性管理服务交给市场或社会去办"。"互联网+"不仅是加快经济社会发展的新动力,持续推进民生改善的新途径,也是推进国家治理体系和治理能力现代化的必然要求。

"互联网+政务"可以助力提升国家治理能力。针对目前电子政务普遍面临信息孤岛、管理本位、应急响应不到位、利用率低等问题,可以移动互联网为平台,积极运用云计算、大数据等互联网技术,深挖公共服务的创新潜力,在交通管理、在线审批、政务发布、舆情管理、内部办公、应急预警、污染举报等各类应用场景中为政府提供更加现代化、更加科学的政务管理手段,助力建设开放、透明、服务型政府,实现政府治理能力现代化。

"互联网+民生服务"可以助力实现智慧民生、信息惠民。以营造普惠化的智慧生活为目标,大力提升移动互联网在市民出行、看病就医、公共缴费、社保、旅游等民生领域广泛的普及应用,整合优化公共资源配置,增加公共服务供给,提升社会的整体效率和水平。

除了工具层面、器物层面的"互联网+",公共部门不妨借鉴已根植于互联网企业灵魂中的"用户思维",注重提供公共管理和服务的"用户体验",据此设计、提供公共管理和服务,并"快速迭代",持续优化,以创新、合作、用户至上的"企业家精神"(Entrepreneurship),赢得群众口碑。

四、"互联网+"需要积极发挥民间智库作用

2015 年 1 月,中共中央办公厅、国务院办公厅印发了《关于加强中国特色新型智

库建设的意见》，提出中国特色新型智库是党和政府科学民主依法决策的重要支撑，是国家治理体系和治理能力现代化的重要内容，是国家软实力的重要组成部分，要重点建设一批具有较大影响力和国际知名度的高端智库，建设高水平科技创新智库和企业智库，充分智库咨政建言、理论创新、舆论引导、社会服务、公共外交等重要功能。2015年《政府工作报告》也提出要"积极推进决策科学化民主化，重视发挥智库作用"。

"互联网+"正在急剧改变甚至颠覆我们的生产生活方式，相关商业活动越来越活跃，市场变化越来越快，所涉利益群体也越来越复杂多样，利益诉求和表达方式也越来越多元，公共政策的专业性越来越强。当前对于"互联网+"的概念、内涵、意义等各方面认识并不统一，需要多方面讨论论证。长期以来我国主要是政府智库支撑此类重大决策，有其局限性。民间智库，尤其是我国近年来互联网企业创办的民间智库与互联网行业实践紧密结合，产生了大量研究成果。与官方智库相比，民间智库有以下优势：首先，与行业实践紧密结合。互联网企业智库诞生于互联网企业，根植于互联网行业，与行业实践紧密结合，能得到第一手鲜活的实践案例及经验。此类实践经验及案例是宝贵的研究资源，也是重要的决策参考。其次，互联网企业智库体制机制较为灵活。我国互联网企业智库成立时间不长，相比政府智库，体制机制较为灵活，没有太多历史包袱，在"互联网+"时代，更容易捕捉瞬息万变的行业变化，迅速作出反应。再次，互联网企业智库在近年内也迅速完成了人才储备及专业训练，具备了建言献策的专业能力。因此，"互联网+"时代应积极发挥此类民间智库的作用，在决策过程中充分吸收此类智库的研究成果，做到科学决策、民主决策。

（作者简介：司晓，腾讯研究院秘书长；赵治，腾讯研究院法规研究总监；蔡雄山，腾讯研究院高级研究员；杨乐，腾讯研究院高级研究员；彭宏洁，腾讯研究院研究员；廖怀学，腾讯研究院助理研究员）

文化产品内容审查面临的问题及建议

沈　睿

对文化产品进行内容审查一直以来都存在很大争议。欧美资本主义国家也经常以此为话题攻击我们的社会制度。新年伊始，习近平总书记提出"对中国共产党而言，要容得下尖锐批评"。如何贯彻习总书记指示精神，使内容审查工作在国家安全、社会稳定与艺术创作、言论自由之间找到平衡点是内容审查工作面临的重要课题。

一、对文化产品进行内容审查是国际通行惯例

无论是在欧美资本主义国家，还是在以我国为代表的社会主义国家，内容审查都普遍存在，工作内容也大体相同。主要遵循五个原则：文化传统、民族风俗、未成年人身心健康、著作权保护以及国家安全。电影分级制度以及经常见诸报端的安全部门工作人员在离职后因出版回忆录而引起的纠纷就是欧美内容审查的具体表现。2011年8月6日伦敦骚乱后，欧美国家更是加强了对 Twitter、Facebook 和手机短信的监控。

在2009年世贸组织审理的中美贸易知识产权争端中，内容审查甚至得到了世界贸易组织争端仲裁小组和专家组的明确认可。2007年2月，美国向世贸组织投诉，美方投诉有三项内容，其中第一项就是指责中国版权法(指《著作权法》)不保护那些不符合中国"内容审议"标准的产品的版权。2009年1月26日，世界贸易组织争端仲裁小组作出初步裁定，8月12日，世贸组织相关专家组作出最终裁决。无论是争端仲裁小组还是专家组在作出的结论中均强调国家有权基于文化传统和民族风俗进行内容审查，作出的裁定"不影响中国对文化产品内容的审查权"。

二、内容审查是实现社会有效管理的重要手段

当前,我国正处于各种社会矛盾的集中爆发期,文化产品既担负着反映社会现实、实现社会监督的积极作用,也承担着弘扬社会正气、化解社会矛盾的特殊功能,文化产品特别是网络媒体更是理想的还魂丹,现实的止疼药,二者的有效融合在内容审查工作上表现得尤为突出。在社会管理中,对那些故意贬损中国历史和文化的、故意展现淫秽色情和低俗内容的、故意挑拨民族矛盾和宗教教派矛盾等内容的文化产品,如果任其传播,所造成的负面效果和引起的社会矛盾将会远远大于言论自由创造的正面效应。2012 年 9 月 11 日,美国导演萨姆巴西莱制作的影片《穆斯林的无知》因被认为是侮辱伊斯兰教而引发大规模抗议,最终导致民众冲击美国驻利比亚领事馆并导致大使史蒂文森等三人死亡一案,就是最近的例证。

三、当前内容审查工作面临的问题

内容审查工作的确面临一些问题。这些问题以及问题所带来的负面效应正成为许多矛盾的焦点,也为国外敌对势力攻击我们的社会制度提供了口实。问题主要表现在两个方面:

(一)审查工作的开展缺少法律规范

与西方国家对我们的攻击和许多人的想象不同,我国的文化产品内容审查迄今为止仍处于犹抱琵琶半遮面的状态。审查工作多由相关文化管理部门完成,文化、新闻出版、广电以及新闻办等部门都在从事这项工作。在这些文化部门中没有设立专门的审查机构,多数把审查工作交由许可审批部门完成,审查依据也都是著名的原则性规定——"十个禁止",既没有专门的法律法规,也没有具体的操作细则和统一的审查程序,对作出的审查结论更欠缺申诉程序。此外,由于审批职能的交叉,许多文化产品特别是网络产品几乎每个部门都能找到自己应该审查或不予审查的理由和依据。这种制度上的欠缺,往往使从事具体审查工作的人员和机构陷入两难,工作起来不能理直气壮,受到指责有口难言。

(二)审查标准的把握需要与时俱进

信息技术的发展使人们的生活方式、思维方式和社会管理模式都发生了深刻的改变,艺术表现形式必然会追随这些改变而发生变化。微电影、行为艺术、网络游戏、

RAP、小剧场话剧等文化产品在年轻人中更受欢迎,对传统艺术表现形式造成的冲击在今后相当长的一段时间内将会更加明显。这些新兴的艺术产品和表现形式,并不受制于传统的文化场所和传播媒介,也一定会涉及社会问题。如何与时俱进地对新兴文化产品和艺术表现形式进行内容审查是我们面临重大挑战。

需要特别指出的是,在文化产品的审查工作中,如何贯彻习总书记提出的"要容得下尖锐批评"和法规规定的"十个禁止"是摆在我们面前的紧迫课题。这需要依靠审查人员的专业知识、个人阅历以及法律和政策环境来确定。如果内容审查只有原则性规定而没有具体操作性规定,审查往往会依个人的喜好作出判断。

四、结论与建议

虽然文化产品多种多样,艺术表现形式各不相同,但我国内容审查所遵循的工作原则和审查标准却是大体相同的。为了艺术的繁荣发展,为了社会矛盾的有效化解,也为了避免西方敌对势力对我们的攻击,我们应该也可以将内容审查纳入法制化的轨道,在专门的机构、专业的人员和明确的审查标准下开展工作。这需要在理论创新、组织机构和工作模式三个方面加以完善。

(一)加快理论创新。目前,我们对内容审查工作的必要性、可行性以及工作特点的研究还远远不够,尚未形成完整的理论体系,对工作中可能出现的问题和遇到的困难估计不足,许多同志甚至主要依靠理想和美好愿望来进行实际的审查工作。事实上,随着时代的发展,内容审查已经成为我们实现社会管理的一种手段,它是文化产品的刹车片,不是艺术创作的发动机。好作品是创作出来的,不是审查出来的,那种寄希望通过审查来提高艺术作品的思想境界,甚至认为"没有意义的笑是没有意义的"想法千万要不得。对这些出现的问题,我们应当深入开展研究,加快理论创新,形成理论体系。

(二)内容审查率先实行"大部制"。要将内容审查的权力从各个不同的文化部门中剥离出来,成立文化产品内容审查委员会,制定专门的法规,明确委员会的法律地位、工作程序和人员构成,明确不服审查决定的申诉途径和拒不履行审查决定的法律后果,使内容审查工作与文化市场监管工作密切结合起来。

(三)在工作模式上,可以借鉴文物部门的分类方式,针对不同的文化产品和艺术表现形式设立若干分会,邀请相关领域的权威作为审查员,充分考虑审查人员的政治素质、年龄资历、社会影响和艺术成就,努力形成"艺术家劝艺术家""艺术家管艺术家"的工作模式。对难以把握的问题甚至可以在一定范围内交由社会公众来讨论决定。

(作者简介:沈睿,北京市文化执法总队执法四队队长)

评析新《广告法》修订

腾讯研究院

2015 年 4 月 24 日下午,第十二届全国人大常委会表决通过新修订的《广告法》,自 9 月 1 日起施行。这是《广告法》自 1995 年 2 月 1 日颁布实施以来,时隔二十余年的一次全面大修,对广告行业会产生深远的基础性影响。新《广告法》从工商总局、国务院法制办,到国务院常务会议,再到全国人大常委会的三次审议,其中多处条款经历了多个版本变化,亮点颇多,包括对广告主、广告发布者和广告经营者的权利义务关系进行了重新梳理定位;强化了工商行政管理部门对广告违法行为的监督管理责任;顺应了现代广告产业尤其是互联网广告蓬勃发展的新局面新情况,对规范广告活动,保护消费者的合法权益,促进广告业的健康发展,维护社会经济秩序具有积极意义。

一、《广告法》实施的产业背景发生巨大改变,北京广告业发展居全国前列

经过二十余年的发展,我国广告产业取得了长足进步。2013 年,中国广告市场规模达 5020 亿元,同比增长 6.85%,成为世界第二大广告市场。其中:2013 年北京实现广告营业收入超过 2000 亿元,位于全国前列。在广告市场结构中,网络广告地位愈加凸显。据统计,2013 年中国网络广告市场规模达到 1100 亿元,与 2010 年 325.5 亿元相比,短短 3 年增长超过 2 倍。且据艾瑞预计,2017 年中国网络广告市场规模将达到 2852 亿元,复合增长率为 26.89%(见图 3-32)。

从地区分布来看,在 2013 年的中国广告经营收入,北京地区广告经营额仍稳居全国首位,占全国广告经营总额的 35.8%。广告经营收入排名前三的地区依次是北

（单位：亿元人民币） （单位：%）

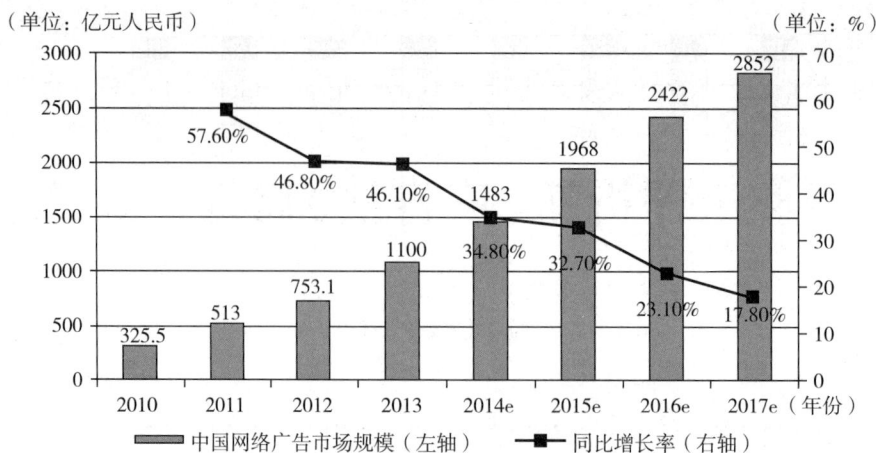

图 3-32 2010—2017 年中国网络广告市场规模

数据来源：艾瑞中信建投研究发展部。

京、江苏、上海。排名前五的省区市广告经营收入总和为 3456.39 亿元，占全国广告经营总额的 2/3 强，达到 68.86%。其中：北京 17 个区县按照广告营业收入排序，前四位是朝阳、西城、海淀、东城，顺义、丰台、平谷和大兴紧随其后。据北京市工商部门登记数据显示，截至 2013 年年底，全市共有广告经营单位 24803 户，广告从业人员 106764 人，比 2012 年的 98670 人有所回升。

在比重上，与传统媒体广告相比，网络广告发展势头尤为迅猛，网络广告占中国广告市场的份额由 2005 年的 4.80% 上升到 2013 年的 20.8%，现在已经超越报纸、杂志和户外成为仅次于电视的第二大媒体。截至 2013 年年底，北京全市共有网络广告企业 177 家，网络媒体广告收入前十名中有 8 家总部位于北京，收入占前十名总和的 61.5%。随着互联网的进一步普及和互联网经济的发展，据预测至 2016 年网络广告收入将会超过电视广告，成为中国最大的广告市场。

虽然 2013 年中国广告市场规模占 GDP 比重为 0.88%，未来五年广告市场占 GDP 的比重可能达到 1%—2%，并拥有万亿规模，但是我国广告产业的发展与美国、日本等发达国家相比仍还有较大差距。单从网络广告的规模上看，2013 年国内网络广告规模仅相当于美国 2007 年的水平，落后于美国 6 年。这主要因为：一方面我国广告市场起步较晚，产业分散、市场成熟度较低，媒体资源价值没有得到充分挖掘；另一方面则是法律政策与现代广告产业发展出现不相适应的地方。此次《广告法》修订在上述产业大变革的背景下展开，与时俱进，对产业变革作出了回应。

（单位：%）

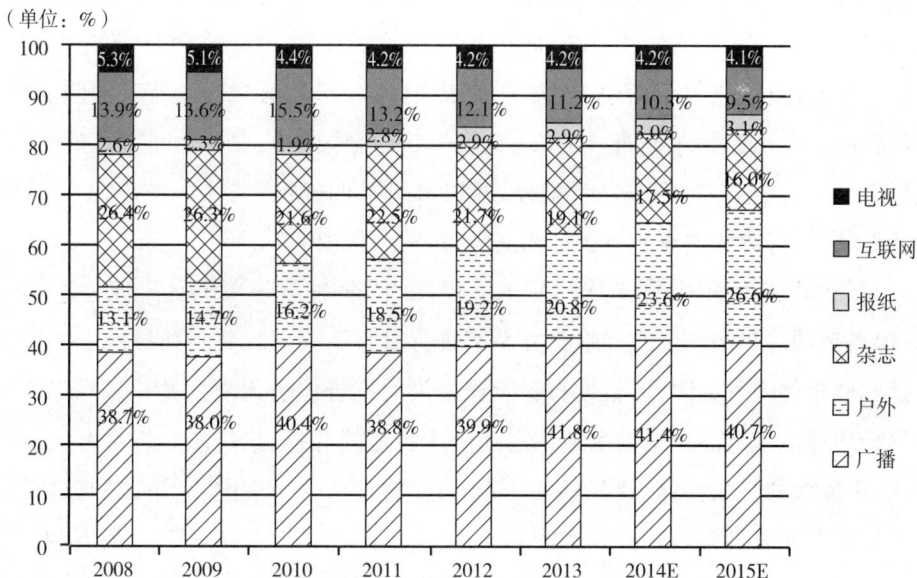

图 3-33 2008—2015 年中国广告市场格局

数据来源：Zenithoptimedia，中信建投研究发展部。

二、从"核实"到"核对"，重新明确了广告主、广告经营者和广告发布者的法律责任

此次《广告法》修法的最大亮点之一，即是第三十四条第二款规定，"广告经营者、广告发布者依据法律、行政法规查验有关证明文件，核对广告内容。对内容不符或者证明文件不全的广告，广告经营者不得提供设计、制作、代理服务，广告发布者不得发布。"根据条文的规定，广告经营者、广告发布者只需要依法查验有关证明文件，"核对"广告内容，承担形式审查义务。

从"核实"到"核对"几经波折。现行《广告法》第二十七条规定，"广告经营者、广告发布者依据法律、行政法规查验有关证明文件，核实广告内容"。自 2013 年 6 月 18 日修法开始，国务院法制办、工商总局在《广告法》修订座谈会上第一次发布征求意见稿，其中第三十二条第一款仍然沿用原规定，"广告经营者、广告发布者应当建立健全广告审查管理制度，配备熟悉广告法律、法规的广告审查人员，依法查验有关证明文件，核实广告内容"。不过，后来国务院法制办发布的征求意见稿第三十五条将"核实"修改为"核对"，具体规定"广告经营者、广告发布者接受他人委托设计、制作、发布广告，应当依法查验有关证明文件，核对广告内容"。但是在全国人大常委

会一审稿中，又将"核对"修改为"核实"，规定广告经营者、广告发布者应当依法"核实"广告内容。在 2015 年 4 月 8 日《广告法》最后一次修改评估会上，第三十四条第二款还是规定"广告经营者、广告发布者依据法律、行政法规查验有关证明文件，核实广告内容"。最后，2015 年 4 月 24 日第十二届全国人大常委会表决通过的《广告法》第三十四条第二款将"核实"又修改回"核对"，明确规定"广告经营者、广告发布者依据法律、行政法规查验有关证明文件，核对广告内容"。

与 20 世纪 90 年代的广告业态相比，现代广告行业发展在用户日到达率、沟通模式、覆盖范围、信息容量、交互性等方面都具有显著不同。现代传播技术下的广告形式能够展示的内容无限，广告发布者能够提供的广告位也无限。尤其是网络广告还可以最快速度把产品介绍精准地推送到全球各地的客户，比传统广告具有更宽的覆盖面，更庞大的受众群体。将"核实"修改为"核对"，一字之差，天壤之别，这是立法机关尊重行业发展客观规律和实践的选择，重新界定了广告主、广告经营者和广告发布者对广告内容真实性的法律责任，以法律维护了分配正义。

新《广告法》总则第四条第二款中新增"广告主应当对广告内容真实性负责"规定，将广告主明确为广告内容真实性的第一责任人。广告是广告主针对商品的受众，为达到广告目的而举行的有关商品、服务或创意的宣传活动。因此在整个广告产业链中，广告主是广告活动的主动发起者，而广告经营者、广告发布者只是接受广告主的委托，设计、制作、发布广告；广告主、广告经营者、广告发布者三者具有不同的职能和分工，广告经营者和广告发布者是为广告主服务的辅助角色，只有广告主对自己的产品和服务最为了解，理应对其广告真实性负责，后两者依法核对相关证明文件。所以法律应该赋予广告主确保广告内容真实性的义务，并要求广告主对其提供的证明文件真实性负责。一旦出现违法广告行为，首先应该审查广告主是否违反了真实性义务。如果是，则广告主应当承担第一责任，而广告经营者、广告发布者仅对证明文件承担审查责任。这样的规定体现了立法者敏锐洞察到广告产业链中各行为主体对违法广告的识别和控制能力不同，从而赋予其不同义务，并要求其承担不同的法律责任。

虽然从"核实"到"核对"几易其稿，表面上看只是一个字的改动，但是实际上是广告经营者、广告发布者从承担"实质审查义务"到承担"形式审查义务"的重大变化，是对广告主、广告经营者和广告发布者三方主体法律责任的重新梳理。这一过程历经两年，从工商总局、国务院法制办、国务院常务会议，最后到全国人大常委会，前后涉及多个国家机关多次变动。从"核实"到"核对"，是现代广告行业发展、分工细化的必然结果。

三、客观评价网络游戏对未成年人的影响，
为文化创意产业发展预留空间

2013 年 8 月，国务院法制办公室在互联网行业内征求意见时，新增第三十九条规定："不得在针对未成年人的大众传播媒介上或者针对未成年人的频率、频道、节目、栏目上发布药品广告、医疗广告、医疗器械广告、网络游戏广告、酒类广告"，将网络游戏广告与药品、医疗、医疗器械和酒类广告同等对待。随后，国务院法制办公室公开征求意见稿第四十二条延续这一写法。2014 年 12 月，全国人大常委会一审稿第三十七条对于网络游戏广告仍然采取该"一刀切"的规定，全面禁止在面向未成年人的大众传播媒介上发布网络游戏广告。

直到 2015 年 4 月 8 日的立法评估会上，征求意见稿对网络游戏广告终于增加了范围限定，对网络游戏广告进行了客观公允的评价，表述为："在针对未成年人的大众传播媒介上不得发布药品、保健食品、医疗器械、化妆品、酒类、医疗、美容广告，以及不利于未成年人身心健康的网络游戏广告。"2015 年 4 月 24 日第十二届全国人大常委会表决通过的新《广告法》第四十条，原文保留了 4 月 8 日版本的规定。

从上述变动过程可见，最初社会各界包括立法机关显然都有对网络游戏根深蒂固的刻板印象，认为网络游戏对未成年人有百害而无一利，因此相关广告应当完全禁止。但通过多轮立法征求意见会后，几乎在最后一刻，立法机关采纳了相关意见，新《广告法》采纳了相对客观的表述方式，符合现实情况，也体现了行业发展的要求。

首先，与其他产品或服务类似，网络游戏也是互联网行业发展过程中的产品，其本身具有正面价值。文化部自 2005 年起连续多年进行评选"适合未成年人的网络游戏产品"，《梦幻西游》《大话战国》《QQ 堂》等多部游戏获得官方认可并向社会推荐。网络游戏对于青少年并不像烟酒一样有百害而无一利。很多网络游戏能够开发青少年的智力，可以帮助未成年人在游戏中形成包容意识、规则意识、合作意识、交往意识等。网络游戏中还有专门针对未成年人的儿童游戏，它们通过游戏内容寓教于乐，关注未成年人的健康成长，有利于帮助家长引导儿童的健康成长。

其次，对于网络游戏的监管，关键在于如何引导未成年人健康游戏，防止沉迷，而非禁止发布广告。2012 年修订的《未成年人保护法》第三十三条规定："国家采取措施，预防未成年人沉迷网络""国家鼓励研究开发有利于未成年人健康成长的网络产品，推广用于阻止未成年人沉迷网络的新技术"。这为引导网络游戏的合理发展提供了良好的立法示范效应。解决网络游戏沉迷问题，需要全社会共同努力。网络游戏开发者应主动研发适合青少年的绿色游戏，并采取措施抵制色情、低俗的内容；家

长、社会、政府也应给予青少年正确的引导,加强对青少年的网络素养培养。立法禁止网络游戏广告,并不能起到防沉迷的效果。

再次,网络游戏产业是国家文化创意产业的重要组成部分,大力发展文化创意产业,培育自主创新的文化创意企业,是国家经济发展的新引擎。作为文化创意的重要组成部分,网络游戏有利于丰富人民群众的文化生活,有利于提高中国的创新能力,增强中国的综合国力、文化软实力和国际竞争力。在中国经济进入新常态的大背景下,国家急需寻找经济发展的新动力、新引擎。为此,国务院于 2012 年 12 月 1 日发布了《关于印发服务业发展"十二五"规划的通知》(全文涉及"游戏" 10 次),在规定"文化艺术产业和网络文化产品发展重点"时,提出"发展网络游戏、电子游戏等游戏产业,推动国产游戏产品走出去"的要求,并将其放在"文化产业发展重点"部分的首位。而游戏产业的发展离不开游戏广告的投放,我国游戏产业的广告投放量也呈现逐年增长态势。根据艾瑞咨询发布的 2013 年互联网经济核心数据显示,2013 年中国网页端游戏市场规模达 158.7 亿元,同比增长 61.8%,广告投放金额达 12.5 亿元,同比增长 212.5%。

虽然中国当前对文化创意产业加大了扶持力度,但与日韩等发达国家相比,中国的文化创意产业起步晚,规模小,先天优势不足,还需要更多的外部政策、法律的支持,才能更快更好地发展。新《广告法》客观评价网络游戏的作用,为我国文化创意产业的繁荣发展预留了空间。

四、信用黑名单制度正式引入广告执法领域

2014 年 12 月 8 日,全国人大常委会公布的二审稿中新增第六十七条,"有本法规定的违法行为的,由工商行政管理部门记入信用档案,并依照有关法律、行政法规规定予以公示",首次引入了信用档案制度。2015 年 4 月 24 日全国人大常委会讨论通过的新《广告法》,第六十七条得以完整保留。新《广告法》将"信用档案"首次引入广告执法领域,确立了违法主体信用"黑名单"制度,丰富了执法手段,强调了工商部门的事中和事后监管,凸显了广告活动真实诚信的基本要求。

(一)信用黑名单制度在行政执法领域广为适用

近年来,信用黑名单制度在我国行政执法实践领域开始被重视和广泛适用。例如,在质量信用领域,2009 年国家质检总局建立质量信用"黑名单"制度,把发生质量安全事故、存在质量问题、违法违规情节严重的企业纳入"黑名单",实行严格监管,并对外发布;又如在电子商务领域,2014 年 9 月 24 日,针对多家知名网站因涉嫌售

假而遭遇信任危机,北京市工商局对辖区电商企业发出首份《行政建议书》,在各电商平台之间建立起专门针对第三方商家的资质和信用管理体系,建立电商供应商黑名单制度,对于侵犯知识产权和制售假冒伪劣产品的不良商家及其责任人,在全平台进行风险警示,同时建议各大电商平台对其严格准入。

(二)建立"信用黑名单"是互联网时代广告治理创新的有效手段

信用惩戒,是行政机关对违反行政管理法律法规的失信行为通过降低行为人社会评价的方式使其承受社会谴责、经济损失或者丧失经营资质的惩罚。互联网时代,信息传播范围广、速度快、受众多是信用黑名单制度得以确立和有效实施的基础。对违法者建立"信用黑名单",实施信用惩戒,成为互联网时代治理创新的有效手段,在广告执法管理中具有重要意义。

1.有利于工商部门统一违法行为尺度,对复杂广告领域违法行为的认定,有重要的案例参照意义。我国现行法律法规对违法广告的确认问题非常复杂,全国各地几乎都有自己关于广告的地方性法规和地方政府规章,对违法广告的认定标准并不统一,容易造成混乱。由国家工商总局建立统一的信用档案,会成为某种意义上的违法广告案例库。随着数据的不断累积,对全国各级工商部门统一执法标准会发挥重要的参考意义。

2.有利于帮助第三方平台发现自身平台上的违法广告。新《广告法》第45条规定,"公共场所的管理者或者电信业务经营者、互联网信息服务提供者对其明知或者应知的利用其场所或者信息传输、发布平台发送、发布违法广告的,应当予以制止"。但在实践中,第三方平台对于如何发现并认定复杂的违法广告情形往往缺乏经验。如何认定违法广告,需要相当复杂的知识背景和专业水平,上述三类第三方平台有时确实难以胜任。建立违法信用档案,对第三方平台有重要指引意义,必要时可以参照执行。

3.有利于其他广告市场主体参照学习,形成自我规范与自我警示效果。信用档案的建立,必然包括违法主体与违法事实和理由,这本身对其他的广告市场主体是一次很好的学习教育机会,可以自我对照、提示风险、及时改正、防患未然。

4.有利于避免广告违法者屡查不尽的执法窘境。广告违法方式复杂多样,广告发布者遍及全国、涵盖广播、电影、电视、报纸、杂志、互联网等各个媒体平台,不免会出现同一广告违法者在一个广告发布平台上违法被处罚后迅速迁移至另一广告发布平台的情况。例如某商家可能在某县级电视台发布虚假广告被处罚后,再去另一省份的县级电视台继续发布虚假广告牟利。有了全国联网的信用档案,就可以使违法者无处藏身。

五、合理区分正常广告与骚扰广告，平衡用户权益与产业发展

此次《广告法》修订，新增加的"网络弹窗广告一键关闭"条款引人注目。这背后经历了从关闭范围到关闭方式的反复变化，体现了立法者努力在促进行业发展与保护用户权益之间寻求平衡，成为本次修法的又一亮点。

第一阶段：要求所有网络广告都提供关闭途径，且关闭后不得继续发送，用户权益保护倾向明显。2013年6月18日国务院法制办在《广告法》修订座谈会中新增第四十一条规定："利用移动通信网络、互联网、邮件、快件和电子邮件、短信息服务等方式传播广告，应当符合国家有关规定，并在广告中明示拒绝的途径，当事人明确拒绝的，不得继续发送。"该条内容几乎囊括了所有的互动广告形式，均要求广告发布要明示拒绝途径，且用户拒绝的，不得继续发送，意味着所有广告，都要为用户提供永久拒绝方式，一次被拒绝，永远不得再次向该用户发送广告。

第二阶段：范围逐步聚焦至骚扰广告，删除了"被拒绝后不得继续发送"的表述，开始考虑行业发展需求。国务院法制办发布的征求意见稿和全国人大常委会一审稿将适用范围进一步明确，开始向垃圾广告和骚扰广告聚焦。前者第四十五条规定："任何组织或者个人未经当事人同意或者请求，或者当事人明确表示拒绝的，不得向其固定电话、移动电话或者个人电子邮箱发送广告。"将禁止骚扰广告的适用范围限缩至固定电话、移动电话或电子邮箱。后者第四十三条规定："任何单位或者个人未经当事人同意或者请求，或者当事人明确表示拒绝的，不得向其住宅、交通工具、固定电话、移动电话或者个人电子邮箱等发送广告。"将线下可能遭到垃圾广告骚扰的住宅、交通工具等私人领域予以纳入，进一步保护用户权益。

在这两版条文中，立法机关已经删除了"被拒绝后不得继续发送"的表述，尊重了广告业，特别是网络广告特殊的盈利模式。目前互联网行业通用的、合法的商业模式是在提供免费服务的产品平台上开展营利性广告业务和其他增值服务业务：一方面，互联网企业投入巨大成本吸引网络用户，例如，《我是歌手》独家网络版权费超过亿元，《中国好声音》版权费高至2.5亿元；另一方面，互联网企业提供给用户的服务都是免费的，用户无须支付任何费用就能享受优质服务与内容。因此互联网企业只能通过广告以及其他增值服务收回成本，用户花费一定时间浏览广告是其必须付出的时间成本。

这种商业模式在司法判例中已经多次得到确认。例如在腾讯诉360不正当竞争案中，最高人民法院、广东省高级人民法院都认为，"腾讯在免费即时通讯服务平台

上开展营利业务(广告+增值服务业务)及推广其他产品和服务的商业模式,系当前国际国内互联网行业的商业惯例。用户若想享有免费的互联网服务,就必须容忍广告和其他推销增值服务的插件和弹窗的存在。那种不愿意通过交费来使用无广告、无插件的互联网服务,而通过使用破坏网络服务提供者合法商业模式、损害网络服务提供者合法权益的软件来达到既不浏览广告和相关插件,又可以免费享受即时通讯服务的行为,已超出了合法用户利益的范畴。"从长远来看,只有广告业务发展得越好,研发资金越充裕,提供给用户的免费服务才能越优质和越持久。

第三阶段:关闭范围明确为骚扰类广告,且不再要求永久关闭。全国人大常委会最终通过的《广告法》第四十三条规定:"任何单位或者个人未经当事人同意或者请求,不得向其住宅、交通工具等发送广告,也不得以电子信息方式向其发送广告""以电子信息方式发送广告的,应当明示发送者的真实身份和联系方式,并向接收者提供拒绝继续接收的方式"。同时第四十四条规定:"利用互联网从事广告活动,适用本法的各项规定""利用互联网发布、发送广告,不得影响用户正常使用网络。在互联网页面以弹出等形式发布的广告,应当显著标明关闭标志,确保一键关闭"。

结合这两个条文来看,拒绝的范围包括了线上的电子信息广告和线下的向住宅、交通工具发送的广告,其目的都是为了防止用户被骚扰,保障用户权益。第四十四条还明确要求"不得影响用户正常使用网络",更是将"一键关闭"的范围限定在弹出类广告,维护了正常的网络广告发展业态。

第一,网络广告类型多种多样,只有影响用户正常使用的干扰类广告,才应当被"一键关闭"。腾讯研究院认为,互联网广告以是否对用户造成使用干扰为标准,可以分为"干扰类广告"和"融入类广告"两类。干扰类广告是指弹窗、飘浮、遮挡等类别的广告,包括伪装关闭选项实为诱骗点击类,也包括垃圾邮件广告、骚扰短信广告等。这类广告会影响用户正常使用,因此应当设置显著的关闭按钮,实施"一键关闭"。融入类广告是指在充分考虑用户体验的基础上,设计更科学、更人性化的展现方式,包括网页固定位广告、信息流广告和视频贴片广告等,不必"一键关闭"。

通过邮件、电子邮件或短信息发送的广告,无法事先与用户沟通,用户无法事先采取拒绝措施,因此确实会给用户带来骚扰,只能以事后取消订阅等方式与广告发送者"互动"(这是与电视、纸媒等单向广告的区别)。因此,立法赋予用户以事后拒绝权,保障用户权益。而视频贴片广告如电视台、报纸广告运作模式一样,对用户的干扰有限,如果要求视频贴片广告提供拒绝选项以避免用户遭受广告骚扰,那么电视台、报纸等应该一视同仁,也应该为用户提供拒绝选项。但实际上这样规定不具有可操作性。

第二,精准打击骚扰广告,区分"单次关闭"与"永久拒绝"有利于为广告行业提供行为规范,引导行业健康发展。在激烈的市场竞争环境下,用户体验是互联网企业得以生存和发展的原动力。因此,绝大部分正规经营的企业都会特别注重优化广告展现方式,避免过度追求广告展示而破坏用户体验,丧失市场。只有个别片面追求广告曝光量,不在乎"回头客"的网站,才会以各种弹出广告、刷点击量的方式将广告强制推送到用户面前骚扰用户。

合理区分正常广告与骚扰广告,一方面规定用户就电子信息类广告享有"拒绝"的权利,规定互联网弹窗广告应确保一键关闭,精准打击了骚扰广告,维护用户权益;另一方面,最终删除"被拒绝后不得继续发送"的表述,为互联网广告的曝光量预留空间,兼顾行业发展的正常秩序和业态需求。

总而言之,此次《广告法》大修,回应了现代广告产业变革的实际,坚持科学立法、民主立法,努力在广告产业的合理健康发展、用户权益保障以及公共利益维护之间寻求平衡,相信未来会对中国广告业发展发挥积极作用。

(作者简介:司晓,腾讯研究院秘书长;赵治,腾讯研究院法规研究总监;杨乐,腾讯研究院高级研究员;彭宏洁,腾讯研究院研究员;廖怀学,腾讯研究院助理研究员)

打车软件纷争背后的逻辑和难题
——兼论共享经济时代的挑战

孙佳山

◇◆◇

2013 年以来,打车软件成为互联网行业甚至中国社会的一个重要关键词。围绕打车软件所引发的各项争议产生了广泛的影响。如何解读、阐释关于打车软件的种种争论,其重要性已经远远超出一个普通软件自身的范畴,这对于理解和把握我们当前所处的时代及其远景,都有着十分长远的现实意义。

打车软件已经成为今天很多人在出租车和自驾车以外的主要出行选择,以滴滴打车、快的打车、Uber、易到用车、神州专车等打车软件为主的互联网公司,为民众提供了便利的出行服务。打车软件的出行服务,是移动互联网时代共享经济商业模式的具体体现,在移动互联网高效、快捷的技术条件支持下,打车软件通过先进的 GPS 系统,使用户能够找到最快的私家车搭乘,提供点对点的出行服务,进而构成完整的资源整合链。在经过 2013 年价格大战后,滴滴打车、快的打车等又纷纷推出了"专车""快车"服务,进一步大幅度拉低了民众的出行费用。今天,打车软件在中国已经实现了爆发式的增长,人们已经很习惯于在出行之前掏出手机,为自己选择一种最满意、最划算的出行方式。然而,在打车软件带给人们舒适和便利的同时,也一直被"非法运营"等负面新闻所围绕。特别是从 2014 年开始,"专车"司机骚扰女乘客,出租车罢工抗议,相关部门暴力执法等,围绕着打车软件在全国范围,出现了一系列极具争议的事件。打车软件作为移动互联网时代共享经济的商业模式的产物,它究竟有着怎样的特点和特殊性,究竟对当前以北京为代表的当代城市交通治理提供了怎样的挑战? 则是长期摆在我们面前的时代难题。

一、共享经济的逻辑

新世纪以来,互联网行业的爆炸式蓬勃发展,已经是不争的事实,它所带来的种种改变,早已深入我们日常生活中的方方面面。然而,远远超过我们普通人想象力和感知力的是,原本已经是大踏步向前的时代步伐,却又爆发到一个不可思议的迅疾节奏。自 2010 年以来,托生于传统互联网的移动互联网行业,正以人类历史上前所未有的发展速度迅速膨胀。当下时髦的"大数据"概念就是最好的例证:目前互联网数据每年都至少增长 50%,每两年就翻一番,当今世界 90% 以上的数据都是最近几年才产生的——而且这远不是结果,这一趋势还在高速增长。从传统互联网到移动互联网,互联网行业对于人类历史进程的影响可能将会比肩工业革命。因此,依托于这样的大时代背景下的打车软件之争,其所凸显出的根本问题尚远未被充分触及。

2011 年,美国《时代》杂志把共享经济列为"十大改变世界的创意"之一。共享经济是把产品、服务、数据等社会闲置资源通过移动互联网平台调动起来,形成有可共享渠道的经济社会体系和商业模式。共享经济的商业模式的优势在于,通过移动互联网平台最大限度地调动社会闲置资源,降低产品、服务的供给成本、使用成本和交易成本。共享经济的出现因此也是当今社会从"重所有权"向"重使用权"转移这一大趋势的最深刻表征。如果在具体的商业实践中,能够确保民众在消费过程中享受公平、公正的待遇,能够保证良好的市场竞争环境,并配合接受政府和社会的监管、监督,那么通过低廉的价格,有偿地共享各类社会资源,共享经济确实是一种极具前瞻性的商业模式。普华永道在 2015 年 4 月份的研究报告中称:目前,全球"共享经济"市场规模约为 150 亿美元,到 2025 年这一市场规模将增加至 3350 亿美元。这意味着十年内全球共享经济将会增长 20 倍。这其实并不是一个激进的预测,因为基于移动互联网时代共享经济的商业模式的基本特征,本地生活服务的几乎所有领域,都会被其重组和重构。作为汽车共享的信息化工具,Uber 是现今打车软件的原创鼻祖,作为移动互联网时代共享经济商业模式的产物,Uber 于 2009 年在旧金山起家,仅用六年时间它的估值就超过了 500 亿美元,执全球未上市公司估值之牛耳。Uber 成为 Facebook 之后美国商业历史上发展最快的企业。

滴滴打车作为国内最大的打车软件,就诞生在北京中关村,于 2012 年 9 月 9 日正式在北京上线,经过不到 3 年发展,滴滴打车每天已为全国超过 1 亿的用户提供便捷的出行服务;特别是在 2015 年 2 月 14 日与快的打车合并以来,经过不断的融资,滴滴打车目前的估值规模已达 150 亿美元左右。无论是滴滴打车,还是快的打车,都基本模仿了 Uber,是移动互联网时代共享经济的商业模式,其典型特征是轻资产模式。尽管海量私家车主的加盟所产生的"蝴蝶效应"排山倒海,但共享经济的特点就是不需要有传统产业的重资产、重所有权模式,他们也的确"没有一辆车、没有一个司机"。国内其他打车软件公司,诸如神州专车则还是传统的汽车租赁模式,都是旗下自有车辆、自有司机,这就在移动互联网时代的共享经济的商业模式之外,增加了巨大的管理代价、车辆损耗和工资负担,这些巨大的成本转嫁到消费者身上只是时间问题。在一个充分竞争的市场环境下,传统产业的重资产、重所有权模式,在移动互联网时代共享经济的商业模式冲击下,显然是不堪一击,至少在本地生活服务领域,移动互联网时代共享经济的商业模式已经有着摧枯拉朽的表现。

二、打车软件纷争背后的两个时间节点

以打车软件为代表的移动互联网时代的共享经济商业模式,由于新生事物不可避免的不成熟性,加之现实生活中错综复杂的利益格局,相关法律法规和制度安排又滞后于这种新兴商业模式所依托的社会现实,在北京、在中国,乃至世界范围内都出现了问题,并引发了持续的热议。

2012年8月,快的打车在杭州上线;同年9月,滴滴打车在北京上线。创建之初,二者同时将发展模式锁定为准许乘客"加价竞标",这就与我国出租车由政府定价的原则不符。2013年4月17日,武汉市交通局客管处通过其官方网站发布《紧急通知》,要求各出租车企业对使用加价打车软件的驾驶员进行监管,督促他们严格执行物价部门核定的收费标准。同年5月,南京、深圳、北京、上海等城市先后发表声明,表示要规范打车软件,杜绝加价服务行为。

在这种情况下,北京市相关主管部门持有非常冷静和审慎的态度,时任市交通委主任刘小明曾承诺,会对打车软件进行规范并制定相应标准,只要打车软件符合相关标准和服务规范,就可以继续运营,并鼓励市民通过电话、APP等多种方式预约出租车。2013年8月,为提升北京市"96106电召平台"的效率和乘客即时叫车的成功率,北京市的首批官方打车软件被纳入"96106"平台上线运行,统一的电召平台开始与打车软件对接,滴滴打车则成为首批被"改造"的软件之一。这批以电话"96106"为核心的打车软件,全部被冠以"96106"的前缀,如滴滴打车则被改为"96106滴滴打车"。同时,北京市交通委也出台了《北京市出租汽车电召服务管理试行办法》,提出官方打车软件可收取至少5元的电召费,但决不允许有加价行为,而出租车司机则需确保每车每日执行2单电话叫车业务。

北京市的这种尝试开了全国之先河,从城市交通治理的角度,试图既发挥共享经济商业模式的优势,又确保政府能够有效监管,同时还能协调出租公司的既有利益格局;但由于其收费过高不被消费者认可,最关键的原因还是并不适应移动互联网时代共享经济的商业模式重使用权的轻资产模式而难以维系,这个平台只持续了4个月便宣告解体。尽管如此,这种尝试却依然对今天的城市交通治理具有重要的启迪价值。

针对这种移动互联网时代的新生事物,2014年5月27日,交通运输部办公厅发

布《关于促进手机软件召车等出租汽车电召服务有序发展的通知（征求意见稿）》。《通知》要求，各地方交通运输主管部门要加快推动城市出租汽车服务管理信息系统与手机软件召车服务系统，实现信息共享和互联互通，逐步实现对出租汽车电召服务的完整记录、及时跟踪和全过程监管。对于政府的统一接入平台，着力营造统一、开放、公平、有序的发展环境，平台运转不得影响手机召车软件正当功能和良性竞争。

2014年7月17日，交通运输部发布《关于促进手机软件召车等出租汽车电召服务有序发展的通知》，首次在政策层面确立了打车软件的合法地位，厘清了政府与市场的边界。11月，"专车"业务仅仅诞生3个月，交通运输部党组成员、道路运输司司长刘小明亲自带队到滴滴打车调研"专车"业务的实际情况，并表示滴滴打车在智能交通领域作出的探索和成绩，将推动中国交通运输业的升级转型。

但在全国各地方城市，地方政府管理者们的想法却与中央大相径庭，这也体现出了问题的复杂性。

2014年11月，沈阳在全国率先叫停"专车"服务。随后，济南、南京、北京等多地的交通管理部门表示，"专车"属于违法运营范畴。

而到2015年1月8日，交通运输部却明确表态：当前各类打车软件将租赁汽车通过网络平台整合起来，并根据乘客意愿通过第三方劳务公司提供驾驶员服务，是新时期跨越出租汽车与汽车租赁传统界限的创新服务模式，"专车"服务对满足运输市场高品质、多样化、差异性需求具有积极作用。不过，交通部强调，各类"专车"软件公司应当遵循运输市场规则，承担应尽责任，禁止私家车接入平台参与经营。

2015年3月5日，交通运输部部长杨传堂在十二届全国人大第三次会议开幕式接受媒体采访时表示，使用打车软件比较方便、高效，"专车"模式对满足运输市场高品质、多样化、差异化需求有积极作用。"专车"服务在驾驶员管理、服务质量评价等方面的管理手段，值得传统出租车行业学习借鉴。交通运输部正研究制定的出租车改革指导意见，协调出租车使用者、经营者及互联网经营者三方需求，让出租车管理走上正轨。对于当前"专车"服务存在私家车非法营运等问题，要坚持"以人为本、鼓励创新、趋利避害、规范管理"的原则，鼓励移动互联网与运输行业的融合创新，但要遵循市场规则、维护公平竞争的市场秩序。

正是由于面对移动互联网时代共享经济的崭新商业模式，从中央到地方政令的不统一，使得"专车"之争日趋白热化。

三、城市交通治理的难题

经过3年，两个时间周期的发展，其实打车软件纷争的焦点已经非常清晰，但也异常纠结——就是私家车到底能否参与租赁活动？

2014 年 8 月，北京市交通委员会运输管理局下发了《关于严禁汽车租赁企业为非法营运提供便利的通知》，重申 2012 年版《北京市汽车租赁管理办法》，禁止私家车用于汽车租赁，禁止汽车租赁配备驾驶人员，旨在通过约束汽车租赁行业，来管控"专车"服务。也就是说，除了有运营资格的 6 万多辆出租车（京 B 牌照）能够提供出租车、"专车"服务外，其余所有车辆只要上路拉客就都是违法行为。据北京市交委公布的数据，2014 年全年共查处各类违法违章 3.3 万起，其中业内违章 2 万余起，查扣各类"黑车"1.3 万辆，其中"黑出租"1.1 万辆，克隆出租车 1157 辆，全年共查处借助网络平台和手机软件从事非法运营的"黑车"47 起。在这个逻辑中，"专车"和"黑车"基本上被画上了等号。截至目前北京市执法总队查到的所有"专车"中，有 71%属于私家车挂靠的性质，这类运营模式被认定是违法的，除非隶属于具备营运资质的租赁公司，私家车挂靠打车软件，被认定并不符合上述规定。

2015 年 1 月 6 日，北京市交通执法总队也明确表态，将大力打击利用互联网和手机软件从事非法运营的社会车辆。相关负责人表示，目前多个打车软件提供"专车"服务，实际上就是变相为乘客提供"黑车"。这是北京首次公开认定私家车通过打车软件提供出行服务属于非法运营。一些私家小轿车或社会车辆借助手机软件预约租车从事非法运营的行为并不鲜见，其中不乏"克隆出租车"，遭到很多乘客投诉和举报。依照《无照经营查处取缔办法》（中华人民共和国国务院令第 370 号）第 4 条，这种行为属于未取得运营资格擅自从事非法运营，严重影响了出租汽车的正常运营秩序。根据国家法规《无照经营查处取缔办法》规定，从事私家车非法营运将被处以 2 万元以下的罚款；如果存在违抗执法行为，罚金至少在 1.5 万元以上，并将被处以 7 至 15 天的拘留。

所以，尽管交通运输部在 2015 年年初试图在宏观政策上留有余地，允许租赁公司旗下车辆开展"专车"运营活动，但因为没有进入立法程序，各地方城市的交管部门在查处"专车"的执法行为上却走得更远，甚至对私家车和租赁公司的所有车辆也不加区分，很多执法行为不分青红皂白，这也为下一步的城市交通治理留下了隐患。

为什么作为移动互联网时代共享经济的商业模式产物的打车软件，能够在短短 3 年内取得这样的爆炸式发展？为什么会在如此大的范围内引发如此大的争议？这其中的原因的的确确是显而易见，尤其是在北京这样的一线城市，城市交通的治理问题是长期的历史难题，如果拒绝移动互联网时代共享经济的商业模式，是否能有另外切实可行的解决方案？是通过行政命令禁止的方式，还是通过引导、疏导的方式？都直接考验着城市管理者的智慧。

2014 年 1 月，北京交通委出台了首部《小客车合乘出行的指导意见》，鼓励市民拼车合乘出行。拼车不仅能节约能源、减轻尾气污染，还有助于提升交通运力、缓解交通压力、方便人们出行；但拼车费用被规定为仅限于共同分担过路、过桥费和燃油费，如果超过了这个费用，就不属于拼车行为。无疑指导意见本身具有良好初衷，但是否适应今天复杂的社会现状？是否能够在有效地节能减排的同时，又缓解交通压力？

的确，打车软件的"专车""快车"服务，作为交通出行市场的细分领域，在满足乘客需求的同时，也要遵守相关的法律法规；但打车软件在短短三五年内的爆炸式发展，事实上已经让传统的出租车监管模式失效，也让出租车经营牌照变成一纸空文。当某些新闻舆论迫不及待地在为打击"专车"的执法行为喝彩，或对相关执法进行过于严苛的指责——在这两种看似相反的情感逻辑之外，除了发泄对传统出租车行业不合理体制的不满情绪之外，其实忽视了政府在维护市场秩序上应有的职责。我们无法否认的是，传统的出租车管理模式就是存在着严重的问题，但不能由此而否定监管的合理性。私家车和经营性车辆对公共资源的占有程度也有很大差异，所应承担的责任自然也不尽相同，如何重新调整当前城市交通治理的顶层设计，显然已经迫在眉睫。

四、"互联网+"时代的顶层设计

当前最重要的课题是，从国家层面对打车软件进行定义，并配套以成体系的法律法规。打车软件背后的互联网公司，是否需要具备企业法人资格？是否需要根据经营区域向相应设区的市级或者县级道路运输管理机构提出申请？是否需要在服务所在地具有固定的营业场所和相应服务机构及服务能力？是否需要具备开展网络预约出租汽车经营的互联网平台，和与拟开展业务相适应的信息数据交互及处理能力？平台数据库是否需要接入服务所在地道路运输管理机构出租企业监管平台？使用电子支付时，是否需要与银行、非银行支付机构签订提供支付结算服务的协议？参与运营的车辆和驾驶员是否都需要申请准入许可？在个人信息录入方面，任何业务相关的数据和信息是否必须在中国大陆境内存储、传输和管理？是否可以跨境传输和使用？是否可以采集、利用和泄露乘客个人敏感信息？外商投资的互联网公司是否需要符合国际安全审查的有关规定？外商投资的网络预约出租汽车经营涉及经营增值电信业务，是否应当符合《外商投资电信企业管理规定》，并取得电信业务经营许可证？

上述一系列疑问背后的相关领域的方方面面都需要予以详细界定，这也是最终纳入出租汽车管理法规框架体系内的基本前提。这些问题关乎对于打车软件，这一移动互联网时代共享经济的商业模式的产物,作为新生事物,其暧昧不明的定义和属性,是否具有合法化愿景的核心关键。交通运输部正在研究制定的《网络预约出租车经营服务管理暂行办法》如何规定上述问题,也是当前业界的最大焦虑,因为这直接关乎他们下一步的未来发展方向。

加快推动城市出租汽车服务管理信息系统与手机打车软件服务系统实现信息共享和互联互通,逐步实现对汽车出行服务的完整记录、及时跟踪和全过程监管,着力营造统一、开放、公平、有序的发展环境,为移动互联网与交通行业的融合,促进交通行业的信息化发展营造了良好的政策环境,是对当前政府执政能力的一次重大考验。在移动互联网不可逆转的时代洪流下,共享经济的商业模式对于传统产业的类似跨界创新只会越来越多,这就需要各行各业要以包容的开放心态,处理好创新和监管的关系,使市场在资源配置中起决定性作用。那么如何实现上述目标?最重要的物质条件,还是在于当前的城市配套设施要跟得上移动互联网时代的历史步伐。

在"十二五"期间,为落实《北京市"十二五"时期城市信息化及重大信息基础设施建设规划》,北京市早已经明确将智慧城市建设作为重点发展目标。早在2012年3月7日,北京市人民政府就已印发了《智慧北京行动纲要》(京政发〔2012〕7号)。《智慧北京行动纲要》围绕"人文北京、科技北京、绿色北京"战略任务和建设中国特色世界城市的目标,以建设国际活动聚集之都、世界高端企业总部聚集之都、世界高端人才聚集之都、中国特色社会主义先进文化之都、和谐宜居之都为着力点,紧紧抓住以移动互联网为标志的新一代信息技术的发展机遇,全力建设人人享有信息化成果的智慧城市,以普及城市运行、市民生活、企业运营和政府服务等领域的智慧应用为突破点,全面提升经济社会信息化应用水平,推动北京加快迈向信息社会。而智能交通正是《智能北京行动纲要》中,非常重要的重要篇章。在打车软件所引发的种种争议背后,是当前城市的配套设施滞后于移动互联网历史步伐的现实。在今天,对现代城市的智慧化程度要求,伴随着移动互联网时代的浪潮,只会以几何数级的速度进一步水涨船高,这也意味着我们必须要不断调整当前城市交通治理的顶层设计,以适应时代发展的需要。

2014年11月,李克强总理在出席首届世界互联网大会时指出,互联网是"大众创业、万众创新"的新工具,是中国经济提质、增效、升级的"新引擎"。在2015年3月5日的十二届全国人大三次会议上,李克强总理在政府工作报告中首次提出"互联网+"行动计划。李克强总理在政府工作报告中提出,制定"互联网+"行动计划,推动移动互联网、云计算、大数据、物联网等与现代制造业结合,促进电子商务、工业互联网和互联网金融健康发展,引导互联网企业拓展国际市场。打车软件之争所折射出的正是"互联网+交通"的时代纵深,海量的私家车以什么样的方式参与到共享经济的商业模式中？这直接意味着大众如何创业，万众如何创新？这些问题也为北京在新世纪建设面向未来的智慧城市、创新城市，提供了切实可行的现实依据和历史参照。

综上所述，1992年年初，邓小平在南方谈话中明确地提出"计划多一点还是市场多一点，不是社会主义与资本主义的本质区别。计划经济不等于社会主义，资本主义也有计划；市场经济不等于资本主义，社会主义也有市场。计划和市场都是经济手段"。在移动互联网时代的今天，重读南方谈话，重申改革精神，再一次解放思想、实事求是，对于包括整个中国互联网行业在内的中国经济，都具有承前启后、继往开来的重要意义。打车软件的纷争虽还构不成这个时代最为华彩的乐章，但至少也是这个时代中最为响亮的音符之一。移动互联网，就是将移动通信和互联网二者有机结合，是当今世界发展最快、市场潜力最大、前景最诱人的朝阳行业，并正以不可思议的速度持续增长，成为不可逆转的历史潮流。打车软件，作为移动互联网时代共享经济的商业模式的产物，在其诞生伊始，只是中国浩如烟海的互联网市场中微不足道的一分子；但就是这小小的一分子，在这个转型年代中，却成为历史发展道路中的里程碑，它所引发的"蝴蝶效应"，还将进一步长期发酵。因此，充分直面、回应移动互联网时代的历史挑战，既是当前我们能否抓住新的历史机遇的关键，也必然注定是党的十八届三中全会提出的加强顶层设计的题中之义，这对于在可预期的未来，将北京建设成为以"智慧城市"为目标的创新城市，具有长期的历史启示意义。

（作者简介：孙佳山，中国艺术研究院团委副书记、马克思主义文艺理论研究所助理研究员、文化部网络游戏审查委员会委员）

首都微信治理体系的建构与对策

李 茂 任立军

微信是即时通讯业务的典型代表。根据最新发布的腾讯公司 2014 年第二季度财报显示,微信及 WeChat 的合并月活跃用户数达到 4.38 亿,同比增长 57%。根据已有的数据推测,微信用户总数已经高达 5 亿多,据业内人士估计到 2016 年年底微信用户总数将会突破 8 亿,有可能超过 QQ 成为即时通信应用的翘楚。

北京拥有规模庞大的移动互联网用户。根据中国互联网信息中心的数据显示,截至 2014 年 12 月底北京手机上网用户数达 2635.1 万户,北京市手机网民规模达到 1623 万人,占全市总人口的 70% 以上。① 微信跨平台与用户规模庞大等特性对首都网络监管治理和舆论引导带来很大的压力。因此,以微信业务员为研究对象,探寻微信的传播机制,在此基础上研究北京微信治理体系具有较强的意义。

一、微信的传播特性

腾讯公司的"微信"是类 KiK 业务中的典型代表。由于腾讯公司将微信用户与手机通讯录、QQ 好友实现了无缝对接,使其一进入市场便占据了主动。在 2013 年年初,微信用户数已经突破了 3 亿,根据腾讯官方数据,截至 2014 年 7 月,中国手机网民用户数为 5.8 亿,微信月活跃用户数已接近 4 亿;微信公众账号总数 580 万个,且每日新增 1.5 万个;全网用户占有率达到了 75%。② 从现有的情况来看,微信传播呈现出以下特点。

---

① 《北京手机网民达 2635 万户 比 2014 年增长 13.9%》,见 http://www.bj.xinhuanet.com/bjyw/2015-03/10/c_1114584676.htm。

② 《微信用户数破 4 亿 全网用户占有率达 75%》,见 http://www.weixinju.com/n59c8。此处占有率需要剔除一些非中国地区的微信用户及用户去重(如一人多个账号的情况),但总体影响不大。

（一）微信基于手机通讯录，建立了强链接关系

以往的即时通讯软件(如 MSN、QQ)是基于电子邮箱或 QQ 好友这样的"弱关系链接"展开信息推送，虽然邮箱通讯录上的联系人或 QQ 好友在数量上占有优势，但在社交距离和联系频率上却并不占优势，有些社交关系甚至从零开始。而微信业务直接利用用户已有的社会关系：KiK 应用中的好友基本上是互相持有对方的手机号码，具有稳定的亲密度，保持一定的联系频率，处于真实社会关系圈的核心部分。微信业务使得信息连接网沉淀到手机通讯录上，实现了人们的社交通信从原有的 MSN 好友、QQ 好友这样的"弱关系链接网"向手机通讯录的"强关系链接网"转变。再加上微信业务中的一些创新功能链，如"对讲"功能等，使得联系人之间的沟通更加便捷而又多样。

（二）微信业务实现了跨平台信息推送，降低了应用资费

微信业务贯通了互联网基础服务平台、智能手机系统平台、应用服务平台、终端平台，实现了信息的跨平台推送。由于微信业务充分利用各个平台的优势与特点，在提高信息推送效率的同时降低了资费，在经济上具有较大的竞争优势。以在国内发送一条字数为 75 个字的短信为例，在一般情况下①，手机用户通过短信方式传输这样一条信息，需要花费 0.1 元；而手机用户通过微信传输这样一条短信，只需耗费约 0.146KB 的流量，而互联网基础服务商提供给手机用户的流量资费标准约为 0.0001—0.0002 元/KB，传输这一短信所需的资费几乎可以忽略不计。在具备 WIFI 条件下，还可以实现零资费传输信息。在传输音频、视频、图片等大容量信息时，微信业务与传统短信、彩信相比在资费上的优势非常明显。考虑到跨国跨区域推送信息和数据(如图片、音频等)的情况的话，微信在资费上的优势就更加突出。

（三）微信业务以移动客户端为主，功能更为精练

微信业务的硬件基础是智能手机客户端，其各项功能的实现依靠的是各种类型的智能手机。尽管智能手机发展更新速度不断加快，总体上呈现出芯片快速化、屏幕大型化、界面简单化、操作智能化的态势，但与桌面客户端相比，在处理速度等方面还是存在着一定的劣势。因此，微信应用在研发时更加关注核心功能，将注意力集中在信息的快速和高效发送上，如微信的"对讲"功能节省了用户打字输入的时间与精力，用户直接利用移动网络展开音频聊天，操作简单而且通话效果不逊色于电话沟

---

① 指的是在非话费套餐条件下。

通。同时,有些微信业务如微信,可以和 QQ 关联起来,接收 QQ 离线消息,可以用视频聊天方式实现沟通。

(四) 微信业务有效整合了社交与即时通讯,实现了社交圈的拓展

微信业务在本质上是属于即时通讯业务范畴之内,但由于微信业务跨越了运营商壁垒、硬件壁垒、软件壁垒和社交网络比例,贯通了 QQ、邮箱、手机通讯录、微博等平台,有效整合了社交功能和即时通讯功能。如微信的 LBS 服务(基于地理位置信息)使得用户能够查看附近使用微信的用户,打破了传统社交的模式,大大拓展了社交圈。"摇一摇""漂流瓶"功能的应用使得用户随机选择交流的对象,体验到匿名交流的乐趣,让用户获得更多的沟通与交流方式。微信使用户逐渐进入"半熟社会",打造出一个全新、多维的熟人与陌生人并存的关系圈。因此,微信业务作为移动互联网时代的代表应用有效地整合了社交功能与即时通讯功能,大大改变了人们的社交方式,实现了信息传播方式的变革,蕴含着巨大的市场价值。

微信应用本质上属于即时通讯应用(IM)范畴,其核心功能还是信息的推送与接收,但可以基于手机本地通讯录展开社交功能,这样使得微信业务具有如下所述的传播特性:

第一,传播主体呈现出年轻化态势。微信业务是围绕着智能手机展开,这就决定了它的用户呈现出年轻化的态势。[①] 根据《中国移动互联网发展状况调查报告》(中国互联网络信息中心,2012)显示,智能手机用户主要集中在 10—39 岁这一年龄段,这一年龄段的智能手机用户占总数比例为 90.6%,其中 80 后和 90 后用户占比达66.7%。由于年轻用户对信息传输与社交活动的兴趣较高,要求方便快捷,而且在资费上又要求经济实惠。因此,许多年轻人选择使用微信业务。

根据腾讯官方 2014 年 11 月公布的信息显示,微信用户中 20—30 岁之间的青年占总用户数 80%,其中男性比例为 63%。微信用户职业分布中大学生占比为 64%,其次是 IT 行业和白领,这三类人占了微信用户总数的 90%。由此可见,微信应用的主体呈现出年轻化、高学历的特点。

第二,传播受众是以强关系的熟人圈为主。微信业务与其他类型的即时通讯与社交网络应用在受众特征上存在着较大区别:一些即时通讯软件需要通过电子邮件或者从零开始建立联系,这就造成了关系连接的稀疏性;一些社交应用通过朋友圈展开,但会遇到关系迭代带来的疏离感。而微信业务传播的基础受众是互相持有对方的手机号码,具有稳定的亲密度,保持一定的联系频率,处于真实社会关系链之中熟

---

① 这里不考虑微信公众账号这一主体。

人,因此可以形成关系稳定、交流频繁的熟人圈。但是,由于微信业务的受众是基于现实社交关系,交往频度与真实社会交往频度将会产生趋同效应,熟人圈的交往频度和深度会高于陌生人。再加上个人精力有限,一般用户的朋友圈的规模也不会超过百人。① 因此,微信业务的传播范围还是比较窄的。

微信利用受众群体的分层来巩固核心熟人圈的地位。如微信还可以添加 QQ 好友作为微信联系人;通过手机定位服务(LBS)设计了"查看附近的人"的功能,在用户所在位置一定范围内的微信用户都能看到。它为用户提供了附近人的头像、昵称、签名及距离,让微信走近用户生活,以便用户之间产生进一步联系,也方便结识身边的朋友,向身边的人寻求帮助,或者推广工作业务;微信还通过"二维码""摇一摇"和"漂流瓶"等功能将社交圈由熟人推向陌生人。微信利用受众分层使得使用者在沟通中更加精确化地、有针对性地分配社交精力,确定传播内容,从而达到巩固核心关系圈,起到增强客户粘性的作用。

第三,传播能力较为薄弱。微信业务的传播机制是"点对点"的线性模式,这就决定了其传播能力受到了较大的限制。传送的信息或数据(如音频、视频、图片等)只能交流双方可见,其他用户无法获得。对于微信业务中的公共账号,虽然可以实现信息或数据的"一对多"推送,但由于公共账号与具体的用户之间是基于网络基础服务商(如中国移动、中国联通等 ISP)的"后台点对点"传输,所以信息的公开性有限,传播能受到了很大的限制。这点不同于微博,微博在使用过程中,信息或数据是基于网络基础服务商和网络内容服务商(如新浪微博、搜狐微博等 ICP)共同传输的,任何可以上网的用户都可以获得微博上信息或数据②,信息的公开信程度较大,传播能力较强。不仅如此,由于微信业务传播流程的线性模式,降低了信息积累,使得其信息深度不如微博、博客、BBS 等,用户无法通过主题词检索等查找相关信息。③

随着微信业务的发展,其传播能力也有了一定的提高。微信在其早期版本中是无法转发消息的,但在后来的版本中(4.0)可将信息或数据转发至第三方联系人,实现了长链条多级传播,公众账号推送的消息可以通过转发至"朋友圈"进行多级扩散。但从其传播机理上来看,其传播能力还是集中在点对点的准确传输上,大众传播能力较为薄弱。

第四,传播效果具有更强的亲密性。对话者的空间往往是语境的一部分,不同的

① 根据现代心理学的研究,普通个人保持密切联系的人不会超过 150 个,学术界也称之为"邓巴数"(Rule Of 150)。

② 在浏览、评论上也有一定的限制,但这限制对于移动互联网用户来说并不难突破。

③ 方兴东、石现升等:《微信传播机制与治理问题研究》,《现代传媒》2013 年第 6 期,第 125 页。

对话空间将会给对话者带来不同的情感体验。由于微信业务是点对点的,具有较强的私密性,拉近了对话者的距离,具有更强的亲密性。微信业务基于手机展开,手机又是当前人们不可或缺的生活工具,手机与日常生活的"黏性"较高,这就增加了微信业务的亲密情感体验。除此以外,微信业务传输的内容形式多样,可以是文字、图片等,也可以是视频、音频等,具有很强的互动性和反馈程度,对交流双方思想观念和行为方式将会产生影响,大大增强了信息传递的效果。

第五,传播网络结构复杂化。微信业务中有着不同的传播主体,一是作为个人用户的个人账号,二是代表某个组织团体或群体的公共账号,三是由个人用户和组织团体聚合形成的朋友圈。这些主体的传播习惯不尽相同,传播内容差异较大,而且随着用户规模的扩大,微信传播网络的拓扑结构逐渐复杂:一些用户和公共账号具有较大的集群系数,一些用户具有较大的集群度,用户和公共账号的连接关系在不断变动,既有新的连接关系建立,也有旧的连接关系弱化和消失,这样就带来了微信信息传播网络结构复杂化的特点。

二、微信给北京网络治理带来的问题

微信业务以其独特的传播特性和规律,在发挥着促进信息沟通、维系社交关系、提供咨询服务等方面起到了重要的作用。微信业务以手机通讯录为基础,建立起以强关系联系人为主要成员的网络公共空间,但其传播特性对首都地区的网络监管和舆论引导带来了不小的挑战,也是当前首都网络文化建设与管理中亟须注意的问题。

(一) 谣言传播更加隐蔽

网络谣言的传播需要一定的平台,在微信业务出现之前,网络谣言的传播大都通过自媒体平台,如 BBS、微博、博客、播客等。这些自媒体上的信息是基于网络基础服务商和网络内容服务商、加上限制条件并不是很严格的"关注""转发""评论"功能,使得网络谣言公开而又快速地传播。但正由于这类网络谣言传播的公开性和快速性,使得监管治理有从下手:通过建立舆情预警和群防群控机制,采用先进的技术手段加以网上巡查,及时进行谣言溯源,发布公信力较强信息进行辟谣。

微信业务出现对这种监管治理方式提出了挑战。微信业务是通过网络基础服务商的"后台点对点"传输,传播的信息公开性有限,使得谣言的传播更加隐蔽(见表3-1)。

表 3-1　微信与微博的传播过程模式比较

	主体	渠道	受众	续传	反馈
微信	公共账号	互联网基础服务商	个人账号	转发或共享	评论
	朋友圈			朋友圈共享	评论或对话
	朋友			转发至朋友	评论或对话
	自发				评论或对话
微博	自发	互联网基础服务商，微博平台服务商	互联网用户，也可@精确推送	转发	评论、转发、关注等
	非自发				

来源:笔者自行整理。

例如 2013 年 6 月中下旬期间,在北京微信圈中纷纷流传这样一条谣言:"一则微信引发的血案",消息宣称"事发在北京海淀。前日,一女携刀将她的一对朋友夫妇捅成重伤,正在医院抢救,就是因为她收到朋友发给她带有咒语的微信,比如看完之后不转的全家死光光等咒语,她看完后没有理会,也没有转。几天后她老公骑摩托真的出车祸死了! 于是她想起了前几日她朋友发给她那条带有咒语的信息,在失去亲人万分悲痛的心情之下,越想越是她朋友咒的,越想越恨,最终失去理智,酿成大祸"。这则谣言在北京微信圈传播的两个多星期的时间内并没有得到有效的控制,进而"改头换面"在广西柳州、浙江嘉善、上海宝山等多处微信圈中得以继续传播。[①]究其原因,主要是因为通过微信业务传播谣言,谣言将会在熟人、朋友等强关系社交网中隐蔽而又快速地扩散,如果没有群众举报,网络监管机构难以掌握实际情况,首都地区常规的舆情预警和群防群控机制主要是建立在互联网内容服务监控的基础上,针对基础数据的监控短时间内难以运作起来。而微信的朋友圈都是有着现实交往的熟人,对于那些难以求证的或者敏感度较高的谣言大都采取"宁可信其有,不可信其无"的态度加以转发、共享,而自己加以辨别并举报意愿较低。不仅如此,针对移动互联基础数据内容及其信息语义的监控难度大大超过了针对网页数据内容的监控难度,谣言甄别的技术瓶颈现实存在,而且首都地区网络监管任务繁重,网上巡查要顾及网站、微博、BBS 等不同平台,这就花费了大部分时间与精力,更增加了微信业务监管治理的难度。近些年来,借用微信编造和散布谣言,引发公众不安情绪,在首都社会上造成了极度恶劣影响的事件屡见不鲜,大大增加了社会运行成本。[②]

[①] 《一条微信夺人命? 恶意诅咒帖变身网络谣言》,见 http://www.chinanews.com/sh/2013-24/5202036.shtml。

[②] 《微信成了谣言广播站?》,见 http://www.baotounews.com.cn/epaper/btwb/html/2013-06/13/content_249909.htm。

（二）舆论引导难度加大

第一，具有公信力的信息难以全面推送至用户。这是由于微信业务自身特点决定的，微信业务的交流是基于后台的点对点模式，不像微博、博客等业务是基于前台的点对面模式，具有微信公共账号的机构不能将具有公信力的信息实现无缝推送，没有添加相关公共账号的用户是无法收到信息的，尽管可以依靠用户转发加以扩散，但还是有一定的时滞，效果也并不理想。

第二，交流和互动的不足会降低舆论引导的效果，受限于微信应用的传播模式，通过微信公共账号将会面对数量巨大的用户，开展双向交流和互动的难度较大，一一回应用户的咨询与疑问也不太现实。以北京公交集团的微信账号为例，尽管在微信平台上设立了"线路信息""服务台"等便捷对话窗口，却不能实现普通用户与微信平台的交流，微信账号还是以单方向的信息推送为主要目的。还有一些政府机构微信公共账号的内容说教气息较浓，存在着文件化、概念化、模式化的现象。因此，当前阶段首都微信公共账号难以实现良性反馈、交流与互动，这就降低了舆论引导工作的效果。

第三，微信业务用户的使用模式也限制了舆论引导的效果。微信的用户大都是40岁以下的年轻人，这类群体对私人沟通更感兴趣，关注具有公信力的公共账号的意愿不大。还有很多用户为了避免信息壅塞，关闭了接收公共账号的功能，或断开与公共账号的连接，从而限制了舆论引导的效果。

（三）实名制仍需深入

众所周知，实名制对于网络监管治理具有十分重要的意义。一些微信业务已经开始强制推行公众平台的实名制：2013年2月，微信公众平台实施实名制，没有登记实名制信息的微信公众平台无法完整使用。实名制登记需要用户提供姓名、身份证号、手机号以及手持身份证的照片等基本信息，此外公司地址、个人住址以及固定电话等信息也需要提供。这一制度改善了微信公众账号注册门槛低，运营管理相对无序的情况，同时也提高了可信任度。

但当前个人微信用户仍可匿名注册，北京地区手机实名制并未实现全覆盖，如果其注册所用的手机号没有实名制的话，身份溯源难度将会增大，势必给首都地区微信监管治理带来问题。因此，需要进一步推行微信实名制，可以借鉴北京地区新浪微博等微博平台"后台实名，前台自愿"办法。微信用户在注册、重新登录，功能升级时必须使用真实身份信息，用户昵称可自愿选择。对于那些未进行实名认证的微信的老用户，在功能上实施一定的限制。

（四）使用中违法行为问题

微信业务涉及个人信息与数据，包含着大量的个人隐私信息，如果保存和管理不当，则存在着泄露的可能性。特别是微信中资料都是和个人直接相关（如电话号码、聊天记录、照片等），如果这些资料泄露给不法之徒，将会带来侵犯私人空间、恶意侵害私人生活私事，严重贬损他人人格尊严行为的可能性。不仅如此，微信中的 LBS 服务也可以被不法分子利用，北京已经发生以微信定位为手段实施的抢劫犯罪案件。还有一些不法分子，利用技术手段对用户微信进行监控，掌握用户作息的规律，并将此类信息贩卖给商家从中牟利。①

微信的社交拓展功能也正在被违法人员所利用。微信中的"查看陌生人""摇一摇"等功能大大拓展了个人的交友方式，打破了空间间隔，但这也使得犯罪分子有可乘之机，使微信成为诈骗、盗窃和抢劫等案件的工具。2013—2014 年，北京警方就破获过多起以"聊天""结识朋友"等为诱饵，利用微信、陌陌等方式搭识事主诱骗到咖啡厅或者酒吧高消费的案件。②

三、构建北京微信治理体系的对策建议

北京作为中国网都，是我国互联网发展的示范区，更要权衡利弊、因势利导，在充分发挥微信业务在信息传输、虚拟社交以及网络文化建设中的积极作用的同时，冷静地应对其带来的挑战。本着多管齐下和多筹并举的原则，通过各种方式加强首都微信业务的监管与治理，做好网络公共空间的舆论引导工作。

（一）建立用户自律机制

首先，提高用户的媒介素养。微信研发商、互联网基础服务商等机构，特别是首都地区的互联网基础服务商，要加大宣传力度，主动提醒用户使用微信业务时要遵从相关的法律法规以及政策规定，营造出用户自觉养成自律的社会与行业环境，促进广大用户约束自身行为，主动承担相应的责任与义务。

其次，重视举报的作用。在现有的微信业务传播机制下，用户的举报是应对谣言传播最有效、最直接的方式。首都网络监管部门已经建立起多平台（网站、博客、手

---

① 《微信可致个人信息泄露：北京已发多起相关犯罪》，见 http://it.sohu.com/20130704/n380655545.shtml 。

② 《北京警方破获利用"一夜情"微信拉人高消费案》，见 http://news.cpd.com.cn/n3559/c17404568/content.html。

机短信)信息举报工作平台,发挥了重要的网络信息监管作用。因此,在现有网络信息举报工作平台的基础上,添加微信工作模块,将对微信业务中的舆情动态监管纳入日常工作中去,及时处理举报信息,进行谣言溯源与追踪,控制谣言传播并肃清影响等。与此同时,充分推广首都地区的自律专员等团队建设经验,利用广大用户自律行为来实现微信业务的自我管理。

第三,辅以必要他律手段。自律机制也不是单纯地、完全依靠用户自身而形成的,必须建立起一整套规训机制,依靠他律使得"规训内在化"。首都地区的网络影响力巨大,看似不起眼的一则微信谣言就会引发"蝴蝶效应",因此相关的监管工作责任重大。这就要求网络监管部门要敢于"责任到人",按照相关法律、法规处理利用微信进行谣言传播的用户,并将处理的结果进行宣传,让广大的用户看到利用微信肆意传播谣言,传播危害信息的危害与后果,这样才能使得规训内在化,促进网民自律机制形成。

(二) 加大技术研发攻关力度

微信业务有三个技术特点:第一,微信业务主要通过移动互联网传播,无须通过互联网内容服务商。第二,微信业务日常产生海量数据,随着用户规模的激增,日常业务的数据体量已经从 TB 级别跃升至 PB 级别①,而且数据类型较多,视频、图片、地理位置信息、终端信息等。第三,数据结构复杂。全国微信业务的用户数已经达到4 亿多,北京地区的微信用户基本保有量基本上在 800 万—1000 万左右,如此大规模的用户群体将带来海量信息来往,使得信息内部结构呈现非线性化、拓扑化的态势。传统的搜集和甄别技术无法及时、准确地把握舆论的敏感内容和传播机制,更难以建立起分级分类的检测体系和重大事件应急响应机制。

这就需要首都地区政府主动牵头,联合中央和地方高校科研单位,依托高科技企业,加大微信业务治理技术的开发攻关力度,特别是大数据技术及语义识别技术,在网络基础端建立大数据监测平台。针对日常产生的海量数据,监测平台进行快速有效的分析,从中甄别出危害信息,并对这些信息的交互结构进行分析,快速准确地分析出危害信息的制造者与传播者,并对传播渠道进行控制,从而使得首都地区微信业务的监管、舆情分析以及犯罪打击更加具有效率和针对性。

(三) 形成正面引导的舆论工作格局

北京已经拥有建立和运行"法人微博"的成功经验,应适应新形势建立"法人微

---

① PB,拍字节,数据存储单位。1 PB = 1024 TB,1TB = 1024GB,1GB = 1024MB。

信账号",增强公共账号的影响力。首都的党政机关以及党报党刊、电台电视台等主流媒体积极注册微信账号,以公信力为基础,及时发布重要信息,积极应对突发事件与情况,将其建成宣传国家和北京方针、政策的重要平台,建成传达广大用户诉求与意愿的重要渠道,促进健康的舆论空间形成。

要根据受众特征,突出互动、强调效果。微信用户群体以年轻人为主,年轻人的思维特性和行为模式要求公共账号在舆论引导过程中注重交流互动,提高舆论引导的能力,在提升吸引力和感染力上下功夫。在不影响内容的基础上,要求交流内容上要有时代语言,讲究通俗易懂、喜闻乐见,但又不庸俗、低俗、媚俗。

微信业务开发商要利用自身在信息推送上的优势,提高公众资讯的推送强度,传递正面新闻,传播健康价值,弘扬时代精神,传播社会正能量。同时,建立辟谣平台、互动平台等交流机制,对于突发的网络事件要有所作为,积极引导。

(四) 进一步完善相关法律规范

首先,填补针对微信业务的法律空白。我国网络立法主体较多,有关部门颁布了大量行政法规以及规范性文件,基本上能满足桌面互联网时代的法律需求。而在移动互联网时代,现有法律法规逐渐难以应对诸如微信业务的发展,微信的聊天记录是否可以成为定案证据,微信的对讲音频是否具有法律效力等问题需要司法解释进行界定,有关立法需要在局部作出适应性调整,北京完全可以走在全国的前列,在今后的立法规划中考虑这一问题。

其次,进一步推行实名制。在公共平台账号实名制的基础上,尝试推行全用户实名制。应对当前形势,修订《北京地区微博客管理办法》,将微信等业务纳入并颁布《北京地区微博客与微信业务管理办法》,针对利用北京手机号注册的微信用户采用"后台实名,前台自愿"办法,用户在注册时必须使用真实身份信息,用户昵称可自愿选择。对于那些未进行实名认证的老用户,在功能(如转发、分享、评论等)上实施一定的限制。与此同时,进一步做好首都地区手机实名制的配套工作,由于微信等应用都是需要智能手机平台和移动通讯号码,因此手机实名制能够更好地服务于网络监管与舆论引导的大局。

第三,加强隐私保护制度。网络基础服务商和微信业务开发商要健全用户隐私保护制度,对于读取的手机通讯录、聊天记录等数据要有制度上的保护与防范,明确规定不能泄露的数据内容和形式,要在用户隐私和信息安全保护上进行合作,形成合力。

随着现代信息技术的不断发展与社会交往需求的逐渐提高,微信业务日益不断发展与变化,大众化、社交化与媒体化趋势日渐凸显,这将对首都地区加强和改进监管治理和舆论引导提出了更高要求。要按照《中共中央关于全面深化改革若干重大问题的决定》精神,创新管理思路,统筹各方力量,认真贯彻积极利用、科学发展、依法管理、确保安全的方针,进一步健全首都地区已有的网络监管机制,加快形成微信业务的基础管理、内容管理、行业管理以及犯罪防范与打击等工作的联动机制,努力形成法律规范、行政监管、用户自律、技术支撑、公共监督相结合的首都微信业务网络监管体系与舆论引导格局。

(五) 对微信信息传播结构进行全面研究

微信是新兴传播应用,对它的治理与监管需要建立在深入研究基础上。没有学术界的深入研究,就不能提出有针对性的治理意见与政策意见。但从现有成果来看,微信传播模式研究依然停留在定性研究上。虽然有学者(张宏,2014)开始利用复杂网络概念分析微信社交网络,剖析了微信网络中的度分布、聚集系数、平均路径长度等复杂网络统计性质。但对微信传播网络的拓扑结构以及微信网络中信息传播的动态过程还鲜有学者分析,更缺乏微信治理体系构建的研究。究其原因,主要是单一学科视阈下的传播模式研究难以准确把握微信的传播特点,也难以准确分析微信网络中信息传播的动态过程,更难以针对微信治理体系构建提出具有操作性的建议与意见。因此,政府要带起头来,联合研究机构、大学与业界共同开展微信传播的动态过程,为政府的决策提供有力的支持。

(作者简介:李茂,男,博士,北京市社会科学院市情调研中心;任立军,男,北京市社会科学院院办公室)

第四部分　案例分析

Part Ⅳ　Case Study

拉卡拉综合性互联网
金融服务平台模式分析

沈中祥

◇◆◇

自中国首家实现跨银行跨地域提供多种银行卡在线交易的网上支付服务平台——首信易支付成立以来,截至 2015 年 4 月央行发放的第三方支付牌照已达 270 家,支付企业呈现百花齐放的局面。然而第三方支付领域风险事件频发。2014 年,央行开始频频出手整顿市场。2014 年 3 月,包括汇付天下、易宝支付在内的 8 家第三方支付全国范围内被央行责令停止接入新商户。2014 年 9 月,4 家企业被罚退出或撤离多省市收单业务。2014 年 12 月,深圳瑞银信信息技术有限公司因违规发展商户,被央行暂时收回支付业务许可证。

相比之下,拉卡拉集团在多年布局线下市场的基础上,开始利用已有优势,以数据为驱动,开始探索新的综合性互联网金融服务平台模式。

一、集团概述

拉卡拉集团成立于 2005 年,目前拥有拉卡拉金服集团和拉卡拉电商公司两大业务集群,为联想控股成员企业。拉卡拉集团是中国较早的综合性互联网金融服务公司,下辖个人支付、企业支付、征信、小贷、保理、电商等多家子公司,拥有近 1 亿个人用户和超过 300 万企业用户,2014 年支付交易额超过 1.8 万亿元(见表 4-1)。

表 4-1　拉卡拉发展大事记

时间	事件
2005 年 1 月	拉卡拉成立,随后开发出中国第一个电子账单服务平台
2006 年 11 月	拉卡拉与中国银联签署战略合作协议,推出电子账单支付服务及银联标准卡便民服务网点
2007 年 6 月	拉卡拉率先在北京、上海地区展开拉卡拉便利支付点建设,90%以上的品牌便利店成为拉卡拉便利支付点
2009 年 9 月	拉卡拉完成 38 个城市完全覆盖、88 个城市布局,便利支付点达 3 万余个
2010 年 4 月	拉卡拉首创 mini 家用刷卡机,成为首部针对家庭及个人刷卡的专属设备,将支付环境缩小至家中
2010 年 11 月	拉卡拉率先成为北京"三通"工程建设重要的服务及设备供应商
2011 年 5 月	拉卡拉获得首批央行颁发的《支付业务许可证》
2011 年 9 月	拉卡拉超级盾上市,成为第一代便携式个人金融服务终端
2011 年 12 月	拉卡拉全面进入商户收单服务市场,创新性地推出了针对小、中、大商户的多种 POS 产品和服务
2012 年 5 月	拉卡拉率先在国内推出手机刷卡器,率先引领国内移动支付的浪潮,由此全面完成针对银行、商户、个人的第三方支付市场立体战略布局
2013 年 8 月	拉卡拉完成集团化结构调整
2013 年 9 月	拉卡拉推出开店宝,集"支付、生活、网购、金融"为一体的社区金融及电子商务平台
2014 年 3 月	拉卡拉首创的手机收款宝问世,让小微商户的收单业务步入移动互联网时代
2014 年 6 月	拉卡拉第一个推出创新银行解决方案,为城乡银行提供平台支持以及技术支持
2014 年 7 月	拉卡拉推出"替你还"业务,为信用卡用户提供短期代偿业务,正式进军互联网金融领域
2015 年 1 月	在人民银行印发《关于做好个人征信业务准备工作的通知》中,拉卡拉旗下的考拉征信成为首批获得"开展个人征信业务准备工作资质"的企业之一,获得企业及个人双牌照,推出信用分等领先市场的评估体系
2015 年 5 月	拉卡拉陆续上线"赚点钱"及"考拉余额理财"等多款理财产品,并面向个人及商户推出"易分期""商户贷"和"日日贷"等信贷产品,丰富了综合性互联网金融的产品结构

来源:易观智库,2015 年。

二、产品与服务

(一)支付

支付业务是互联网金融平台最重要的基础设施,拉卡拉利用十年时间积累了大量个人客户和线下商户资源,这成为拉卡拉独特的优势。完善、便捷的支付服务为拉卡拉赢得了用户的青睐,也为其互联网金融生态圈提供了更多入口。拉卡拉目前拥有支付、征信、理财、信贷等业务,包含了存贷汇和风险控制的全业务链条(见图4-1)。

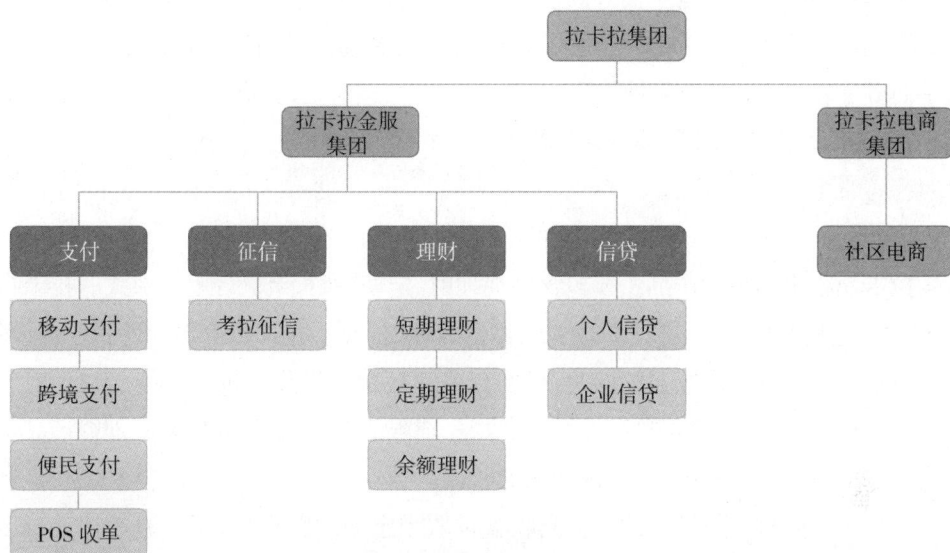

图4-1 拉卡拉集团主要产品及服务

便民支付。拉卡拉社区便民支付服务平台,是拉卡拉首创的远程自助银行中间业务系统,通过安装在社区商铺中的拉卡拉终端,实现四大功能:自助银行、便民缴费、生活服务、金融服务。只要用户所在的社区里安装了拉卡拉的终端,用户就能在社区里享受信用卡还款、水电煤支付、银行转账等服务。拉卡拉凭借其使用的便利性获得了数量可观的一批忠实用户。

移动支付。拉卡拉移动支付在传统的支付业务基础上进行移动端的产品开发,可以满足个人用户及商户完成便民金融、生活缴费、社区电商等业务办理。为个人用户提供安全、便捷、时尚的移动支付服务,全面提升用户体验,提高交易效率,打造移动支付新生活。拉卡拉移动支付业务主要为用户提供互联网金融和电子商务服务,涵盖信用卡业务、手机银行业务、生活服务三个方面,为用户提供全面的支付解决方案。已有超过5000万用户享有拉卡拉的移动支付服务。

POS收单。拉卡拉商户收单业务为全国300个城市超过300万商户提供收单服务、增值服务和行业解决方案;通过完善的拉卡拉支付平台体系,不断丰富、创新收单产品,拓展增值服务;致力于为商户提供专业化与全方位的收单服务,全面满足生活、消费等线下支付场景的刷卡交易需要。

跨境支付。2014—2015年,拉卡拉分别获得国家外汇管理局批复的跨境电子商务外汇支付业务试点资格,以及人民银行广州分行批复的跨境人民币支付业务备案申请许可,可以向境内外商户提供跨境外汇及人民币的支付结算服务,业务范围包括货物贸易和服务贸易。

拉卡拉为广大开展电子商务的境内外商户提供支付结算整体解决方案,包括针对跨境交易电子商务平台的外币、人民币跨境支付结算解决方案,以及针对境内交易电子商务平台的支付结算解决方案。同时,拉卡拉还与国内知名跨境物流仓储企业合作,能为商户提供跨境物流仓储解决方案和相关增值服务。

(二) 理财

拉卡拉推出的理财产品主要包含短期理财、定期理财、余额理财等形式。拉卡拉"赚点钱"包括考拉 1 号、考拉 2 号多款类型的理财产品,并打通信用卡还款业务,用户在享受余额理财产品收益的同时,可实现账户还款等操作。拉卡拉推出的理财产品种类多样,用户可以根据自己对金额、收益、期限的偏好,将不同期限的理财产品与随存随取的余额理财相结合,实现最大的收益。

考拉 1 号是拉卡拉推出的一款高收益进取型定期理财产品,用户通过拉卡拉手机客户端等渠道开通考拉 1 号理财服务,选择不同的支付方式购买理财产品。包括 8%、10% 等多款高收益的定期理财产品,用户可在持有期到期后获取本金和增值收益。

考拉 2 号是拉卡拉推出的稳健型活期理财产品,用户通过拉卡拉手机客户端、多媒体终端注册开通考拉 2 号理财账户后,选择不同的支付方式购买基金产品,1 元起购,收益稳健,随时存入,随时取出,收益每日分配。

(三) 信贷

拉卡拉信贷业务是以支付为基础,为个人及企业提供多种信贷服务。拉卡拉在数据构成以及数量方面独具特色,拥有海量用户,评估高效快速,用户获得贷款成本低。

"替你"还是拉卡拉推出的个人信用卡账单代偿业务。用户选择合适的额度和周期,在线填写简单的个人信息,提交后由拉卡拉进行审核,审核通过者将获得在线放款。用户可通过手机客户端、微信公众服务号等渠道进行业务申请。

为解决中小企业贷款难问题,拉卡拉为自有收单商户,推出"POS 贷"业务。"POS 贷"业务是以拉卡拉收单商户的结算流水为授信基础,通过一系列的贷前准入、贷中监控、贷后管理规则,为拉卡拉收单商户提供的贷款业务。

易分期是拉卡拉为满足个人用户的消费及其他指定用途的现金分期贷款,全程在线申请,快速在线放款,按月等额偿还。该产品基于拉卡拉对个人用户支付及消费行为分析后建立授信模型,贷前授信,获得线上审批通过的用户即可获得不高于授信总额的贷款,并使用拉卡拉便利渠道还款。

在放贷的整个流程中,考拉信用分是用户申请贷款额度的重要评估参考。考拉信用分越高,用户可以申请的借款金额也越高。在信贷产品中接入考拉信用分,一方面可以作为评估借款用户金融能力和偿还能力的依据,同时也是对借款用户的履约要求,用户的违约行为将会影响其信用水平,进而影响用户未来生活中涉及个人信用的活动。

(四) 征信

考拉征信由拉卡拉、蓝色光标、拓尔思、旋极信息、梅泰诺五家公司共同出资组建,在 2014 年成为 26 家获得人民银行颁发的《企业征信牌照》的企业之一。2015 年人民银行印发《关于做好个人征信业务准备工作的通知》,考拉征信再次成为首批八家获得"开展个人征信业务准备工作资质"的企业之一,是国内少数拥有个人和企业征信资质双牌照的企业。

考拉征信面向政务、商务、社会、法务、个人,提供全方位的信用服务,其运用大数据及云计算技术客观呈现机构和个人的信用状况,通过连接各种服务,让社会机构和个人都能体验信用所带来的价值。目前已经推出考拉个人信用分、职业信用分、商户信用分、企业信用分等系列产品,并为政府、高校等社会机构及互联网金融行业提供一整套信用评估体系及信用服务。

(五) 社区电商

拉卡拉社区 O2O,搭建独特的 B2B2C 平台,整合供应链的上、中、下游,通过接入各类型的供应商和服务商,瞄准作为社区流量入口的社区小店,提供满足社区消费者需求的商品和服务。拉卡拉社区 O2O 平台涉及商品、金融、服务三个层面,以商品层面为基础,金融和服务为延伸,将围绕身边小店展开的上下游环节和纵深服务领域全部囊括,并形成完整的闭环,可以称之为"移动互联网时代的商业生态圈"。

社区 O2O 解决了传统零售业成本高、效率低、信息不对称的问题;弥补线上电商缺乏现场体验和社交的缺点,提升用户体验。

(六) 特色服务

创新银行综合受理平台。拉卡拉为银行提供零售业务创新发展规划和业务解决方案,协助银行搭建一套完全由银行自主运营的创新银行金融业务综合受理系统,整合主流业务领域和结算通路,分享拉卡拉成熟产品,以及十年来的线上线下渠道资源及终端运营经验,为银行在社区银行、创新收单和移动金融业务上的高速发展增添强劲动力。

行业定制服务。拉卡拉为社区居民提供互联网金融和社区电商服务,通过拉卡拉现有的技术和平台,不断扩充终端类型及服务渠道,建设覆盖全市范围的自助缴费网络,形成"平台+终端"的服务模式,构建公共事业缴费、电商、便民金融等服务体系,针对不同行业量身定制整体解决方案。

三、公司运营

面对不断变化的金融市场环境和激烈的同业竞争,拉卡拉不断改变着金融服务的应用环境——从社区便民服务网点、商户 POS 收单再到互联网金融服务,拉卡拉为终端消费者提供了"多渠道无缝融合"的金融支付服务,并在第一时间根据用户需求实时响应,获得了较好的市场反响。

从 2014 年的中国第三方移动互联网支付交易份额中来看,支付宝、财付通、拉卡拉位列三甲。其中,拉卡拉以 7.7%的移动支付市场份额位居市场第三位。2014 年拉卡拉通过创新银行综合受理解决方案的推广,与多家银行达成合作,加紧布局线上到线下的闭环,面向小微商户推出移动收单产品,推出拉卡拉手机收款宝和社区 O2O 模式的开店宝,发力移动收单市场,继续稳固和拓展自己的市场份额。

(一)市场机会

1. 第三方支付市场继续保持增长态势,移动支付成为新的驱动力

2014 年中国第三方互联支付市场交易规模达 90118 亿元,环比增长率达到 37.4%(见图 4-2),与 2013 年相比增幅放缓明显。原因在于:一是伴随着整体市场体量增加导致增速放缓;二是由于网络支付风险的凸显,消费者对于网络支付安全的顾虑增加,加之监管部门也在 2014 年加强了对第三方支付市场的整治力度,对于第三方互联支付市场影响明显。

随着用户对移动支付接受程度的不断加深,特别是知名厂商如支付宝、财付通、拉卡拉等对移动支付市场和用户的培育,移动支付的交易规模继续保持大幅增长。2014 年中国第三方支付市场移动支付交易规模达到 80130 亿,同比增长约 515.9%(见图 4-3)。用户逐步从 PC 端向移动端迁移是互联网行业发展的趋势,未来移动支付市场在整个第三方支付市场的占比会逐步扩大。拉卡拉已注意这一趋势并且不断拓展移动端产品,提前布局移动支付领域。2012 年,拉卡拉推出手机刷卡器正式

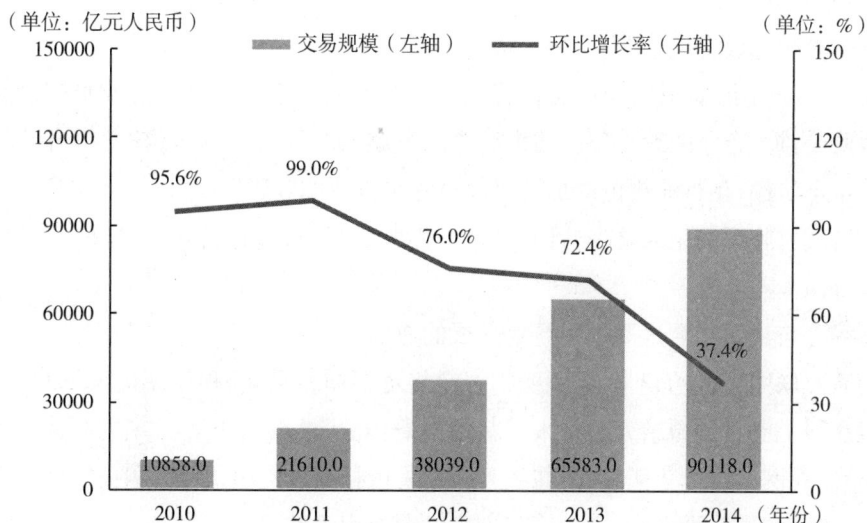

图 4-2　2010—2014 年中国第三方互联支付市场交易份额

资料来源：Analysys 易观智库，见 www.analysys.cn。

进军移动领域，使用户迅速向移动端迁移。拉卡拉还于 2014 年 3 月推出了面向小微商户的移动收单产品手机收款宝。

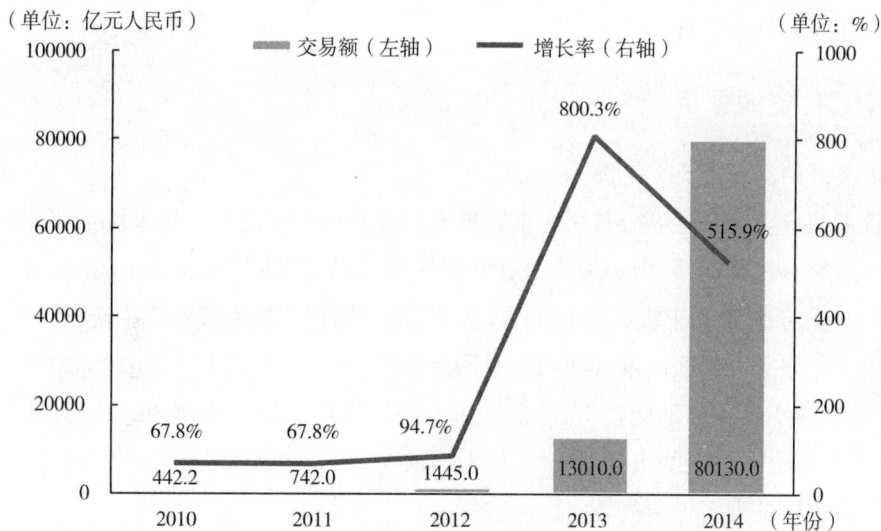

图 4-3　2014 年中国第三方移动支付市场交易规模

资料来源：Analysys 易观智库，见 www.analysys.cn。

2. 第三方支付市场准入门槛提高，行业日益规范

2014 年 7 月 15 日，央行向 19 家企业发放了第五批第三方支付牌照，其中互联网支付 13 家，移动电话支付 6 家，银行卡收单业务 6 家，预付卡发行及受理 3 家。直至

2015 年 4 月,仅发放牌照一张,目前获得第三方支付牌照的企业数量已达 270 家,牌照发放的缩减几成定局。

支付市场的准入门槛提高,支付牌照的审批放缓,已经获得第三方支付牌照的公司将因此受益。企业能够在现有的市场格局下继续巩固自己的地位,发挥自己的优势扩大市场份额,且行业规范的加强将促进这个行业的健康发展,而拉卡拉是第一批获得央行支付牌照的企业之一,具有显著的先发优势,目前经营状况良好,市场份额不断提升。

3. 线上与线下结合是互联网行业发展的重要方向

随着互联网时代的到来,人们购物习惯将逐渐向线上化、移动端过度,而第三方支付也在线上支付领域给人们带来了新的消费体验,然而由于第三方支付企业行业属性限制,在网络中优势明显,而在线下端则需依托商家资源,因此,积极拓展线下市场,进行支付场景建设,成为不少第三方支付企业积极推进的工作。

而拉卡拉一直布局线下端,利用支付终端构建起强大的线下商户体系,通过接入各类型的供应商和服务商,提供满足社区消费者需求的商品和服务。拉卡拉社区O2O 平台更是涉及商品、金融、服务三个层面,以商品层面为基础,金融和服务为延伸,将围绕身边小店展开的上下游环节和纵深服务领域全部囊括,形成完整的闭环,将线上与线下进行了有机结合。

(二)资源分析

1. 良好的品牌形象

拉卡拉成立于 2005 年,是第一批获得支付牌照的企业之一。拉卡拉十年的经营一直在基层深耕细作,致力于为普通百姓提供切实的便民服务,获得了良好的口碑。拉卡拉一直与政府部门保持良好的合作关系,与中国银联签署战略合作协议,推出电子账单支付服务及银联标准卡便民服务网点,先后与中国扶贫基金会、中国宋庆龄基金会、中国青少年发展基金会、壹基金等几十家慈善机构达成合作,并无偿开通公益捐款渠道,树立了良好的市场口碑与品牌形象。

2. 全方位的业务许可牌照

拉卡拉是第一批获得央行第三方支付牌照的企业之一,同时拥有个人征信和企业征信牌照。此外,拉卡拉还获得了银行卡收单业务、数字电视支付业务、跨境支付业务、基金支付业务、移动电话支付业务许可、预付卡受理业务许可、互联网支付业务、商业保理业务许可。全面的牌照资源使得拉卡拉的业务触角可以延伸到互联网金融的各个领域,为建立综合性互联网金融平台奠定了基础,以大数据征信为基础,以支付为入口,将信贷、理财等金融业务汇集起来,建立一个互联网金融生态圈,可以为客户提供全方位的金融服务支持。

3.庞大而全面的线上线下渠道

拉卡拉目前已积累近亿个人用户和超过300万商户,可以提供大量的用户数据与信息。这些用户资源是拉卡拉通过建立专业的地面团队逐步发展起来的,这是其他互联网金融公司难以超越的。线下及硬件设施的布局不仅需要花费很长的时间,而且要求互联网金融公司拥有足够的资金实力和人员配备。拉卡拉目前已经具备这些线下资源,在企业拓展新业务的阶段这些资源基础将发挥独特的优势。

4.丰富的数据资源

拉卡拉拥有近1亿个人用户,这些用户通过手机客户端或者线下终端发生的每一笔交易都代表用户的个人金融能力,是评估其信用水平的重要依据和宝贵资源。拉卡拉还拥有超过300万的商户资源,这些商户是拉卡拉十年在线下逐步积累起来的实体商户,通过面对面建立合作关系,拉卡拉掌握这些商户的实际经营状况和真实的交易数据,通过对于这些数据的分析,形成了考拉征信体系重要数据来源,将极大地支撑拉卡拉综合金融服务平台的稳健运营。

5.良好的创新能力

拉卡拉集团是目前中国最大的线下支付公司和最大的便民金融服务公司。拉卡拉的成功源自公司对商业模式和业务持续不断的创新。拉卡拉意识到用户对"便民金融"的巨大需求难以通过传统金融渠道满足,较早地通过布局线下渠道将社区小店变成小型金服服务网点,为用户提供还款、缴费、转账等便利金融服务。在支付业务的基础上,拉卡拉率先发展征信、信贷、理财业务的综合性服务平台建设。始终坚持自己对市场趋势的判断,发掘用户的潜在需求,不盲目跟风,这也是拉卡拉能够十年保持领先市场地位的基础。

（三）能力与系统

拉卡拉的主营业务商业模式即为:以支付为纽带,为中国小微商户及消费者打造提供支付、理财、融资、征信等全方位服务的综合性互联网金融平台(见图4-4)。

1.Who

拉卡拉的主要用户分为商户和个人用户。目前,拉卡拉已集聚了超过300万商户以及近亿的个人用户。拉卡拉为商户提供收单、金融及电子商务平台服务,具有刷卡收款、自助银行、便民缴费、生活服务、电子货架、商户收单、融资借贷等服务,同时,上游厂商和批发商可以在拉卡拉提供的电子商务平台上进行批发和零售业务,改善供应链,未来将会扩展到征信、融资等服务。对个人客户提供的主要是查询、转账、还款还贷、缴费充值、网购支付、生活服务、理财、信贷等多项内容。

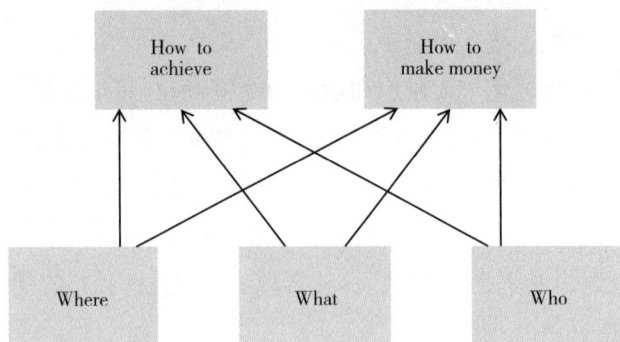

图 4-4 拉卡拉商业模式 3W2H 模型

资料来源：Analysys 易观智库，见 www.analysys.cn。

2. What

拉卡拉陆续推出包含支付（移动支付、跨境支付、便民支付、POS 收单等）、理财（短期理财、定期理财、余额理财等）、信贷（替你还、易分期、POS 贷、日日贷等）、征信（考拉征信）、社区电商（开店、身边小店）等创新产品。

3. Where

拉卡拉现在已经在线下支付、移动支付、互联网理财、网络融资、征信、电商领域完成基本布局。通过拉卡拉所具备的庞大线下资源优势，逐步搭建起以支付为基础，征信数据为风控手段，提供包含理财、信贷、电商等全方位服务的综合性互联网金融服务平台。

4. How to achieve

拉卡拉通过多年布局所具备的庞大线下资源优势，在支付领域主要提供的是支付网管服务，而采用拉卡拉设备接入支付网络则能获得更为安全的支付体验；在征信领域，通过对于企业或个人用户的数据收集，为考拉信用评估体系做支撑，评估者可以通过信用分的高低为参考，评估该用户的信用等级，全面保障金融平台的风控安全；在互联网理财领域，主要是在拉卡拉平台上，提供短期、定期、余额理财等多方面的理财服务；在融资领域，对个人和企业用户的融资需求提供融资服务，其中，考拉信用分是重要的参考依据；在电商领域，拉卡拉利用 300 万线下的小微商户构建一个社区 O2O 平台，整合供应链的上、中、下游，通过接入各类型的供应商和服务商，提供满足社区消费者需求的商品和服务。

5. How to make money

拉卡拉全面布局综合性互联网金融业务的同时，集团业务的营收来源也在不断扩充。从线下终端及移动支付提供的便民金融服务，到商户收单的手续费及增值服务,以及理财、信贷业务方面,都保持着高速增长的态势。其中,商户收单的年收益率保持200%的增长趋势,通过三年时间进入市场前三的位置。此外,征信业务的快速发力也将成为拉卡拉又一新增长点,面向行业及企业展开的信用评估产品及认证服务平台,市场前景被广泛看好。在电商领域,通过社区网点终端与手机APP的叠加,已具备O2O商品的在线平台销售能力,还将实现与合作商、商户多模式的营收分润体系。

拉卡拉通过近年来的不断发展,利用旗下创新型的移动终端设备在第三方支付领域中的移动支付保持了较好的市场地位,另一方面则是利用其在支付领域线下掌握的大量客户资源、数据资源,开始构建给予客户多方面金融服务支持的综合性金融服务平台,发展空间更为广阔,但同时也对于其资源整合以及资金实力提出更高的要求。

(四) 实力矩阵分析

在2014年拉卡拉的创新能力得到充分体现(见图4-5)。2014年3月拉卡拉推出手机收款宝,让小微商户的收单业务步入移动互联网时代;2014年6月,拉卡拉推出创新银行解决方案,为城乡银行提供平台支持以及技术支持;2014年6月,拉卡拉获得人民银行颁发的企业征信牌照;2014年7月,拉卡拉推出国内首个发薪日贷款业务"替你还",为信用卡用户提供短期代偿业务,正式进军互联网金融领域;2014年9月,拉卡拉APP新版本上线,提供无卡支付与刷卡支付多种选择。

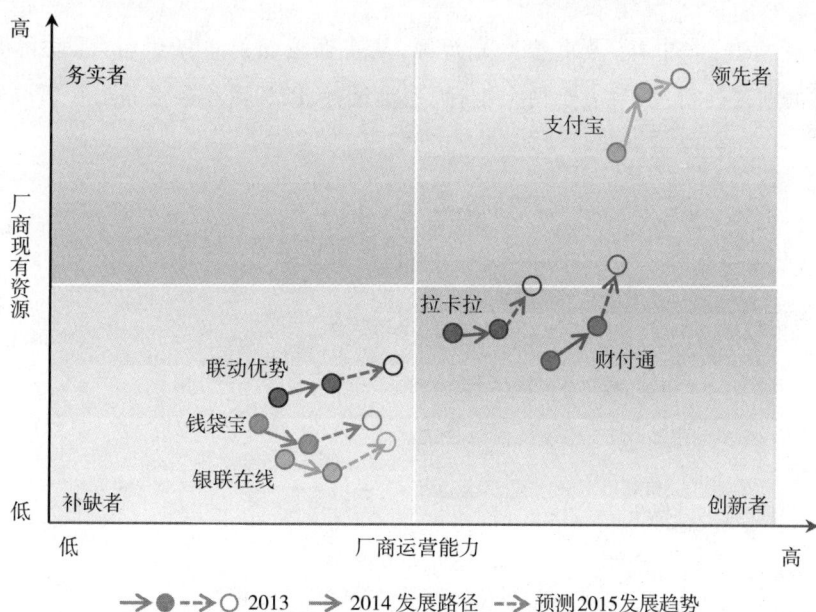

图4-5 2014年中国移动支付市场实力矩阵

资料来源:Analysys易观智库,见 www.analysys.cn。

拉卡拉通过构建包含支付、征信、网络信贷等多种金融服务的综合性互联网金融平台,使得拉卡拉集团的资源得到充分整合和利用,对于整个业务的促进作用明显,预计在 2015 年通过进一步的资源整合和利用,在互联网金融领域将有更大程度的发挥,创新力度和利润水平将有进一步的提升,或将进入行业领先者象限。

四、结　论

互联网金融的核心是消除信息不对称、降低交易成本,提高资金融通的效率,而单纯的支付服务是无法实现这些目标的,综合性互联网金融平台是未来的发展趋势。综合平台的建立需要将支付、征信、信贷、理财等业务汇集起来,其中支付是入口,征信是基础。利用支付打通平台各项业务之间的链条,同时为征信提供真实的交易数据,利用征信搭建完善的风控体系,为信贷和理财等金融业务提供支持,整个金融产业链形成一个闭环。

而拉卡拉在积累了十余年资源的基础上,通过集团内资源整合和利用,以支付为纽带,以大数据分析为工具,构建以征信为风控手段,提供支付、理财、网络信贷、电商等多种服务的综合性金融服务平台,将有利于发挥已有优势,拓展新的业务增长点,对平台内各项业务产生连带促进作用,将极大地促进企业整体实力的提升,发展前景值得期待。

（作者简介:沈中祥,易观智库分析师,从事商业银行电子银行、互联网金融企业、行业的前瞻性研究,致力于网上银行、手机银行、P2P 网络融资等细分领域）

小米品牌发展分析

朱大林

<><><><><><><><><><><><><><><><><><><><><><><><><><><><><><>

一、公司发展分析

（一）小米公司发展阶段

小米公司利用互联网工具,优化传统硬件产业流程与商业模式。通过高性价比智能硬件获取用户资源,利用粉丝效应迅速占据了市场,掌握移动互联网入口;以MIUI为核心,凭借极致用户体验、良好的品牌口碑绑定用户,并搭载内容、服务、广告、数据业务,实现互联网流量变现;自建电商平台,凭借其粉丝效应、品牌口碑,通过高利润率的周边产品实现用户价值复用;通过互联网金融与移动支付,实现现金流闭环,支撑其生态系统健康发展。最终构建小米独有的互联网生态体系。

目前,小米公司已经历了三个发展时期:早期发展时期、后续发展时期、爆发式增长时期(见图4-6)。

1. 早期发展时期

小米公司2010年4月成立,是一家专注于高端智能手机自主研发的移动互联网公司,由前Google、微软、金山等公司的顶尖高手组建。目前已获得来自Morningside、启明、IDG和小米团队4100万美元投资,其中小米团队56人投资1100万美元,公司估值2.5亿美元。2010年年底推出手机实名社区米聊,在推出半年内注册用户突破300万。此外,小米公司还推出手机操作系统MIUI,当年6月底MIUI社区活跃用户达30万。2011年8月16日,小米公司通过媒体沟通会正式发布小米手机、米聊、MIUI是小米科技的三大核心产品。9月,米3、小米电视、小米盒子发布。

2. 快速发展时期

2012年年初小米进入快速发展时期,发布联通、电信合约机,设立售后网点,完善

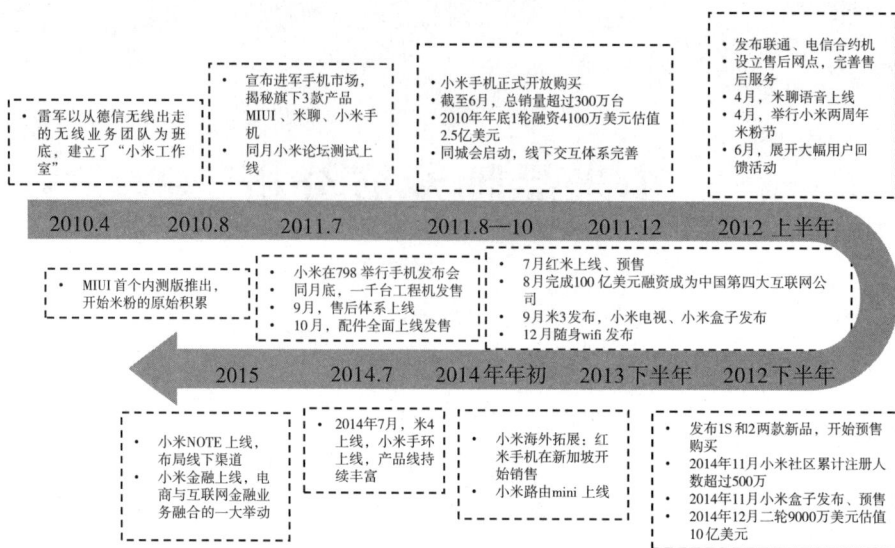

图 4-6　小米公司的发展历程时间轴

资料来源：Analysys 易观智库，见 www.analysys.cn。

售后服务等。4 月份，米聊语音上线，米聊的产品设计更加强化了交友功能，如找人、朋友圈、智能推荐好友等设计，让用户可以更方便找到朋友，并对好友进行管理分类，方便日常沟通交流。同月，举行小米两周年米粉节。6 月，展开大幅用户回馈活动，举行 300 万米粉 7000 万回馈活动，以此纪念小米成立 800 天以及成功出货 300 万台。

3. 爆发式增长期

2012 年年末小米进入爆发式增长期，发布两款新品，并且开始预售购买。到 11 月小米社区累计注册人数超过 500 万，并发布小米电视机顶盒：小米盒子，其次还包括了一个遥控器。12 月第二轮融资 9000 万美元，小米公司估值 10 亿美元左右。2013 年小米发展更为迅猛，发布了并且预售了其低端机型红米、米 3、小米电视、小米盒子、随身 Wifi 等硬件产品。并且完成 100 亿美元融资成为中国第四大互联网公司，在 2014 年小米开始拓展海外市场，其红米手机在新加坡开始销售。7 月份米 4 上线，小米手环上线，产品线持续丰富。2015 年，面对激烈的国内智能手机市场竞争，小米开辟线下渠道，小米 NOTE 上线，旨在尝试性地拓宽销售方式，巩固市场地位。随后，小米进军金融市场，小米金融发布基金理财神器"小米基金宝""活期宝"。

（二）小米公司发展重要事件评价

1. 多轮融资，互联网玩法进军传统行业

小米公司 2010 年，融资 4000 万美金；2011 年，融资 9000 万美元；2012 年，融资 2.16 亿美元；2013 年，新一轮融资市值超百亿。2014 年年底，进行了第五轮融资，小米凭借450亿美元的估值融得11亿美元。小米通过雷军的个人魅力和精英管理团队,持续获得投资方的支持。雷军选择从手机这个传统行业出发破局,从根本上颠覆了行业的玩法,其放弃手机硬件本身的赢利点,转而开发用户群体的盈利点。基于资本的支持,小米能够将价格压到成本以下,击中了厂商的弱点和消费者的痛点,在传统厂商犹豫不决是否迎击的过程中小米已经占据了大半市场,并积累了与传统厂商相仿的行业知名度与品牌形象。

2. 小米家庭入口布局,引领智能家居市场

小米推出小米电视、小米盒子,并与地产商合作利用小米路由器研发植入芯片的方式实现智能家居控制,逐渐渗透到家庭生活场景。互联网入口之争愈演愈烈,智能手机市场竞争已经趋于白热化,而智能电视这类大屏互联网入口则正成为厂商间竞争的新战场。

小米此时借手机的影响力进军智能电视领域,力图抢占市场份额,打出市场影响力,扩大其入口范围。对于智能家居领域来说,虽然由于缺乏行业标准与引导力,很难在此实现真正的突破,但小米率先进入市场,塑造行业影响力将为其未来发展奠定了一定基础。

3. 低端产品直面竞争,完善产品布局

面对华为、酷派、魅族等企业价格竞争,小米推出子品牌红米手机,在避免对其终端品牌形象造成冲击的基础上,直面低端市场巩固入口优势。在产能压力与其他厂商推出的同价格段、性价比的智能机抢占其市场时,小米及时地推出了红米手机,定位于600—1000元价位,击中了高价格敏感性低品牌忠诚度用户的需求,使小米在四面楚歌之时仍留住了大量用户。此类用户具有较大的发展空间,未来将迭代小米高价格段产品,实现用户线与产品线的交叉循环。同时完善了产品线布局,结合小米电视、路由、配件初步完成产品生态布局。

4. 小米试水线下渠道

为了适应线上米粉的需求,小米公司尝试在旗下各家官方小米之家店内进行线下销售。在市场整体出现下滑的大环境下,小米并未改变其销售目标,一方面是其对自身产品与长期用户购买力的自信,另一方面则表明小米将在销售方面采取更多的策略以达到目标。市场接近饱和的状态,任何一家厂商都需要进行策略调整,以形成自己的优势。线下手机市场依然占据较大份额,扩大市场份额,向线下渠道拓展将是一条长远之路。

5. 小米进军金融市场——小米金融

小米在2014年年初,与北京银行合作,以小米公司互联网平台为基础,积极在移动化支付、理财和保险等标准化产品的销售、货币基金的销售平台以及标准化、个贷

产品在手机、互联网终端申请等。2015 年"小米基金宝"正式上线。深厚的品牌积累、巨量的移动互联网用户群等都是小米金融崛起的利好因素。

（三）小米公司的核心发展逻辑

小米公司的核心特征：以高品质应用产品及品牌理念做概念性切入，形成早期用户群，再将流量导入论坛等交互平台，通过提升体验发展核心粉丝，进而利用社会化媒体传播，实现用户和品牌的滚动增长（见图 4-7）。

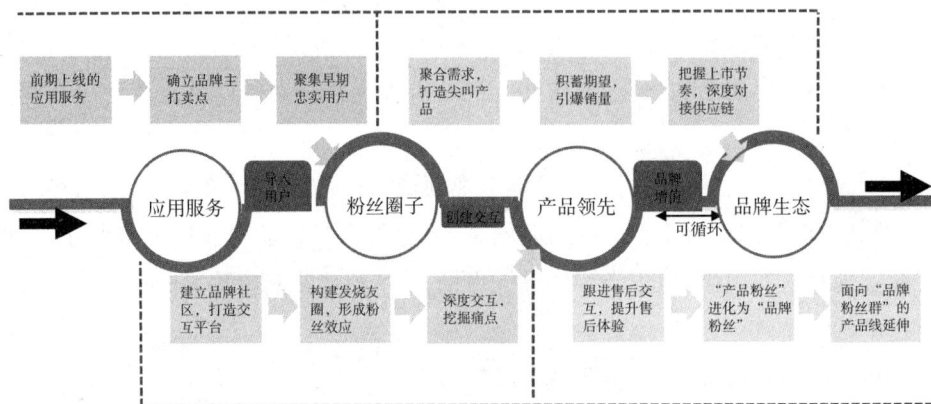

图 4-7　小米公司的核心发展

资料来源：Analysys 易观智库，见 www.analysys.cn。

MIUI 是小米的第一个真正意义上的产品，主打"为发烧而生"，早期聚焦具备媒介影响力的发烧友群体小米早期聚拢了 100 个核心粉丝参与到研发和运营。建立 MIUI 论坛、辅以微博、微信、QQ 空间等社交媒体圈，小米通过培育种子用户，进而形成发烧友和粉丝圈子。小米在成立初期，全员都会参与用户交互，基于用户的需求打磨产品。小米以社区为核心平台，处理售后问题；保证 MIUI 的每周更新。在产品领先的基础上，通过运营团队引导，将产品的忠实用户逐渐进化为品牌拥趸。包括小米电视—盒子—周边产品的产品线延伸；小米商城—小米应用商店的服务链延伸等。主打"极致性价比+全球首发+顶配"，触动发烧友的内心爆点。不断通过放出消息引发市场关注和讨论，并充分发酵粉丝效应，"预售+限购"的饥饿营销小批量、快速响应的供应链，改进每批产品。

二、公司商业模式解析

小米的产品体系围绕硬件、软件、平台、系统和社区展开，以 MIUI 为核心构建成智能硬件、移动互联网、电商平台三大生态圈(见图4-8)。同时,雷军作为投资人,其"雷军系"的引入形成了小米互联网生态的重要节点组成。

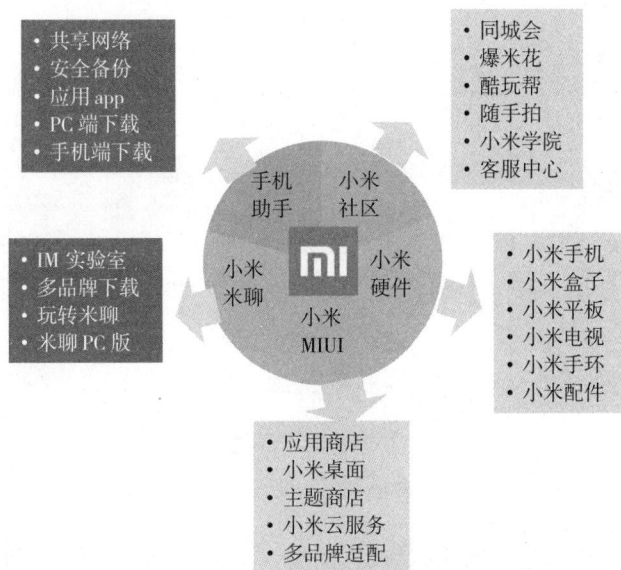

图4-8 小米公司产品线布局

资料来源:Analysys 易观智库,见 www.analysys.cn。

小米依托小米手机及庞大的米粉数量打造智能硬件生态链,其生态链涵盖手机、穿戴设备、办公家用电子设备等多终端的生态链,并通过互联网服务整合,由电商平台全部打通。小米先后推出了应用商店、主题商店、电子阅读、游戏中心、小米云服务、电子商务等多款互联网服务,此外,小米还尝试涉足互联网金融与移动支付,逐步完善其互联网服务体系。以 MIUI 操作系统为平台,小米推动了从用户习惯到供应链整合效应以及 MIUI 搭建的移动互联网用户、内容、服务生态。

小米最初是通过 MIUI 聚集起核心的发烧友,发烧友通过自身传播能力聚集了最初的粉丝团体(见图4-9)。这些发烧友与粉丝通过硬件被具象化为用户,在软件与硬件的不断迭代中扩大规模,是小米占领了市场。小米公司主要商业模式有以下几方面:

1. 销售渠道

通过电商渠道采取直销模式,大部分最终产品从小米的分销仓库,直接向最终用户发货。小部分产品通过运营商渠道向最终用户出货。由于小米增长的速度高于产能爬升的速度,小米在战略部件上也采取了冗余供应商策略,在小米3的手机上,同时使用了英伟达和高通的两块芯片的设计,降低了某型芯片缺货带来的供应链不稳定的风险。小米公司的存货主要有零部件和产成品两种形式,不同于传统制造业的

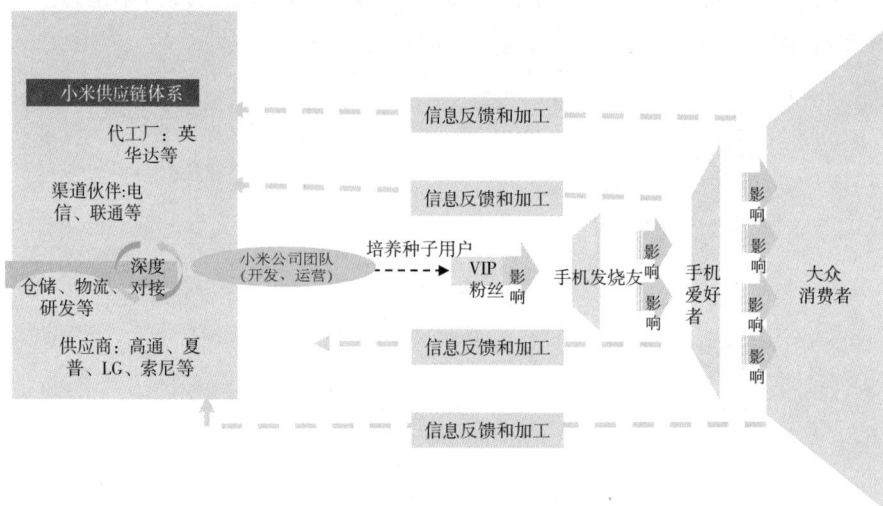

图 4-9　小米产品运营模式解析

资料来源：Analysys 易观智库，见 www.analysys.cn。

庞大的仓库仓储。小米是按实物销售，当周的生产量，就是下周的销售量。

2. 运营模式

小米采取的是轻资产运营模式，自己负责研发、设计、售后服务等，生产、物流配送环节全部外包。小米采用外包的形式减少了固定成本的投入和摊销，甩开最重、最积压资金的部分。在产品研发和设计上，整个过程是由小米研发人员和用户共同完成。通过将品牌和产品成长的全周期中与用户的认知—接受—依附的流程实现平行，并以发烧友用户为纽带实现深度交互，使得产品无限贴近目标市场的需求和兴奋点，实现用户量和销量的双爆发增长。

3. 核心用户

初期小米通过 MIUI 系统的开发聚集了一批发烧友，形成了其核心用户圈子，锁定目标人群喜欢的聚众平台，培养种子用户和意见领袖，并且让用户深度参与研发和使用，小米尊重用户意见，也借此改进了自己的产品，增强了竞争力。通过借助这部分核心用户扩散影响力，逐渐形成围绕在小米周围的牢固粉丝圈，构筑了吸附用户滚雪球式增加的内核，打通了用户信息的双向通路。

4. 品牌口碑

通过不断迭代与完善的过程中积极调动用户参与，并强调极致系统的打造，将"最好用的安卓系统"作为营销关键点。奠定了小米"为发烧而生"的理念基础，为弱化硬件"屌丝"属性做了很好的铺垫。

5. 市场渗透

小米选择从软件与服务端进入市场，在硬件尚未上市之时便占领了其目标受众的手机系统,通过系统迭代引导用户终端迭代,率先抢占了用户群。

6. 软硬件配合

MIUI贯彻的极致理念与小米手机为发烧而生的品牌理念相结合,从硬件与软件端双双出击,塑造品牌形象,传播品牌影响力,硬件铺量带动系统用户群增长,系统影响力提升代用硬件销量,实现品牌价值的双渠道变现。

7. 平台价值

小米打造生态平台,连接用户、小米与外部生态系统,"硬件+软件+服务"战略在MIUI下搭建平台实现自身的生态体系良好运营,MIUI将成为小米未来吸纳外部服务上,连接用户的战略平台,并且为小米打造一个完整闭环生态圈。

8. 强交互性

小米操作系统的不断迭代是小米手机用户交互体系中非常重要的一个环节,其担任着聚集核心发烧友,挖掘、转化忠诚用户的作用,是维持小米粉丝化运营的核心环节。

三、公司明星产品案例分析

(一)小米4代手机产品概述

小米4采用5英寸1080P屏,搭载四核2.5GHz处理器,3GB内存,3080mAh锂离子电池,拥有800万、1300万前后置摄像头。小米4共有16G与64G两个版本。此次小米4手机采用不锈钢金属边框,极大地提升了手机质感和使用品质。雷军在发布会上详细介绍了不锈钢金属边框的复杂工艺——从一块309克的钢板,经过40道工艺制程,193道精密工序,加工过程长达32小时,最终形成19克的精致边框。

(二)小米4代手机的产品战略定位

与小米1代相比,如今市场早已是红海,厂商进入的门槛越来越低,移动互联网肉搏越发惨烈,同时,老牌的国产手机企业甚至国际厂商都争相涉猎低端市场,互联网思维下孕育出来的性价比优势已丧失,甚至连消费者也对饥饿营销的伎俩了解甚至反感。

小米4代小米的产品定位发生转变,在手机硬件同质化的道路上,小米正在寻求一条差异化路线,小米4就是一个关键的品牌提升策略,在工艺设计上抬升自己的品牌调性,是小米构建新的生态模式的新台阶。从而稳固中低端市场份额,进军中高端市场。

（三）小米 4 代的品牌营销

小米 4 的口碑营销也有着自己的独特性和创新性。小米 4 的口碑传播并不是小米公司有计划的实施，而是消费者自发、主动传播信息评论产品。这样的口碑更具有客观性、真实性，更容易被其他人所接受。通过别出心裁的营销手段和紧凑的供应链，小米公司对用户体验的打造有效地动员了其目标客户群。口碑营销让充满神秘感的小米产品诱惑无限引消费者先夺为快。

在现代市场新的竞争格局下，以消费者为本的技术往往会加速新技术的普及，小米拥有抗衡竞争对手的核心优势。但是小米公司并没有注重宣传小米 4 的先进技术而是把小米 4 的时尚、独特设计和方便易用的功能作为宣传的重点。公司把小米 4 体验营销的核心确定在情感经济，用"情感的经济"去取代"理性的经济"，围绕着产品把"面对面"的交流与互动发挥到极致，让用户、产品与公司三者之间产生情感上的共鸣。

（四）走出饥饿营销的单一模式

小米 4 代手机的营销走出单一的模式。目前小米急需依托手机，在手机出货持续高企的阶段，尽快将手机品牌效应变现，涉入关联行业，尤其是智慧家庭市场。截至目前，小米确实已非纯粹的手机企业，已涉入盒子、互联网电视、平板、智能路由、智能穿戴产品。

（五）小米 4 代手机的上市总结

整体来看，小米是以建立用户交互核心，由核心去发掘需求扩散品牌，并形成滚雪球的粉丝效果，短时间内爆破用户期望值与市场关注度，达到新品销售始就风靡市场的效果。这种模式可复制性较强，但是利用效果会随着用户的"抗体"产生而减弱，同时上游供应链也遏制了小米的发展。

（六）粉丝经济

极力维护手机发烧友群体，利用社会化媒体平台的口碑传播来不断实现品牌效应，以少数人撬动多数人。让发烧友发挥他们各自的圈子传播作用，从而层层递进形成一个宏大的粉丝圈。

（七）生态系统

不局限于手机，而是充分运用在用户端建立起的品牌价值，从终端、平台、系统、应用、社会化媒体等多层面布局,构建基于 MIUI 移动端入口服务的软件生态圈,强力吸附生态圈资源以及品牌用户,提升了自身的战略竞争力和盈利能力。

(八)全员参与

小米团队是一支专业度高、向心力强的团队,不仅依靠雷军强大的个人魅力,其内部文化也鼓励全员参与和用户的交互,这保证了和用户双向交流的过程中,用户能够感受到非常好的服务体验,对小米产生品牌认同。

(九)供应链资源充足

小米在 4 代手机上市,产能强劲,在最好的时机来实现最大限度的市场铺货。避免了小米 4 代以前所出现的产能不足、上游供应链资源紧缺等问题。

(作者简介:朱大林,易观智库分析师,致力于互联网及互联网化宏观产业研究,深耕在移动终端、智能硬件、浏览器、运营商等多个细分领域)

去哪儿 TTS 商务搜索平台发展模式分析

朱正煜

◇◇◇

一、基本情况

2005 年 5 月,庄辰超与戴福瑞和道格拉斯创立去哪儿网,总部位于北京,目前已建成西安、武汉、成都、杭州四个分公司。创始人庄辰超任公司总裁,领导公司整体运营,2011 年 6 月出任首席执行官,全面负责去哪儿网的战略规划和运营管理。去哪儿网主要经营模式是通过旅游 TTS 商务搜索平台为消费者和旅游产品/服务供应商交易平台,通过进行价格等系列排序以达到满足用户搜索比对旅游产品的需求。目前已形成包含国内外机票、酒店、度假、旅游团购等在内的较为完善的旅游产品体系。

从 2006 年起,去哪儿网完成三轮股权融资,分别出售 26513257 股获得 250 万美元、出售 24828360 股获得 840 万美元以及出售 11750990 股获得 1400 万美元。2011 年 7 月,百度以 3.06 亿美元获得公司 181402116 份普通股,交易完成后,且经过一系列股份转让和调整,VIE 的股权结构为百度持股 60%,成为第一大股东。2013 年 11 月 1 日,去哪儿网在美国纽约证券交易所纳斯达克上市,股票代码为 QUNR,截至 2015 年 6 月,去哪儿股票价格较发行价 15 美元增长 3 倍,市值达到 52 亿美元。

表 4-2 去哪儿网大事记

时间	事件
2005 年 5 月	去哪儿在北京成立,提供机票和酒店搜索业务
2006 年 7 月	风险投资商 Mayfield 和 GSR Ventures 完成对去哪儿网的第一轮投资
2007 年 9 月	风险投资商 Mayfield 和 GSR Ventures,以及 Tenaya Capital 完成对去哪儿网的第二轮投资
2009 年 11 月	GGV Capital 领投,之前所有投资人包括 Mayfield Fund、GSR Ventures 和 Tenaya Capital 共同参与完成对去哪儿网的第三轮 1500 万美元的融资

时间	事件
2011 年 6 月	去哪儿网与百度达成战略合作,百度向去哪儿网提供战略投资 3.06 亿美元,成为去哪儿网第一大机构股东
2013 年 1 月	去哪儿网完成事业部制的改革,建立机票、酒店、无线三大事业部,新业务部及特殊项目部,启动内部创业体系激励计划
2013 年 11 月	去哪儿网于 2013 年 11 月 1 日在美国纳斯达克上市,股票代码为 QUNR
2014 年 1 月	去哪儿网成立目的地事业部,推进酒店直签战略,涉足酒店 OTA 业务
2014 年 5 月	去哪儿网度假部门升级为事业部
2014 年 6 月	去哪儿向东南亚打车软件 GrabTaxi 提供 1500 万美元 B 轮战略投资
2014 年 10 月	去哪儿网门票事业部正式成立
2014 年 10 月	特殊项目部正式升级为智能住宿事业部,拥有独立品牌:去呼呼©
2014 年 11 月	去哪儿网机票事业部正式升级为机票事业群,将孵化车票(SI)等创新项目
2014 年 11 月	无线事业部升级为无线事业群,将孵化车车(SI)等创新项目
2014 年 12 月	去哪儿投资旅游百事通
2015 年 1 月	去哪儿网自主研发推出面向客栈商户的"客满满"智能房态管理系统,支持客栈老板实时管理客房动态,及与多个分销渠道的对接和数据同步

来源:Analysys 易观智库。

二、产品和业务

(一)产品介绍

1. 在线交通预订

去哪儿在线交通预订主要包含机票和火车票两类产品。其中,在线机票预订是去哪儿最主要的收入来源。2005 年去哪儿成立后,通过 TTS 商务搜索平台,为航空公司直销、机票代理商提供流量入口,并通过点击付费和广告费用等实现营业收入,用户通过搜索比价,可以获取起降时间、机型、机票价格等信息,并通过去哪儿 TTS 交易平台完成支付流程,及短信、电子邮件等出票确认,提高机票预订效率,节约交易成本。根据 2014 年财务报表,在线机票预订相关业务为去哪儿创造了 11.7 亿元人民币的营业收入,占全部营业收入的 66.7%。

2010 年 3 月去哪儿推出火车票搜索平台,为火车票代理商提供普列、高铁等各类火车票产品的在线分销。2012 年 4 月,铁道部发布公告叫停"12306"外其他在线火车票分销渠道,去哪儿暂停在线火车票预订业务,2013 年 3 月铁道部撤销后去哪儿在线火车票预订重新上线,交易规模高速增长。

2. 在线住宿预订

在线住宿预订是去哪儿另一个重要的收入来源。去哪儿通过 TTS 商务搜索平台，为国内外酒店及各类旅游服务代理商提供流量入口，并通过点击付费和广告费用等实现营业收入。根据 2014 年财务报表，在线酒店预订相关业务营业收入为 3.5 亿元人民币，同比增长 79.0%，在全部营业收入中占 19.8%。目前已形成包含高端酒店、经济型酒店、客栈民宿、公寓短租等在内的完整住宿产品体系。2014 年 1 月，去哪儿成立目的地事业部，推进酒店直签业务，直签酒店数量增长迅速，截至 2014 年年底，直签酒店预订量已占全部酒店预订量的 2/3，有效提高去哪儿在线酒店预订业务营收规模。

3. 在线度假旅游预订

去哪儿 2012 年起启动度假旅游业务，2014 年 5 月正式成立度假事业部。通过 TTS 商务搜索平台为旅行社、OTA 等提供度假旅游产品线上分销。目前已成长为囊括国内游、出境游、周边游、签证、邮轮、机加酒动态打包、特价甩位等全行业旅游业务线上营销平台。

4. 其他在线旅游产品

凭借平台优势，去哪儿通过资源整合，为消费者预订其他旅游增值服务提供交易平台。主要产品包括：旅游保险、租车、专车服务、WIFI、行程定制、攻略等。

（二）业务介绍

1. P4P 业务

P4P（pay for performance）业务即"按效果付费"，指按照旅游服务提供商通过去哪儿网而实际成交的金额或者通过去哪儿网带来的点击来收取一定比例的费用。P4P 业务是去哪儿网 TTS 商务搜索平台的主要业务模式，构成去哪儿网最主要收入来源。去哪儿网财报显示，2014 年去哪儿 P4P 业务收入为 16.7 亿元人民币，占总营收 94.9%。

P4P 业务包含 CPC（Cost per Click，按点击付费）和 CPS（Cost per Sale，按成交付费）两种方式。目前去哪儿网采用的模式仍是传统的 CPC 模式，但是其占比逐年下降，逐步取代的是更为合理也更适合去哪儿网的发展的 CPS 模式。

P4P 业务中机票 P4P 收入占比最大，也是去哪儿网最具优势的业务板块，财报显示，2014 年机票服务收入为 11.7 亿元，占 P4P 收入比重达 70.3%；住宿 P4P 收入达到 3.5 亿元，占 P4P 收入比重达到 20.8%；其他 P4P 收入也达到 1.5 亿元，占 8.9%。

2. 广告业务

广告业务是去哪儿第二大营收来源,去哪儿 TTS 商务搜索平台具备较强的流量优势,通过为广告主提供网页广告展示获取收入。财报显示,2014 年去哪儿广告展示业务收入为 8789.4 万元人民币,占总营收的 5%。

3. 代理业务

去哪儿网以提供 TTS 商务搜索平台获取高流量、广覆盖的核心优势后,开始在产业链上逐步扩展,通过代理形式提供在线交易,产品代销等在线旅游服务,以增强服务质量,扩大利润空间。去哪儿代理业务主要体现在住宿预订业务上,2014 年 1 月去哪儿成立目的地事业部,开始推进酒店直签,介入代理业务。酒店预订市场相对区域分散而且差异性大,标准化程度较低,去哪儿通过技术优势可以迅速提升酒店经营方的互联网化水平,提升用户体验。

三、商业搜索平台发展模式分析

(一)商业模式评估

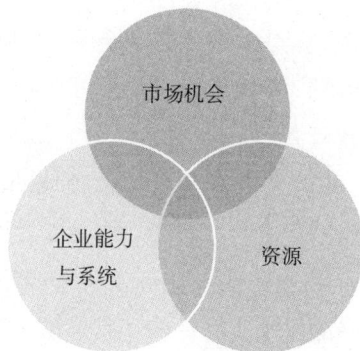

图 4-10　商业模式评估体系

资料来源:Analysys 易观智库,见 www.analysys.cn。

1. 市场机会

国内个人旅游和商务旅行市场随居民生活水平提高而飞速发展,在线旅游市场增长迅速,规模日益庞大,但仍存在信息不透明且十分分散的格局,消费者对于在线旅游市场的信息整合和垂直搜索有非常大的需求。另一方面,移动互联网近年来对人们生活渗透程度越来越高,一方面增加人们接入互联网的便利性,另一方面,基于 LBS 的旅游类应用得到较大的发展。去哪儿在移动客户端进行了巨额投入,移动客户端的下载量和使用量名列前茅。去哪儿2013年年底在美国纳斯达克上市,并获得百度未来三年内超过3亿美元授信,在充裕的资金流和强大的技术背景支撑下,去哪儿在在线旅游市场的份额将进一步增长。

2. 资源

雄厚的资本背景。2005年去哪儿成立后,进行了三轮融资,分别出售26513257股获得250万美元、出售24828360股获得840万美元以及出售11750990股获得1400万美元。投资方包括知名风险投资商Mayfield和GSR Ventures,Tenaya Capital,GGV Capital等。2011年7月,去哪儿获得百度3.06亿美元战略投资。2013年11月1日,去哪儿网在美国纽约证券交易所纳斯达克上市。2015年6月获得由银湖投资集团领投的共5亿美元战略投资。去哪儿凭借独特的商业模式和在中国在线旅游市场的领先地位获得资本持续关注,具备较强的资本背景。

优秀的管理团队。去哪儿管理团队均具有跨国企业或大型企业集团的管理经验。CEO庄辰超具备较强技术背景,曾在世界银行担任核心开发工作,2005年创立去哪儿网,担任公司总裁、CEO,领导公司整体运营。

广泛的资源覆盖。去哪儿凭借平台优势,建立起庞大的旅游产品资源覆盖。目前,去哪儿网可实时搜索约4190家旅游代理商网站,搜索范围覆盖全球范围内约77万家酒店、18万余条航线、50万条度假线路、近万个旅游景点,并且每日提供约242000种旅游团购产品。同时,推进直签酒店业务后,去哪儿直签酒店数量迅速增长,截至2015年第1季度已达到257家。

强劲的技术团队。去哪儿具备强劲的技术实力。CEO庄辰超具备扎实技术背景,CTO吴永强拥有十余年互联网及电子信息技术领域的工作经验,曾任雅虎中国技术总监及艺龙旅行网技术总监。去哪儿一半以上员工是产品开发人员。去哪儿通过TTS平台帮助各类旅游产品和服务的供应商及代理商实现旅游产品及服务的互联网化和标准化。去哪儿雄厚的技术实力保障了其对国内在线旅游市场信息的全面覆盖。

百度战略合作伙伴。2011年百度向去哪儿战略注资3.06亿美元,从而成为去哪儿的第一大股东。与百度的战略合作,去哪儿得到强大的技术和资金的支持;同时,百度向去哪儿开放流量入口,百度阿拉丁、百度航班、酒店、火车票信息均采用去哪儿的搜索结果,百度展示的历史价格走势图均采用去哪儿的数据,另一方面,百度地图LBS为去哪儿移动客户端提供技术支持,去哪儿在移动客户端市场形成明显优势。

3. 能力与系统

利用3W2H模型来分析去哪儿的主营业务商业模式即为:为消费者提供旅游产

品及服务的在线旅游搜索商务平台(见图4-11)。

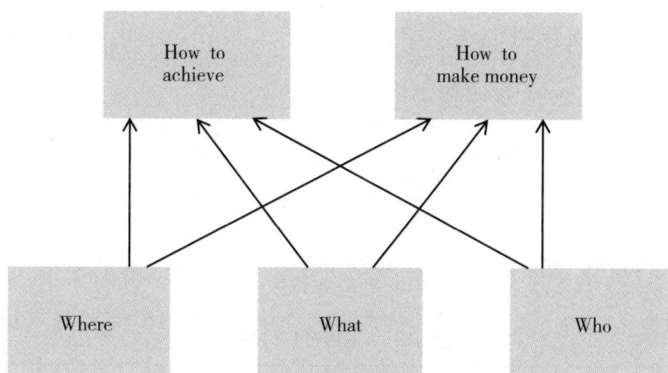

图4-11　商业模式3W2H模型

资料来源:Analysys易观智库,见 www.analysys.cn。

Who

去哪儿主要用户是在线旅游个人消费者。去哪儿通过搭建 TTS 商务搜索平台,为消费者提供直接接触旅游产品供应商和代理商的交易平台,并通过多维度排序筛选为消费者提供优选方案,节约交易成本,提高交易效率。

What

去哪儿为消费者提供包含在线交通预订、在线住宿预订、在线度假旅游预订在内的完整旅游产品体系。并通过资源整合为消费者提供接送机、租车、信息咨询等增值服务。

Where

去哪儿主要面向中国大陆地区消费者提供服务,2014 年 6 月去哪儿投资东南亚打车软件 GrabTaxi,2014 年 12 月低调上线英文机票预订网站 qua.com,显示出去哪儿已开始进行海外市场布局。

How to Achieve

去哪儿主要通过技术手段和大量市场营销投入建立竞争壁垒。一方面,去哪儿致力于通过技术手段打造开放交易平台,该平台旨在面向全行业开放去哪儿的数据、接口、资源、供应链、旅客及资本,覆盖全部业务,以旅游业 IT 基础设施供应商的角色,打通产业链各环节,提升旅游业互联网化水平,并增强自身盈利空间;另一方面,通过大量市场营销投入,进行品牌宣传和用户教育,积累用户规模,增强流量效应,从渠道上建立较高的竞争壁垒。

How to Make Money

去哪儿网主要收入来源是向平台上商户收取 P4P 费用,其次是广告展示收入,同时,去哪儿代理业务增长迅速,佣金收入日益成为重要的收入来源。

去哪儿的飞速发展得益于自身强大的技术实力和前瞻性的商业模式探索,国家宏观旅游市场的飞速发展也助力不少。市场中亦酷讯等商业模式相似的厂商,但去哪儿具备先行者优势,将长期受到资本和消费者的关注。在未来发展中,去哪儿通过持续技术创新,不断改善消费者体验,完善旅游产品及服务覆盖面,打造全产业链商务平台,可以成为国内在线旅游市场的淘宝网,拥有更大的话语权。

(二) SWOT 分析

表 4-3　SWOT 分析

S	企业创新能力强 资本持续支持 优秀的管理团队 强劲的技术实力	W	营收规模小 以低价为主的品牌形象固化 对用户线下体验流程控制力较弱 度假等非标产品布局较慢
O	中国旅游业发展迅速 中国旅游业互联网渗透率偏低 在线旅游市场呈现集中趋势	T	资本市场存在流动性变弱的风险 国外旅游厂商加快亚太地区布局 移动端创新厂商层出不穷 主要竞争对手业内兼并不断

去哪儿以其独特的商业模式在在线旅游市场飞速发展,背靠自身技术积累和百度技术、流量支撑,以及各方资本的关注,去哪儿在 PC 端和移动端同时进行了巨额投入,消费者关注度和流量迅速增长。去哪儿通过技术手段实现在线旅游市场的全覆盖,从而打造一站式服务,以期钳制在线旅游市场的流量入口。

但是,在寡头垄断的国内在线旅游市场,传统旅游代理商的市场地位和号召力很强,几家大型在线旅游厂商发起的价格战对去哪儿有较大的分流作用,同时,其他大型旅游代理厂商提供的服务水平和产品质量控制是去哪儿短期内难以追赶的短板。另一方面,旅游代理厂商的佣金模式的利润水平远高于去哪儿的点击付费和广告收入,在去哪儿 TTS 商务搜索平台未达到一定体量和垄断地位时,去哪儿变现能力长期难以改变弱势局面。

去哪儿代表的 TTS 商务搜索平台的商业模式需要长期的资金和技术投资。国家宏观旅游环境正在飞速发展,在这一过程中,抢夺市场份额是在线旅游厂商最重要的竞争目的,短期内盈利能力弱的局面不可避免。未来去哪儿需要继续加大 PC 端和移动端的投入,提高流量,并对商务平台内各产品和服务供应商与代理商的信誉和服务水平严加控制,改善用户体验,强化消费者口碑,抢占在线旅游市场流量入口。

当 TTS 商务搜索平台的建设做大做实之后,平台对全产业链的强势辐射就可以带来长期且强劲的盈利。

（作者简介:朱正煜,易观智库分析师,从事互联网及互联网化市场以及互联网企业的分析及前瞻性研究,致力于在线旅游、电子商务等细分领域的市场及企业深度分析）

今日头条产品与业务模式分析

魏祥超

❖❖❖❖❖❖❖❖❖❖❖❖❖❖❖❖❖❖❖❖❖❖❖❖❖❖❖❖❖❖❖❖❖❖❖

"今日头条"是由北京字节跳动科技公司开发的一款基于数据挖掘和机器学习的个性化推荐引擎,它为用户推荐有价值、个性化的信息,提供连接人与信息的新型服务,首个版本于 2012 年 8 月上线。Analysys 易观智库用户雷达数据显示,2015 年 4 月今日头条月度活跃人数达到 6892.4 万,启动次数为 365277.3 万次,使用时长为 49992.4 万小时。

一、今日头条产品和业务分析

（一）产品分析

用户可使用微信、微博、QQ 或注册今日头条账号登录,也可以在未登录的情况下以游客身份浏览信息。今日头条采集海量的信息,通过挖掘社交行为、人口属性等数据,智能分析出每时每刻最热门最值得用户关注的资讯;其次,推荐引擎会根据用户对浏览、收藏、转发、评论新闻资讯的行为不断进行分析,再结合其阅读习惯、时间、位置等多个维度,建立起个人用户模型,两者结合后,为用户推荐越来越精准的个性化信息。

针对媒体端,今日头条推出媒体/自媒体平台"头条号",致力于帮助企业、机构、媒体和自媒体在移动端获得更多曝光和关注,在移动互联网时代持续扩大影响力,同时实现品牌传播和内容变现。另一方面也为今日头条输出更优质的内容,创造更好的用户体验。

在内容为王的时代,今日头条在本身不产生内容的情况下,利用信息推荐技术,为内容找到好的读者,为读者找到感兴趣的内容,在个性化推荐趋势下,AAC（算法产生内容)是未来重要的发展方向。

(二) 业务分析

今日头条广告业务包括开屏广告、信息流广告等形式。开屏广告以汽车类、科技类新品首发为主,信息流广告以淘宝客模式为淘宝卖家倒流,通过算法推荐机制实行精准推送,把"特卖"频道推送给近期浏览和购买过特卖商品的用户,主要以 CPS 模式进行结算。另外今日头条的广告系统支持自媒体接入,自媒体可以选择与今日头条自身匹配的广告,也可以选择投放自身的广告,享受今日头条的广告分成。

今日头彩是今日头条与新浪爱彩联合出品的专业购彩客户端,支持合买,提供摇奖号码分析、资讯图表等服务。

电商业务有独立的"商城"入口。目前商城入口中包含今日特卖、今日电影、9 块9 包邮三个频道。特卖频道包括了"优品""特价""新奇库""热卖""即将上线"等多个分类,商品覆盖服装、数码、家纺、食品、化妆品等多个类目,每天约有 1000 个服饰鞋靴箱包等产品在线销售,客单价都相对偏低。今日电影由微信电影票提供服务,可在今日头条 APP 上直接选座购票,通过支付宝进行支付。此外,特卖频道还加开了"评测"频道,尝试从今日头条自媒体内容向商品倒流,主要类目是手机等智能硬件为主的新品。

二、今日头条发展模式及趋势分析

(一) 发展模式

1. 算法产生内容后精准推送给用户

区别于其他新闻客户端拥有自己的新闻采编、内容制作能力,今日头条自身不产生内容,而是基于数据挖掘的推荐引擎技术,为用户推荐有价值的、个性化的信息,提供连接人与信息的新型服务。

在经历版权纠纷后,今日头条开始采取"先授权、后使用"的方式与传统媒体开展多形式合作,在传统新闻网站版权购买模式尚未区分 PC 端与移动端使用权限的情况下,在国内移动端中率先单独支付版权费。

2. 搭建内容生态平台

开通头条号媒体/自媒体平台,帮助企业、机构、媒体和自媒体在移动端获得更多曝光和关注,打造良好的内容生态平台。基于今日头条用户基数,通过智能推荐算法,为优质内容获得更多的曝光机会,同时保护原创者版权,并借助头条广告和自营广告,为入驻媒体/自媒体带来价值变现。

3. 电商由导购向多种方式转变

今日头条初期以导购模式呈现,商品均导向淘宝系。2014年"双十一"之后,今日头条特卖开始转型做自有商城,商品覆盖服装、数码、家纺、食品、化妆品等多个类目。除了转型自有商城,今日头条还有意将自己打造成一个新品首发平台,与行业内有话题、稀缺的产品合作新品首发,最大价值发挥今日头条的媒体属性,让用户"所见即可以买"。在转型自有商城、做新品首发平台之外,今日头条电商的另一个动向是逐步尝试O2O,与生活服务类品牌合作,利用今日头条的流量优势快速引爆商品。

(二)发展趋势

1. 结合场景为用户推送不同形式的信息

今日头条将产生更多种类的信息,不仅仅是文字,可能是图片、短视频等其他形式,在更多场景下给用户更好的推荐。

2. 更多的用户信息被记录后用于挖掘需求

物理世界中产生的信息会越来越多地投映到虚拟世界中,在此基础上,用户越来越多的数据会被机器记录下来,通过对海量信息的挖掘,充分了解用户的需求,针对需求实现信息的精准推送。

3. 未来由信息分发平台向生活服务平台转型

今日头条连接用户和生活服务类企业,根据用户的需求向其推荐对应生活服务。通过与线下企业合作,未来的今日头条可能会变成能够连接更多O2O服务的"今日生活",逐渐由信息分发平台向生活服务平台转型。

(作者简介:魏祥超,易观智库分析师,聚焦新媒体网络营销领域的分析与前瞻性研究,对相关行业及其企业、交叉行业、行业趋势等有较为深刻的认识)

京东主要业务发展状况分析

王小星

京东(NASDAQ:JD)是以 3C 品类起步,并逐步发展起来的大型综合性电子商务企业,是中国最大的自营式电商平台。目前,京东为消费者提供 13 大类超过 4000 万 SKUs 的丰富商品,品类包括:计算机、手机及其他数码产品,家电,汽车配件,服装与鞋类,奢侈品,家居与家庭用品,化妆品与其他个人护理用品,食品与营养品,书籍,电子图书,音乐、电影与其他媒体产品,母婴用品与玩具,体育与健身器材以及虚拟商品。

在发展初期,京东从 3C 品类切入电商市场,通过低价格、低毛利的策略提升销量,获取用户并占领市场,同时京东通过自建物流配送体系,提供货到付款等服务,迅速在北京等一线城市打开市场。

2010 年京东凭借平台积累的用户资源,转型为全品类的平台型电商。京东不断升级自建物流体系,进一步强化了供应链能力,截至 2014 年 12 月 30 日,京东已建立 7 大物流中心,在全国 39 座城市建立了 118 个仓库,总面积约为 230 万平方米。同时,还在全国 1855 个行政区县拥有 2045 个配送站和 1045 个自提点、自提柜。推出 211 限时达、次日达、夜间配和三小时极速达等一系列专业配送服务。在邮费方面,京东自 2014 年 2 月 27 日起,对自营商品配送费进行调整,针对不同级别的会员实行不同等级的“满免”制度。

目前,京东已形成京东商城、京东金融集团、拍拍、海外事业部四大业务部门,推出了针对不同市场的多种服务,如针对本地 O2O 服务的“京东到家”,针对智能硬件产业的“JD+”智能硬件孵化计划,消费金融产品京东白条、京东众筹等新产品,已基本形成以网上零售为主,金融服务、智能硬件孵化、本地 O2O 服务为补充的大型电子商务企业集团。

2015 年 5 月,京东入股金碟软件,进军企业级软件服务市场,业务范围及布局得到进一步丰富。

一、京东物流业务

京东 2007 年开始自建从仓储到配送站点的全套物流体系,与专业物流公司基本无异。从一线城市进入,京东首先在北京、上海、广州建立三大物流体系,并逐步向其他城市逐层下沉。自建物流有助于提升用户的网购体验,是京东在 B2C 领域提高用户粘性的筹码之一,也是其为入驻商家提供的增值服务之一,POP 平台商家可借助京东的仓储、配送、客服、售后、结算体系,利用大数据以流量指导供应链管理,为消费者提供更好的体验。

据京东招股书数据显示,京东对物流体系建设的投资也节节攀升,2009 年到 2013 年分别是人民币 1.44 亿元、4.77 亿元、15.15 亿元、30.61 亿元、41 亿元。伴随着电商业务的高速发展,京东物流规模化效应逐步显现,根据京东公开财报数据显示,京东平均每单配送成本从 2011 年的 23 元下降至 2014 年的 12.2 元。

目前,京东已拥有涵盖仓储运营、物流规划、干线运输及供应链管理的信息化物流体系。根据京东公开财报数据显示,截至 2014 年 12 月 30 日,京东已建立了 7 大物流中心,在全国 39 座城市建立了 118 个仓库,总面积约为 230 万平方米。同时,还在全国 1855 个行政区县拥有 2045 个配送站和 1045 个自提点、自提柜。推出 211 限时达、次日达、夜间配和三小时极速达等一系列专业配送服务。

京东采用"仓配一体化"的物流模式,基本建立了全国性的物流基础架构,六个城市运营中心和七大物流中心适配支持京东物流配送。仓库越来越多,货物离消费者越来越近,货物移动的距离越来越短,从而加快货物配送速度,降低配送成本。

而大规模的物流体系更需要科学合理的运营机制,使其订单运营成本优化降低。京东设立了物流执行流程,由物流管理系统自动处理订单,并匹配到适当库存的仓库。其中,捡单是由仓库管理系统自动生成的指令的基础上手动完成。仓库管理系统将自动生成条形码和货运标签,让工作人员与项目相匹配,进而完成正确的顺序再包装过程。分单和包装后,订单所在城市送货或取货站作进一步处理和传送的分拣中心。

2014 年,京东推动农村电商战略,发力三四线城市。为此,京东积极布局物流末端,"京东帮服务店"模式以及物流"最后一公里"是京东物流对开拓农村电商市场进行的新尝试。

京东帮服务店采取签约第三方合作的方式,由京东对服务店的资质进行审核和评估,并整合配送、安装、采销、市场资源。京东帮服务店主要服务于大家电业务,采

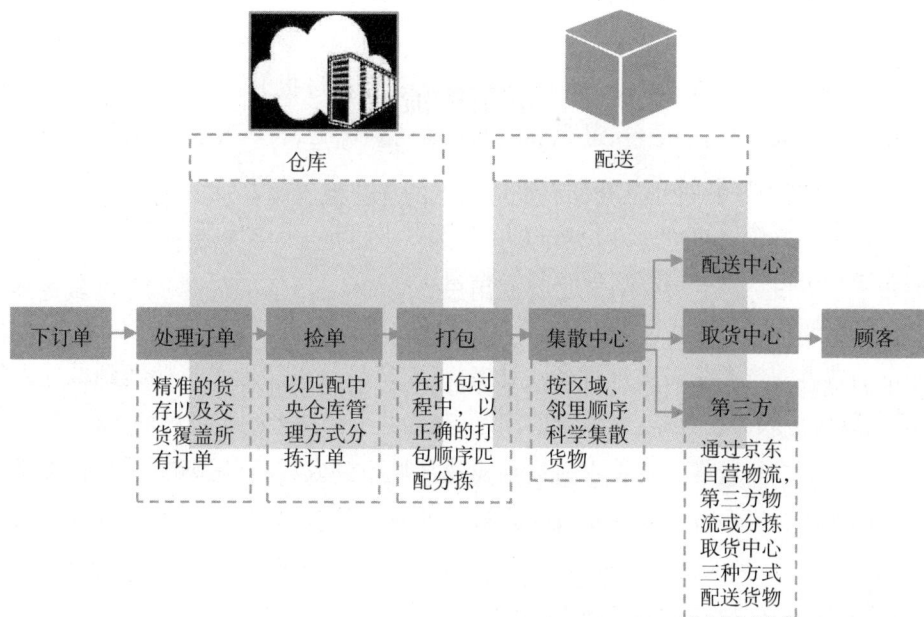

图 4-12 京东物流执行流程

用第三方合作模式;同时并行的京东服务中心是原京东配送站的升级,由京东自主经营,主要提供代客下单和中小件的配送及售后服务。未来 3 年,"京东帮服务店"将完成一县一店的布局,力争消除城乡家电价格歧视、做到全国同价、让村里人享受与城里人同等的消费服务。

二、京东农村电商模式解析

2014 年,京东开始布局农村电商业务,2014 年 11 月 20 日,京东全国首个针对大家电服务的"京东帮服务店"在河北省赵县开业,通过深入村镇的"京东帮服务店",为当地消费者提供京东大家电"最后一公里"配送的服务,解决解决农村消费者购买大家电价格高、品类少、不送货、安装慢、退货难等问题,目前京东在全国 22 个省的100 多个县建立了"京东帮服务店"。

12 月 21 日,京东农村电商进程进一步深化,四川省仁寿县成为京东"星火试点"的首个签约地区,京东通过在仁寿县建设京东服务中心,完善乡村配送体系,招募农村合作点,扶持电商平台和传统商贸企业、建立大家电"京东帮"服务店五个方面,探索"多快好省"的工业品下乡模式。

2015 年 4 月 22 日,全新的京东农村电商"3F 战略"正式公布。包括工业品进农村战略(Factory to Country)、农村金融战略(Finance to Country)和生鲜电商战略(Farm to Table)。

工业品进农村战略(Factory to Country):京东将通过提升面向农村的物流体系,力争让农民以最快捷、最低价、最无忧的方式购买到化肥、农药等农资商品及手机、家电、日用百货等工业商品。

农村金融战略(Finance to Country):通过京东白条、小额信贷等创新金融产品,帮助农民解决借钱难、贷款难、成本高等难题。

生鲜电商战略(Farm to Table):京东将通过大数据等技术,将农民的农产品种植与城市消费者的农产品需求进行高效对接,将农产品从田间地头直接送到城里人的餐桌上,既解决农民卖菜难、赚钱难的问题,又让城市消费者吃到新鲜的农产品。

京东通过"3F战略",将在农村逐步构建从城市到农村的新型销售网络,提供面向农村的普惠金融服务和建立从农村到城市的农产品直供渠道,通过缩短城市与农村的距离,消除城乡的价格歧视,推进消费的公平透明,逐步解决农民买东西难、借款贷款难、农民赚钱难得"农村三难"问题。

经过一年多的农村电商试点及试验,京东已逐步形成了完整的农村电商战略,通过从商品购买、农产品销售、金融服务三个层面,建立建成京东农村电商生态体系。

三、京东未来趋势展望

(一)进一步提升品类丰富度

相比天猫,京东的短板是商品价格和品类的丰富度。京东以3C起家,由于商业模式的不同,京东更擅长进行标准产品的销售和服务。但丰富的商品品类能直接吸引更多的用户以及提高订单量。根据京东财报数据显示,2014年第4季度,日用商品及其他非3C业务的交易总额达到430亿元,同比增长173%,占比高达50.1%,占据半壁江山。可见非3C品类成为京东业务扩张的重要组成。

目前而言,京东一站式综合购物电商平台已经初具格局,但下一阶段还需进一步丰富产品品类,加大与品牌商直接合作力度,强化配送及服务水平。

(二)提升移动端转换率

随着移动互联网用户和移动电子商务交易规模的高速增长,移动电子商务将成为未来中国电子商务市场竞争焦点。根据Analysys易观智库监测数据显示,2014年中国移动网购市场交易规模达8616.6亿元人民币,较2013年增长229.3%,移动网购在整个网上零售市场中的占比达 30.1%。

移动端的布局是京东的发展战略之一。2014 年,京东商城达成与腾讯战略合作以后,除京东 APP 以外,京东启用了包括微信、手机 QQ、微店等在内的多个移动购物平台,广泛而深入地触及了包括三到六线城市用户在内的更多用户群体。

与天猫、淘宝相比,手机京东市场份额占比差距较大。提升移动端市场份额,提高移动端订单转换率仍是挑战。

(三) 加快渠道下沉、区域城市扩张步伐

随着基础建设从城市转向农村,硬件设施的不断完善,移动网络的不断普及,乡镇将会成为互联网用户另一有力增长点。其次,二三四线以下城市网购渗透率较低,还存在着较大的消费潜力大,将成为电商企业的下一蓝海。

根据 Analysys 易观智库用户雷达监测数据显示,2015 年 2 月,京东商城在地级市移动购物活跃用户数为 265.4 万户,位居第二,而在县级市移动购物活跃用户不足百万户,以及乡村城镇覆盖人数也偏低。对此,下一阶段,京东集团的战略核心依旧是加快物流资源下沉,以及区域城市扩张。

对此,京东积极布局农村电商战略,探索了"京东帮"服务店以及"物流最后一公里"的渠道下沉模式方法。但对于中国这个发展极不平衡、人口众多的"深袋市场",京东在快速开拓市场建立服务站的过程中,合作方的业务水平和服务质量能否保持高水准,三四线城市用户在网购下单后能否第一时间收到货物等用户体验亟须严格把控。此外,农村电商也需要多角度进行市场推广,加大品牌传播力度。

(四) 金融业务持续拓展,提升平台整体服务能力

目前京东金融集团下设京东理财、京东众筹、京东保险、消费金融、京东贷五大业务板块。金融业务作为京东集团的重要战略布局,对京东整体的业务能够起到巨大的支撑作用。依托京东网上零售业务带来的互联网流量资源和现金流资源,以及供应商/卖家资源,京东金融业务可以为集团提供全方位的业务支持。

在上游供应商上面,可以缓解供应商资金流转,同时增强对上游供应商的粘性。针对消费者,京东白条等消费金融产品可有效挖掘消费者购买潜力,提升平台粘性,众筹业务和"JD+"作为新兴智能硬件的孵化平台,帮助中小创业企业解决资金问题的同时,亦能有效形成对智能硬件市场的占位,使京东处于竞争领先地位。

总体来看,京东金融作为集团的重要业务部分,对帮助京东实现对全产业链的服务覆盖,夯实整个京东生态圈具有非常重要的意义。

（五）智能硬件创新，京东制造业务的展开

京东智能硬件核心业务包括京东智能云、JD+计划和一个超级 APP。2014 年 12 月，京东联合 360 共同以 1000 万美元的价格投资了古北电子（BroadLink），这算是京东在智能硬件领域的第一笔投资。京东在这些前沿智能硬件创新领域的率先布局有利于抢占市场先机。

京东智能硬件走平台理念。在这个平台上联合创客社区、众筹平台、生产制造商、技术服务商、内容服务商、渠道商等，从而形成一个共同体。京东拥有着较高质量的数据资源，这是其发展智能硬件的优势。但目前，在第三方合作伙伴还没有大量涌入之前，京东为了保持这个平台拥有基本的功能，就必须投入大量资源，比如技术团队就是亟待加强的一个短板。其次，京东对硬件合作伙伴的营销支持、供应链服务、技术支持、金融服务及资金支持等都还得看其后续发展。

（六）探索海外市场，国际化的挑战

早在 2011 年京东就表明过自己国际化的意图。并且上市之后，京东的国际化也势在必行。对于国际化的节奏，京东目前从与中国相邻国家合作入手。面对国际市场，京东在国内创造的"早上下单，下午收货"的物流优势，在国际市场上很难实现。如何找到合适的模式开展国际业务，不仅需要京东将自身的优势与国际当地市场所需服务相结合作为切入点，并投入营销资源，而且其他各项能力都需要培育。在迈向国际化的征途中，京东必将面临更多的挑战。

（作者简介：王小星，易观智库分析师，聚焦电子商务行业研究，主攻网上零售、移动网购、跨境电商及其相关产业链上下游研究，以及网上零售新兴模式研究及资本市场零售业投资及布局研究）

唱吧移动 K 歌模式分析

姚海凤

2012 年 5 月,北京酷智科技有限公司推出移动社交 K 歌应用——唱吧。该公司创建于 2011 年,受北京最淘科技有限公司 VIE 协议控制,开曼公司(ChangbaINC)的机构投资者包括红杉、蓝驰、中信产业基金等知名机构。该应用是一款基于兴趣图谱和社交图谱的 K 歌应用,定位草根的娱乐平台,上线之初就冲入苹果排行榜首位,并长期保持在前列。在移动端上,支持 Android 版、iPhone 版、iPad 版和 winphone8 版本。目前唱吧拥有累积 2 亿的用户,每月活跃人数约 3000 万,是移动 K 歌行业的领导者。唱吧于 2014 年推出的音频直播为"包房 K 歌秀",强调"好友间 K 歌聚会"的理念,包房最多可容纳百人同时在线,送花等增值服务也为唱吧带来一定的收入。唱吧在 2014 年 12 月推出北京第一家线下 KTV"唱吧麦颂 KTV",采用"合作+迷你精品"模式探索实体经济,"唱吧麦颂 KTV"是唱吧布局 O2O 战略、探索线上和线下联动的盈利模式的重要支撑。

公司一方面借助唱吧 APP 继续做大用户规模,创造更大收入、积攒更好口碑;另一方面试水线下 KTV 业务,以互联网创新、快速改进的思维碰撞传统行业,完成线上用户与线下的 O2O 闭环,并试图走出一条更有想象空间的发展道路。2014 年 2 月 18 日,唱吧获得新浪科技 2013 风云榜—年度创业公司之社交娱乐应用奖。唱吧的目标为打造最优秀的综合性娱乐平台。

2014 年 3 月 27 日,唱吧布局手游市场,由冰翼网络研发,热酷游戏联合唱吧推出《唱吧小飞侠》,并在 App Store 开启限免下载。《唱吧小飞侠》作为一款主打休闲风格的飞行射击类手游,融入了包括蜡笔小新、柯南、阿拉蕾等,数款经典动漫角色,结合本身可爱明亮的画风,让游戏更富有吸引力,也使得产品的风格更加契合休闲游戏的目标用户。唱吧游戏是唱吧在庞大用户流量前提下,结合用户特征,推出的顺应用户天然需求的衍生增值业务。

2015 年年初推出的"唱吧直播间"是一款免费的视频互动手机应用,采取主播视频在线直播+粉丝观看送花的模式。粉丝可以通过聊天室与主播互动,也可以与其他粉丝互动交流,而粉丝"回馈"主播的方式则是较为传统的送花模式。粉丝可以购买唱吧"播币",并用这些播币兑换虚拟鲜花等奖品送给主播,而主播可将收到的奖品后兑换成"播豆",并按照一定的分成比例按月从唱吧结算收入。

表 4-4　唱吧大事记

时间	事件
2011 年 3 月	北京最淘科技有限公司成立于北京
2012 年 5 月	唱吧正式发布 iOS 客户端
2012 年 6 月	1 个月内用户突破 100 万
2012 年 7 月	唱吧发布 Android 版本客户端
2012 年 5 月	唱吧获得获蓝驰投资 300 万美元 A 轮投资
2012 年 7 月	唱吧获得红杉资本 1500 万美元 A 轮投资
2013 年 3 月	唱吧发布 iPad 版本客户端
2014 年 3 月	唱吧涉足手游,与热酷合作推出《唱吧小飞侠》
2014 年 12 月	唱吧第一家线下 KTV"唱吧麦颂"开始运营
2015 年 1 月	唱吧推出视频直播社区(视频秀、秀场)——"唱吧直播间"
2015 年 3 月	唱吧麦颂 KTV 上线众筹平台"众筹客"发起股权众筹

来源:易观智库,2015 年。

一、唱吧业务介绍及特点

唱吧最新版本中已经上线了"包房 K 歌秀"功能,用户可以创建包房,也可以加入别人的包房,在包房里可以排麦演唱,也可以聊天送花。"包房 K 歌秀"的推出对于唱吧来说是具有重要意义的,让唱吧从一个录播上传、评论互动的社区变成一个直播表演、实时互动的秀场。

唱吧在互动方面也有突出表现。唱吧用户不仅可以 K 歌,还能将自己的作品分享给 QQ 好友、QQ 群、QQ 讨论组。同时,唱吧支持用户轻松找到新浪微博、腾讯微博上的好友,并提供多账号绑定功能,可一键分享到 QQ、微博、微信等多个社交网络。

"唱吧直播间"贯彻唱吧"音乐+社交"的产品概念,利用其积累的潜在主播,实现多种互动。是一种"主播视频在线直播+粉丝观看送礼物"的模式,主播可以进行收入分成,大大提高了主播的参与度。这也是今后唱吧盈利的主要来源之一。但来自 YY、9158、六间房、天籁 K 歌、KK 唱响等在线秀场和移动 K 歌对手的压力非常大。另外,唱吧直播间模式起步晚,主播影响力和粉丝积极性尚需培养,以及移动端技术和成本问题,短期内尚能形成规模收入。

　　唱吧已经从早期简单的 K 歌软件,升级为集 K 歌娱乐、互动交友、视频录制、草根造星为一体的综合性娱乐平台(见图 4-13)。从 2013 年 4 月唱吧推出了付费礼物,用户可以买来送给支持的演唱者,收到礼物的演唱者可以得到原价格的 30% 的金币,但是金币不可提现,只能继续用于购买礼物。另外,唱吧还推出了付费表情贴纸以及付费会员。然而广告收入也是唱吧的收入来源之一。

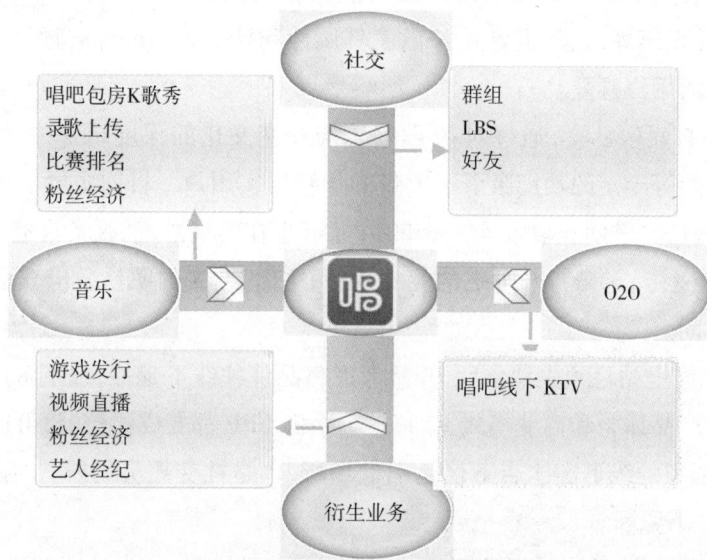

图 4-13　唱吧业务概况

来源:易观智库,2015 年。

S	• 唱吧主打娱乐社交,产品知名度高,累计注册用户超2亿,包含线上包房、榜单、直播间等功能,用户黏性高 • 引入社交元素,更容易分享,可快速形成口碑传播效应 • 唱吧延伸做线下KTV,可更好地延续和补充其主营业务收入	**W**	• 移动互联网以用户为重,流量变现非常难,唱吧未摆脱探索移动端盈利模式的压力 • 唱吧直播间起步晚,主播影响力和粉丝积极性尚需培养 • 唱吧定位移动平台,用户观看流量成本高、多窗口展示及互动留言不便,用户体验会受到影响
O	• 移动K歌相对于传统线下KTV更便捷省时、成本低、社交娱乐更佳,更易被年轻用户接受 • 大数据技术日渐成熟,为产品创新提供技术支持	**T**	• 移动K歌领域竞争激烈,产品同质化严重,厂商变现能力弱 • 曲库资源有限,整个行业面临版权问题

图 4-14　唱吧 SWOT 分析

来源:易观智库,2015 年。

二、唱吧发展趋势分析

随着移动互联网的应用范围更加广泛,移动设备性能的提升,以及网络带宽条件的不断改善,智能手机凭借便利性以及丰富的扩展功能,更大地满足了用户对娱乐活动的需求。移动 K 歌相对于传统线下 KTV 更便捷省时、成本低、社交娱乐更佳等优势,自 2012 年起陆续涌进多家移动 K 歌应用,天籁 K 歌、唱吧、K 歌达人、全民 K 歌、移动练歌房、爱唱等等,尤其是兼并 K 歌工具属性和社交属性的综合性移动 K 歌平台被越来越多的用户喜爱。

"唱吧"主打娱乐社交,通过对 K 歌娱乐与社交文化的深度结合,线上 KTV 包房、榜单、直播间等丰富的功能吸引了大量的年轻忠实用户。目前主要以虚拟礼品、会员收费、品牌广告赞助获取收入。从 2014 年起也在尝试游戏、视频直播和 O2O 线下加盟 KTV 等业务,未来打开唱吧的业务,利用主播、艺人的明星效应获取收入,有很大的发展空间。

"唱吧"在线上站稳领先地位后,开始考虑将品牌往线下延伸,线下 KTV 为唱吧创造了全新的产品体验和商业模式,让每一个手机 APP 都变成遥控器,可以点歌、互动、玩游戏。唱吧的线下实体店不仅是唱歌场所,也是社交聚会场所。"唱吧"进军线下 KTV 有如下原因。

"唱吧"未摆脱探索移动端盈利模式的压力,布局线下 KTV 是商业模式上的开拓。"唱吧"目前已拥有 2.4 亿用户,月活用户达 3000 万,是国内最大的移动 K 歌平台。移动互联网以用户为主,变现难是移动互联网企业的痛点。唱吧主要以虚拟礼品、会员费、品牌广告赞助、游戏导流和"唱吧直播间"获取收入,截至 2014 年年底营收约 1.3 亿,但仍难以维持运营成本。在营收方面较去年营收 36.78 亿的 YY 和 6.92 亿的 9158 差距较大。同样采用"主播视频在线直播+粉丝观看送礼物"模式的"唱吧",由于定位仅服务在移动端用户,用户观看流量成本高、手机进行多窗口展示以及互动留言的不便,是"唱吧"在变现能力上弱于"PC+移动"的 YY 和 9158 等对手的原因之一,另外作为"唱吧"未来营收的重点"唱吧直播间",由于主播影响力和粉丝消费观念尚需时间培养,短期内尚不能实现规模化收入。因此,唱吧大胆选择尝试线下 KTV,通过股权众筹加盟方式来降低资金压力和风险,将线上用户流量引到线下变现,深耕唱吧产品以延续和补充其主营业务收入,尽快摆脱移动端盈利压力提高整体利润空间。

线下 KTV 竞争激烈,创新型模式迎来生存机会。线下 KTV 在一二线城市已高饱和,正向三四线城市下沉,受到公款消费被禁、房租上涨、娱乐选择性更多的因素影响导致娱乐消费群体去线下 KTV 消费的频次下降,而 KTV 投入成本增加和收入减少以及投资回报周期长等已造成 KTV 行业内有 3%—5% 门店出现亏本乃至停业,2014 年"钱柜""大歌星"等主流 KTV 陆续关门多家店。而对"唱吧"来说,移动 K 歌平台为用户提供除唱歌外还可以在线为心仪的对象送花、互动、交友等功能,线下 KTV 是消费的入口,可以很好地承接移动 K 歌用户进行社交的线下场景,线上与线下 KTV 有机结合,可以让用户体验到约附近陌生唱友一起到线下 K 歌,用 APP 掌控 KTV 点播的流畅感等创新玩法,弥补线下 KTV 的创新力不足,抢占一定的线下 KTV 市场份额。

"唱吧"进军线下"唱吧麦颂 KTV"突出的优势,表现为:第一,"唱吧"具有一定用户规模和品牌影响力。由于保持品牌化经营 KTV 可以提高用户的忠诚度,并提升企业在市场的竞争力。因此,"唱吧麦颂 KTV"采用股权众筹扩张门店,投资人可以在朋友圈、微博等社交平台推广品牌,利用品牌效应打开线下 KTV 市场。并将通过"唱吧"庞大的线上用户流量引到线下变现,另外,通过加入互联网元素、社交元素,陌生人可以借助"唱吧"打造的联网系统在 KTV 飙歌比赛等新玩法建立社交关系,打破传统 KTV 从会员管理和市场营销的角度仍大部分还停留在会员卡、会员积分的模式,以此增加用户对"唱吧麦颂 KTV"品牌忠诚度。

第二,"唱吧麦颂 KTV"可以提供更好的增值服务,获取新的赢利点。包房费和酒水是传统 KTV 最大的利润来源,随着线上团购价格战的拉开也进一步冲击压缩 KTV 市场利润。而"唱吧麦颂 KTV"这样的 O2O 营销还可以通过虚拟礼物、泛娱乐体验和后服务市场所提供的增值服务获取新的赢利点。另外,消费者 K 歌后将其录音分享到朋友圈,同时会显示场所信息,增加对"唱吧麦颂 KTV"门店曝光度,利用口碑传播可减少一定的推广成本。

"唱吧"进军线下"唱吧麦颂 KTV"也面临明显的挑战,表现为:第一,"唱吧麦颂 KTV"通过打造新品牌和股权众筹的方式来运作的,专注轻量级的低成本迷你店,但在资金、资源适配、歌曲版权等方面仍会面临一定问题。而"唱吧"的竞争对手"一起唱"通过接入一二线城市的上百家线下 KTV 的点歌系统,收取一定的硬件、软件产品费用或收取佣金的方式作为盈利点。另外,9158 尝试从"秀场"模式转型到"K 歌平台"且将业务范围延伸至线下 KTV 体验店,拥有自主研发的独特 K 歌系统,引入了赠送虚拟礼物、K 歌评分、包房间 PK、地域排名等玩法增加盈利。两者通过这样的做法都大大降低了投入资金的压力和经营的风险。然而,"唱吧麦颂 KTV"由于品牌新、选址难、经营管理经验不足、用户导流等原因,若短期内发展到 50—70 家线下 KTV,规模化管理将面临很大挑战。

第二,KTV 行业竞争激烈,盈利空间有限。面对同样打 O2O 营销模式的竞争对手,中国最大的量贩式 KTV"宝乐迪"融入 O2O 营销模式在线下已占有较大的市场份额,以及基于 O2O 集 K 歌预订、社交为一体的 K 歌应用"一起唱"选择与百余家 KTV 接入点歌系统降低经营风险。"唱吧"则选择股权众筹的模式进军线下 KTV,虽然有 2.4 亿线上用户资源,但更多是集中在三四线城市的年轻人,对于仅在一线城市开店的"唱吧麦颂 KTV"通过自身用户转化为线下的消费用户难度较大,仍需要大量的市场推广成本。对于定位轻量级的低成本迷你店,目前吸引更多的是以体验新鲜感的年轻用户,以商务为需求目的的高消费人群并不适合,又由于"唱吧麦颂 KTV"门店数量少,包间数量少,客单价相对较低直接面临的就是盈利空间有限,因此需要相当长的时间来培养一批忠实的消费人群。

唱吧通过品牌延伸做线下 KTV,是看到了线下 KTV 行业有较大的市场规模和盈利空间,将线上用户流量引到线下变现,为了更好地延续和补充其主营业务收入。对唱吧来说,利用其庞大用户群体和社交互动功能弥补线下 KTV 的创新力不足,抢占一定的线下市场,已实现的小额营收也坚定了唱吧的信心。但同时以打造新品牌的方式来运作线 KTV,资金、资源适配、歌曲版权等都面临一定问题,规模化发展将成为挑战。

(作者简介:姚海凤,易观智库高级分析师,从事数字阅读、数字音乐等互动娱乐行业的前瞻性研究,致力于网络文学、移动阅读、移动音乐、移动音频、移动 K 歌等细分领域)

北京市农业信息化的基本现状分析

郭建强

1963 年,日本学者首次提出信息化的概念,至今已有五十多年,学术界对信息化的概念一直存在争论,国内对信息化的概念也有多种理解和解释。从技术层次、知识方面、产业层面来看,以产业结构的高级化为视角、宏观视角、政府角度都对信息化进行了阐述。实际上,信息化在农业领域的广泛应用就可以被称为农业信息化。

一、农业信息化发展现状

自 2004 年起,我国政府高度重视农业信息化,相继出台了一系列农业信息化的相关政策,涉及从基础设施建设、信息资源、服务模式、信息技术、系统平台到人文科技培养教育等各个领域,并在全国范围内推进了一系列的重大农业信息化工程,如"金农工程""12316 三农服务热线"等,并在项目、资金、人力等方面给予了全力支持。

在此背景下,北京市也高度重视农村信息化建设。"十五"农业科技发展规划中,就把农村信息化科技工作放在了十分重要的位置;"十一五"期间提出了"221"行动计划,其中的"1"就是要打造一个农业信息平台;"十二五"期间要按照四化同步的思路发展继续深化和打造农业信息平台。

北京市农业信息化有雄厚的基础。尤其是计算机等信息工具逐步普及,据 2014 年北京市农村年鉴统计现示,2013 年北京市拥有电脑的家庭达到了 66%,光纤与宽带已全部接通到乡镇政府,其中部分乡镇已接通至重点村,从而形成了计算机网络、有线电视和有线广播成为主要的信息网络,网上农产品销售、农家乐展示、农药化肥的网购已经实现。因此,北京市农业信息化已经网到渠成。

当前,北京市建立了基于卫星的宽带网络传输平台——农村远程教育与信息服务系统。该系统是以卫星宽带网络传输为主、其他网络(有线电视网络、微波网络、计算机网络等)传输为辅的宽带网络传输平台。这一系统布网迅速,扩容方便,覆盖范围广,成本低廉,可通过网络传输大量的图文音像等多媒体信息,并可提供多样化的信息发布形式,同时支持直播、点播、重播和数据发送等功能。2000年,经北京市科委批准正式成立北京农村远程信息服务工程中心,北京市农林科学院在全国率先开展农村现代远程教育研究工作。2001年,北京市全面启动北京市农村远程教育及信息服务工程,建立了以卫星宽带网为主要传播途径的远程教育平台,覆盖京郊全部乡镇。体系初步搭建后,先后在2003年抗击非典,2004年预防禽流感等工作中作出科技支撑。2002年、2004年和2005年,北京农村远程信息服务工程分别被列为北京市政府60件重要实事工程。2008年市委召开常委会,审议并通过了《北京市农村党员干部现代远程教育工作实施意见》,对北京农村党员干部现代远程教育工作的指导思想和原则、目标任务及实施步骤等内容作了详细部署要在目前远程教育的体系上建成农村党员干部现代远程教育。截至2008年12月,全市终端站点建成3544个。从2008年开始,该平台被建设成为北京市农村党员干部现代远程教育平台,主要承担北京市的农村党员干部的教育任务,同时也承担部分农民远程教育工作。

远程教育培训平台开通后,教学网站访问总量累计超过5524万人次,交互性栏目月访问超过120万人次。各站点在网上课堂点播和直播学习培训达1000余万人次。其作用主要表现为:一是丰富了基层农民培训的内容和手段,为基层学习搭建了高效平台。到2014年年底全市16个区县182个乡镇3934个村和140个街道、2654个社区共计6911个远程教育站点,覆盖了所有的村和社区;注册用户数4.1万个,规模效应越来越显著。目前,该平台已经上传教学资源9300个,丰富的教学资源和便捷的学习形式,为基层学习提供了全面而权威的教学资源库,极大地提高培训效率。

二是实现了资源共建共享,为丰富城乡群众精神文化生活构建了开放课堂。整合了全市24家单位政治、科技、教育、文化、卫生等信息资源,既满足了基层多层次的信息需求,又提高了资源利用效率。北京长城网上丰富的文艺戏曲、卫生保健、文明礼仪、科普等视频资源构建了开放的文化课堂,丰富了基层集体活动的形式和内容,推动了乡风文明、和谐社区建设。

二、未来农业信息化发展趋势

未来,北京市农业信息化的发展前景有五大趋势。

一是向农业信息的应用化方向发展,主要是为了解决科技的最后一公里问题而发展的,诸如:农民远程教育、农业信息网站、农业微信、热线服务电话等。2014年以来,北京市农林科学院信息所面向京郊及全国各地从事农业生产的农户、农企员工、协会成员、合作组织成员以及基层科技人员等开展扎实培训和咨询服务。除现场咨询外,还集成了包括手机 APP、网络电话、微信、QQ 群、微博、博客、专家在线答疑、双向视频、语音电话 9 种服务渠道,可同时满足使用手机、电话、电脑等不同终端用户的需求,提高了农业科技服务的质量与效率。据不完全统计,2014 年上半年应用 9 种方式集成服务达到 1500 万人次以上,覆盖了全国 32 个省区市。

二是农业生产的可视化,即将农业生产过程用可视化的程序体现出来。市农林科学院农业信息研究中心和信息所在可视化方面已取得了较大的进展。

三是农业生产过程的精准化,即研究农业生产过程的施肥、灌溉、喷药、平整土地等农业生产过程的精准化。

四是农业生产过程的自动化控制,比如自动灌溉、自动传感等设备。

五是农业生产产前、产中和产后的机械化、智能化,即发展小型机械和小型职能设备,把生产过程智能化、机械化,减少劳动强度和劳动量的投入。

(作者简介:郭建强,男,北京市农林科学院院长办公室,博士)

2014 年北京市互联网络发展状况

第一节 北京市网民规模与结构

一、网民规模

(一) 总体网民规模

截至 2014 年 12 月,北京市网民规模达 1593 万人,互联网普及率为 75.3%,与 2013 年北京市互联网普及率(75.2%)基本持平,高出全国平均水平 27.4 个百分点, 继续稳居全国各省互联网普及率的首位。随着北京市网民普及率的逐渐饱和,网民 规模的增长速度也将逐步放缓。2014 年,北京市网民规模年增长率仅为 2.4%,增长 速度有所下降,未来与其他各省网民规模的差异也将进一步缩减(见附图 1)。

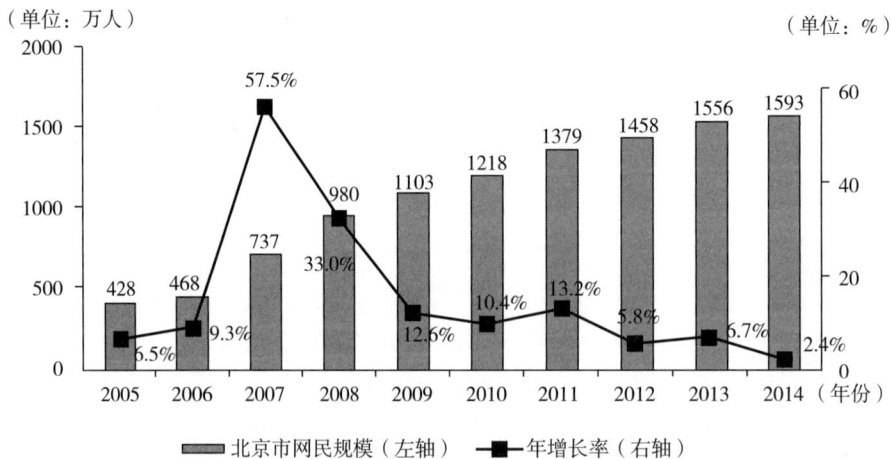

(单位:万人)　　　　　　　　　　　　　　　　　　　　　　　(单位:%)

附图 1　2005—2014 年北京网民规模和增长率

资料来源:CNCC,中国互联网络发展状况统计调查。

（二）手机网民规模

截至 2014 年 12 月，北京市手机网民规模达 1412 万人，在总体网民中占比为 88.6%，较 2013 年增加了 176 万人。2014 年，随着无线网络的发展、智能手机的普及和各类生活应用的推广，北京市手机网民规模发展迅速，北京市网民中手机上网的比例得到较大提升，由 2013 年低于全国平均水平提升至 2014 年的高于全国平均水平 2.8 个百分点。

为进一步了解北京市网民规模的发展状况，就 2014 年北京网民规模增速与全国进行对比分析，发现北京市网民规模增速低于全国平均水平，手机网民规模增速则高于全国平均水平。此外，2014 年北京手机网民规模增加了 176 万，网民规模仅增加了 37 万（见附图 2）。可见，2014 年北京市网民发展重点在于向手机端的迁移，促使移动互联网进一步普及与发展。

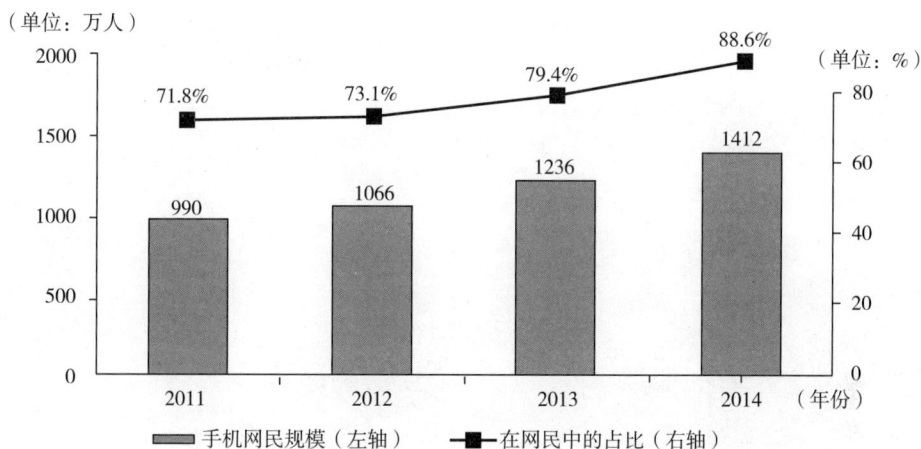

附图 2　2011—2014 年北京手机上网网民规模

资料来源：CNCC，中国互联网络发展状况统计调查。

（三）农村网民规模

截至 2014 年 12 月，北京市网民中农村网民占比 15.5%，规模达 247 万。2014 年，北京市农村网民的占比相比 2013 年降低了 2 个百分点，且低于全国农村网民占比的平均水平（见附图 3、附图 4）。随着城镇化、旧村改造和新型农村社区建设步伐的加快，北京农村地区人口逐步转为城市人口，导致农村网民在北京网民中的占比有所下降。

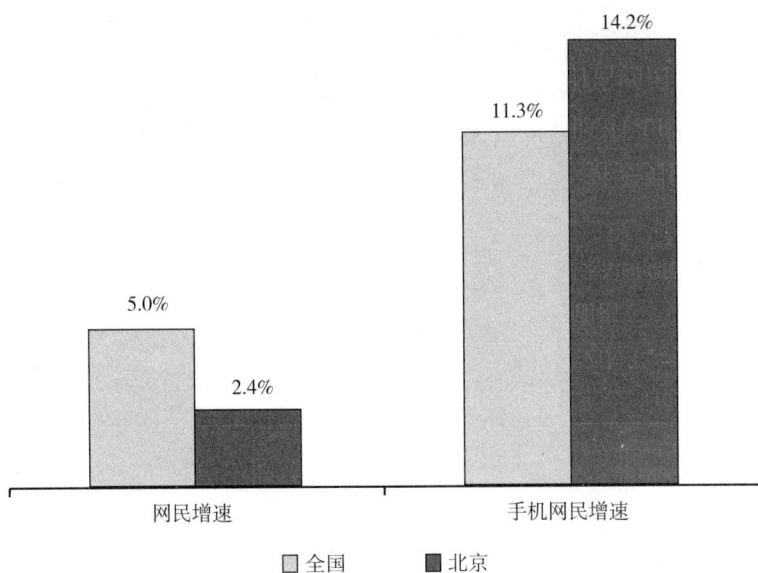

附图 3　2014 年北京与全国网民规模增速对比

资料来源:CNCC,中国互联网络发展状况统计调查。

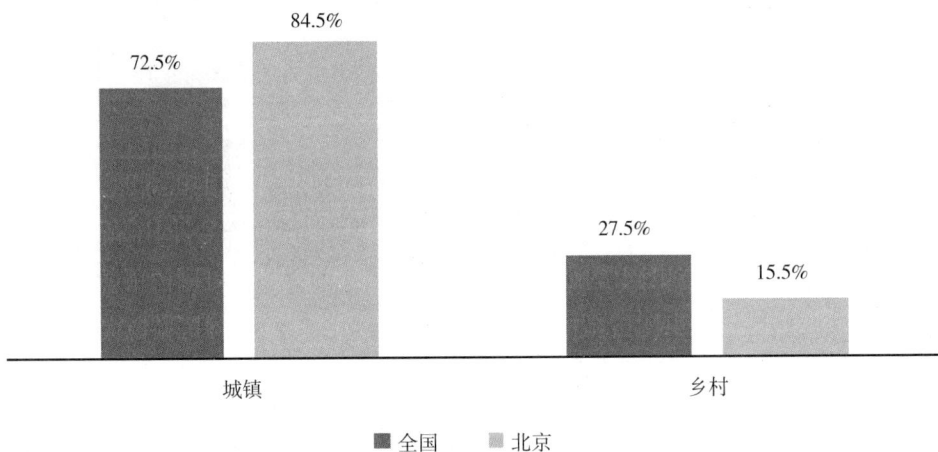

附图 4　2014 年北京网民城乡结构

资料来源:CNCC,中国互联网络发展状况统计调查。

二、北京市网民特征

（一）网民性别结构

北京市网民的性别差异大于全国平均水平。截至 2014 年 12 月,北京市网民的男女比例为 57. 7∶42. 3,和 2013 年基本保持一致(见附图 5)。

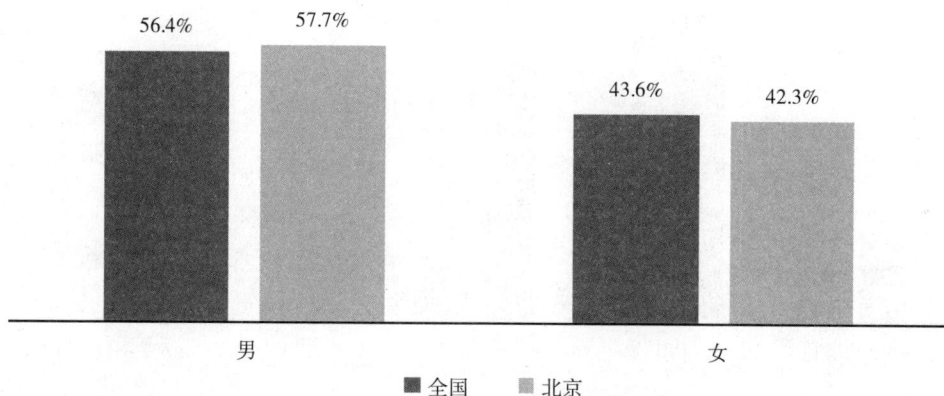

附图5　北京市与全国网民性别结构对比

资料来源：CNCC,中国互联网络发展状况统计调查。

（二）网民年龄结构

相比全国,北京市网民更为成熟,20 岁以上各年龄段的网民比例明显高于全国平均水平。其中,50 岁以上网民比例比全国平均水平高出 7.8 个百分点。而 20 岁以下的网民比例比全国平均水平低 12.3 个百分点,为 12.2%(见附图6)。

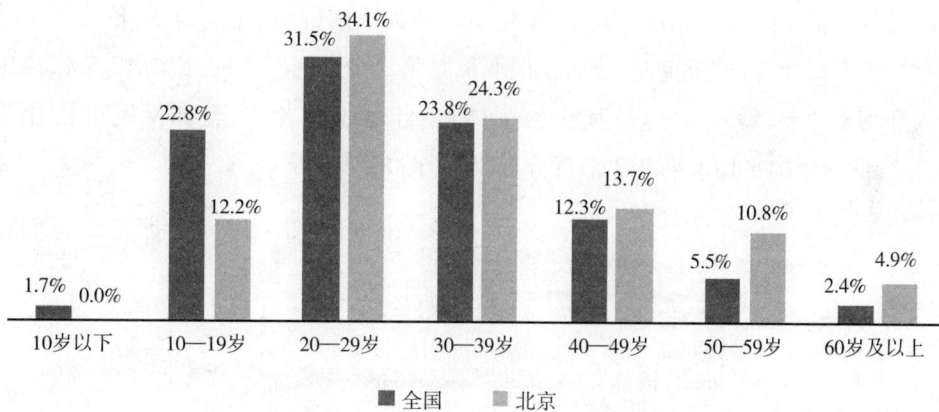

附图6　北京市与全国网民年龄结构对比

资料来源：CNCC,中国互联网络发展状况统计调查。

（三）网民学历结构

北京网民的学历水平相对较高,大专及以上学历的网民比例为 43.7%,比全国平均水平高出 22.3 个百分点。而高中/中专/技校及以下学历网民群体占比低于全国平均水平,其中初中学历用户比例较全国平均水平低 13.2%,为 23.6%(见附图7)。

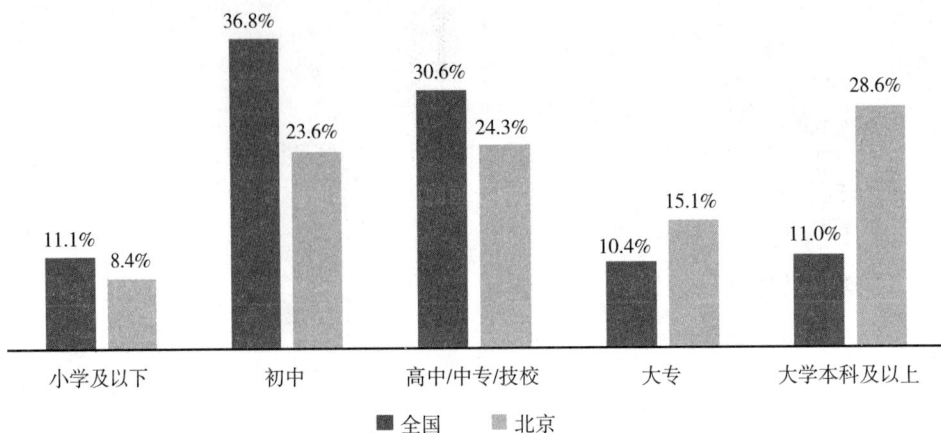

附图7 北京市与全国网民学历结构对比

资料来源:CNCC,中国互联网络发展状况统计调查。

就全国而言,初中学历网民群体占比最高,为36.8%,而在北京则是大学本科及以上学历网民群体占比最高,为28.6%。

（四）网民职业结构

与全国网民职业分布一致,学生、公司/企业一般职工及个体户/自由职业者是北京网民分布最多的三类职业。其中,学生是第一大上网群体,比例为21.8%,低于全国平均水平2个百分点;企业/公司一般职员是第二大上网群体,占比为17.7%,高出全国平均水平3.5个百分点;其次为个体户/自由职业者,在整体网民中占比为15.1%,低于全国平均水平7.2个百分点(见附图8)。

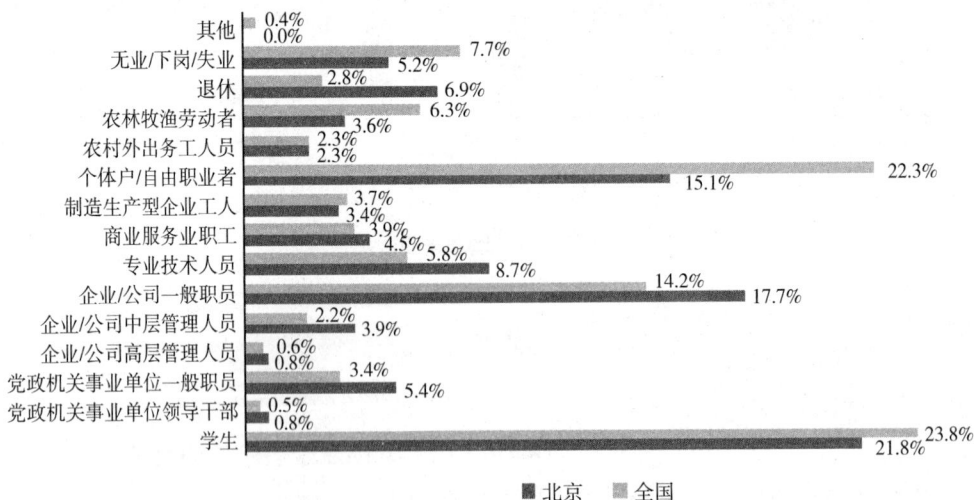

附图8 北京市与全国网民职业结构对比

资料来源:CNCC,中国互联网络发展状况统计调查。

（五）网民收入分布

北京市网民收入水平高于全国平均水平,2000元以上各收入段的网民比例均高于全国水平。其中,北京市网民中收入在3001—5000元的群体为最大用户群,比例为26.1%,高出全国平均水平5.9个百分点。北京市网民中500元以下及无收入者占比为9.8%,比全国低7.6个百分点(见附图9)。

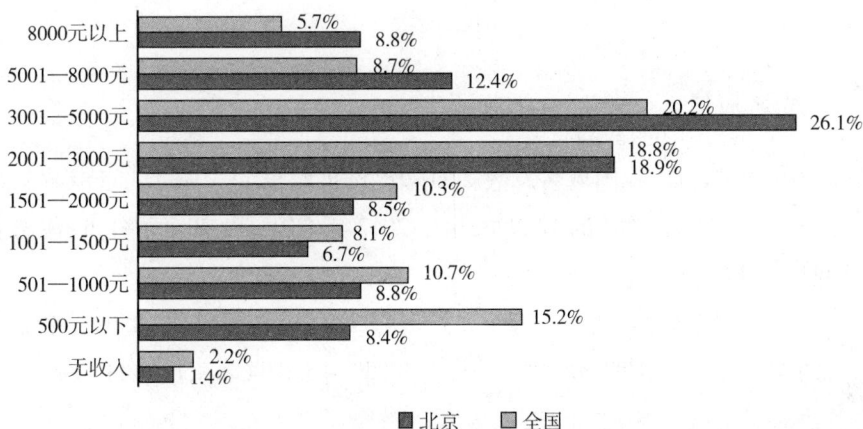

附图9　北京市与全国网民收入结构对比

资料来源:CNCC,中国互联网络发展状况统计调查。

第二节　北京市互联网资源概况

2014年,北京市互联网基础资源发展良好,稳居全国领先地位。IPv4地址数、网站个数和域名拥有量均保持增长态势,排名前列,分别为第一、第二和第三。

互联网基础资源是互联网稳定运行的基础,也是构建互联网可信生态环境的关键,北京市丰富的互联网基础资源为北京市互联网的全面发展提供了有力保障。

一、IP地址数量

截至2014年12月,北京市IPv4地址总数为8526万个,占全国IPv4地址总数的25.68%,在全国排名第一(见附表1)。

随着世界IPv4地址的逐渐发放完毕,IPv4地址数也将逐渐保持稳定。面对移动互联网、物联网和云计算等对IP地址具有海量需求的新兴业务,尽快向IPv6过渡和迁移成为重点,北京市也在逐步加大对IPv6投入以进一步满足日益增多的终端和移动应用的发展。

附表1　2012—2014年北京市互联网基础资源对比

	2013年	2014年	年增长率（%）
IPv4（万个）	8472	8526	0.6
域名（万个）	186	265	42.5
CN域名（万个）	81	121	49.4
网站（万个）	44	46	4.5

二、域名数量

截至2014年12月，我国域名总数2060万个，年增长11.7%。北京市域名总数为265万个，占全国域名总数的12.9%，相比2013年上升了1.8个百分点，位居全国第三位（见附表1）。

北京市".CN"域名总数为121万个，占全国".CN"域名总数的10.9%，占北京市域名总数的45.7%。".中国"域名为3万，占全国".中国"域名总数的11.8%，占北京市域名总数的1.3%。

三、网站数量

截至2014年12月底，北京市网站数为46万个，占全国网站总数13.6%，北京市网站数较去年底增长了4.5%（见附表1）。

第三节　个人互联网应用状况

一、北京市网民上网方式

（一）上网时长

截至2014年12月，北京市网民的每周上网平均时长为30.1小时，比全国平均水平高4个小时。较长的上网时长，说明北京市网民对互联网使用黏度较大（见附图10）。

（二）上网地点

2014年，北京网民在各地点上网的比例与2013年基本持平，且与全国平均水平基本保持一致。其中，在家中接入互联网的比例依然最高，高达90.3%，和全国水平基本相同（见附图11）。

在单位和公共场所的互联网接入比例明显高于全国水平，分别高出13.8和4.8

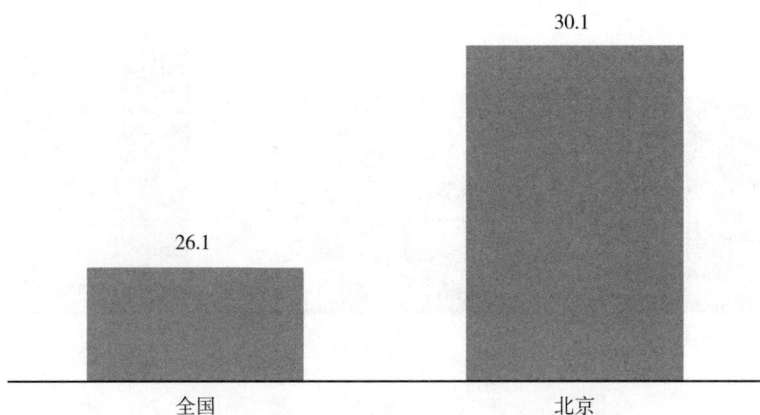

附图 10　北京市与全国网民每周上网时间对比
资料来源：CNCC，中国互联网络发展状况统计调查。

个百分点，说明北京市公共网络建设较好和企业互联网使用水平较高。

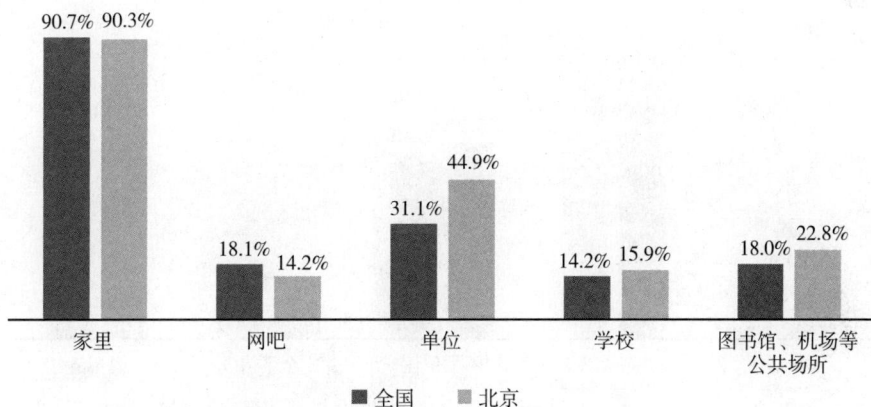

附图 11　北京市与全国网民上网地点对比
资料来源：CNCC，中国互联网络发展状况统计调查。

（三）上网设备

手机成为北京网民上网的主流设备，使用比例远高于电脑等设备，且手机使用比例继续保持快速增长。截至 2014 年年底，北京市网民使用手机上网的比例高达 88.6%，较 2013 年年底提高了 9.2 个百分点，且高于全国平均水平（见附图 12）。

二、北京市网民互联网态度

（一）网络信任

网络信任是社会信任的重要组成部分，也是电子商务、交流沟通等深层网络应用

85.8%　88.6%

70.8%　67.8%

60.9%

43.2%

台式电脑　　　　　　　笔记本电脑　　　　　　　手机

■ 全国　■ 北京

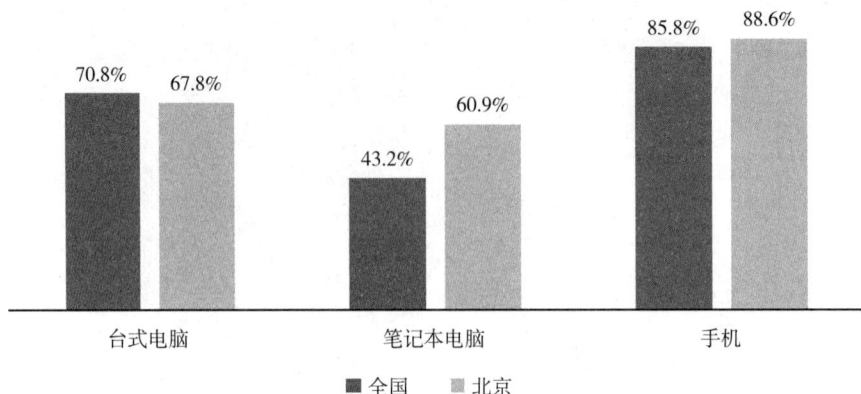

附图 12　北京市与全国网民上网设备对比

资料来源:CNCC,中国互联网络发展状况统计调查。

发展的基础。2014 年,北京市网民中有 55.4%表示对互联网信任,略高于全国平均
水平(见附图 13)。

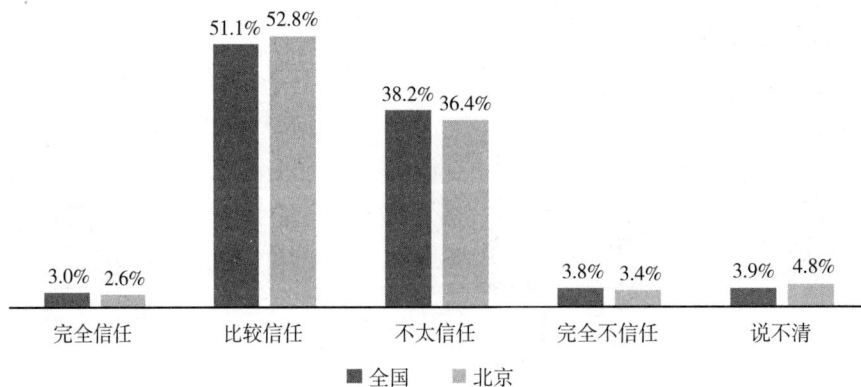

51.1% 52.8%

38.2% 36.4%

3.0% 2.6%

3.8% 3.4%　　3.9% 4.8%

完全信任　　比较信任　　不太信任　　完全不信任　　说不清

■ 全国　■ 北京

附图 13　北京市与全国网民互联网信任对比

资料来源:CNCC,中国互联网络发展状况统计调查。

(二) 网络分享

互联网降低了沟通和交易的成本,也营造了互惠分享的网络空间,促使越来越多
网民习惯通过网络进行分享。根据调查,2014 年,近 60.0%的北京网民对于在互联
网上分享行为持积极态度,和全国网民分享意愿基本一致。其中,非常愿意的占
15.0%,比较愿意的占 44.2%(见附图 14)。

(三) 网络评论

网络空间给广大网民提供了平等、快捷表达自己意见的方式。近年来,我国政府
也积极倡导、引导网络参政议政,广大网民通过互联网通道评论时事、反映民生、建言

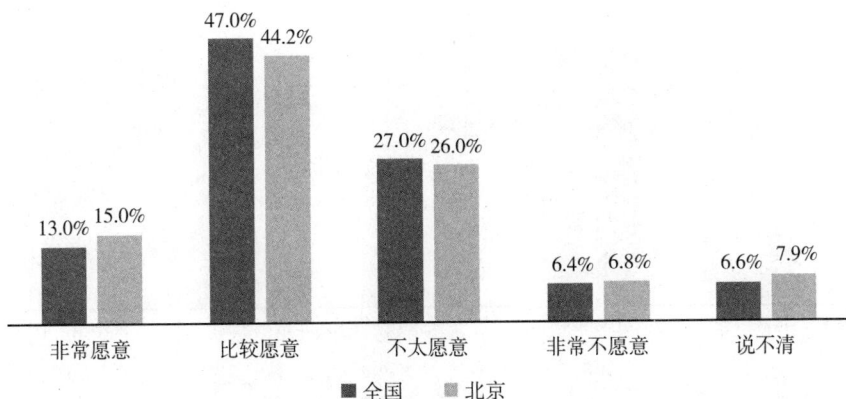

附图14　北京市与全国网民分享意愿对比

资料来源:CNCC,中国互联网络发展状况统计调查。

献策,网络已经成为推进社会主义民主政治建设的重要力量。但相比全国网民网络评论意愿,北京网民网络评论意愿相对较低,41.3%网民喜欢在互联网上发表言论,低于全国2.5个百分点,从侧面反映北京网民在互联网上的言论相对更为谨慎,评论程度相对更低(见附图15)。

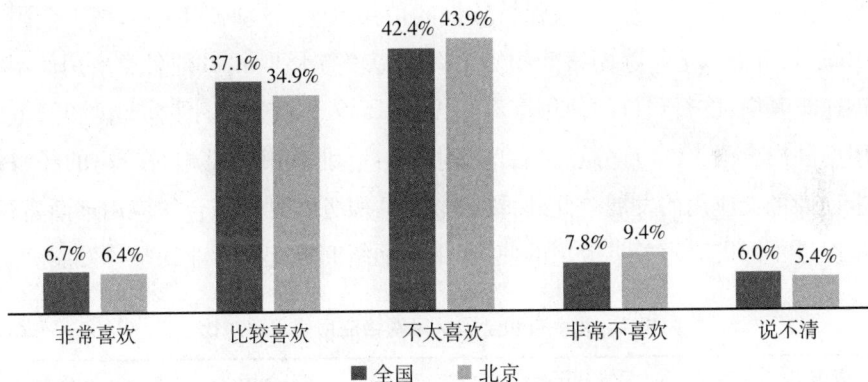

附图15　北京市与全国网民评论意愿对比

资料来源:CNCC,中国互联网络发展状况统计调查。

（四）网络依赖

随着各类网络应用的快速发展,互联网对人们生活的渗透作用进一步加大,已经成为网民日常生活的重要组成部分,网民对互联网的依赖程度也越来越高。根据调查,北京市网民中有57.5%的用户认为自身依赖互联网,比全国水平高出4.4个百分点。其中,非常依赖的比例为16.2%,高出全国水平3.7个百分点(见附图16)。

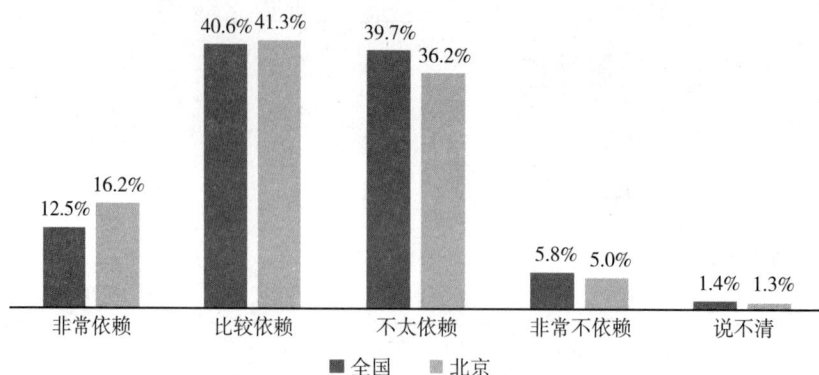

附图16　北京市与全国网民对互联网的依赖程度对比

资料来源：CNCC，中国互联网络发展状况统计调查。

三、北京市网民网络应用情况

（一）概述

北京市互联网各应用发展良好，除博客/个人空间和网络游戏外，各项应用的使用率均高于全国平均水平。

北京市网民商务类应用一直保持较好的使用水平，各项使用率均高于全国平均水平10个百分点以上。除网络购物使用率保持较高水平外，其他各类应用使用率也增长迅速。其中，旅行预订的使用率高出全国15.9个百分点，网上支付和网上银行的使用率高出全国12个百分点左右（见附表2）。北京市网民相对较高的经济水平直接带动商务类应用的发展。此外，更多和生活服务信息相结合的应用逐渐盛行，也进一步促进了网民对商务类应用的使用，带动网络商务交易行业的整体发展。

附表2　北京市和全国网民网络应用使用率对比　　　　　　　　　　（单位：%）

网络应用		北京	全国	差异
信息获取	搜索引擎	86.0	80.5	5.5
	网络新闻	88.8	80.0	8.8
交流沟通	即时通信	91.6	90.6	1.0
	博客/个人空间	69.3	72.0	-2.7
	电子邮件	54.4	38.8	15.6
	微博	42.0	38.4	3.6
	论坛/BBS	25.0	19.9	5.1

续表

网络应用		北京	全国	差异
网络娱乐	网络音乐	76.5	73.7	2.8
	网络视频	75.1	66.7	8.4
	网络游戏	55.0	56.4	-1.4
	网络文学	52.5	45.3	7.2
商务交易	网络购物	66.5	55.7	10.8
	网上支付	59.2	46.9	12.3
	网上银行	56.4	43.5	12.9
	旅行预订	50.1	34.2	15.9
	团购	37.1	26.6	10.5

（二）信息获取类网络应用

截至 2014 年 12 月,北京市网民的搜索引擎使用率为 86.0%,高出全国平均水平 5.5 个百分点。网络新闻使用率为 88.8%,高出全国平均水平 8.8 个百分点(见附图 17)。北京市网民较高搜索引擎和网络新闻的使用率说明北京市网民对信息获取类应用需求较高。北京网民高学历、高收入水平和年龄较大等群体特点,是新闻类等信息应用使用较高的重要原因。

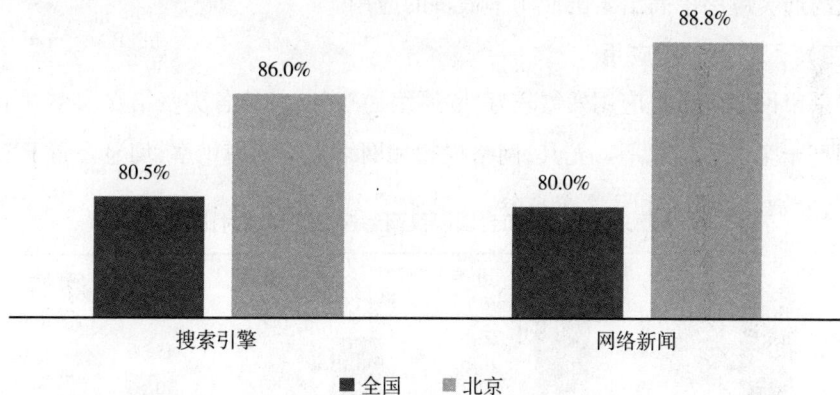

附图 17　北京市与全国网民信息获取类应用的使用对比

资料来源:CNCC,中国互联网络发展状况统计调查。

（三）交流沟通类网络应用

北京市网民对交流沟通类网络应用的使用较高,除博客/个人空间外,其他各类交流沟通类应用的使用均高于全国平均水平。

截至 2014 年 12 月,北京网民中即时通信的使用率为 91.6%,是使用率最高的互联网应用,高出全国平均水平1.0个百分点。伴随着智能手机的不断普及和网络环境的完善,即时通信作为互联网基础应用保持增长趋势,且不断从单一的通信工具变成社交、支付、游戏和O2O等应用的综合平台,凸显巨大的商业价值。

在交流沟通类网络应用中,北京市网民的博客/个人空间使用率为69.3%,低于全国平均水平2.7个百分点(见附图18)。

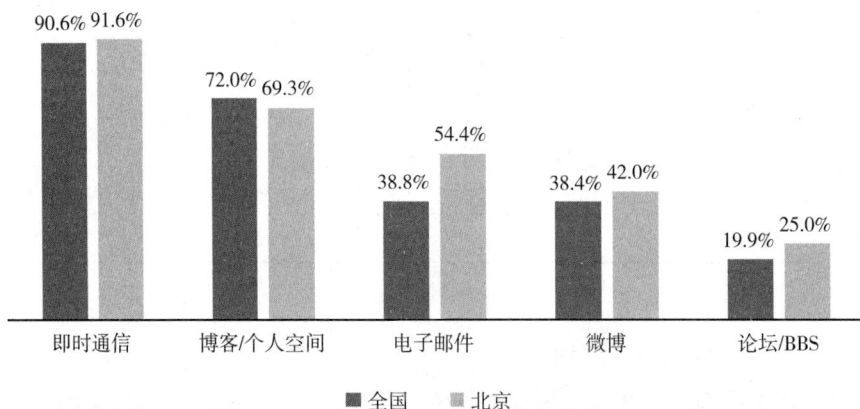

附图18 北京市与全国网民交流沟通类网络应用的使用对比

资料来源:CNCC,中国互联网络发展状况统计调查。

北京网民的电子邮件使用率为54.4%,高出全国平均水平15.6个百分点,是所有交流沟通类应用中高出全国使用率最多的应用。

(四) 网络娱乐类应用

北京市网络娱乐类应用发展较好,除网络游戏外,其他各类网络娱乐类应用的使用率均高于全国平均水平。尤其,网络视频和网络文学的使用率,均显著高于全国平均水平,分别高出8.4和7.2个百分点(见附图19)。

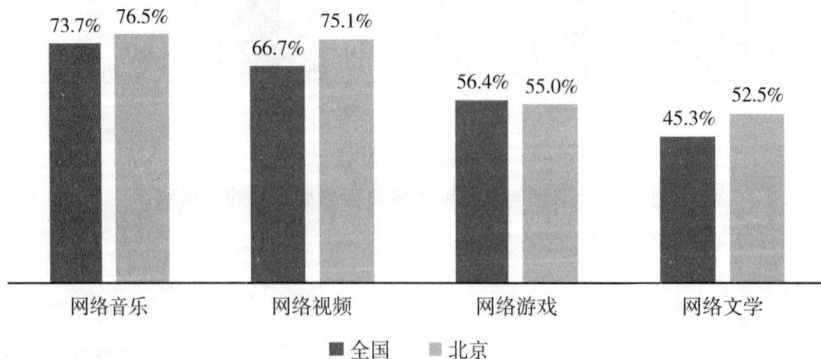

附图19 北京市与全国网民网络娱乐类应用的使用对比

资料来源:CNCC,中国互联网络发展状况统计调查。

但相比 2013 年来看,北京市网民在网络音乐、网络视频、网络游戏的使用上,均有所下降,网络娱乐属性逐渐向其他网络应用属性迁移和转化。

(五) 商务交易类应用

2014 年,北京市商务交易类应用发展态势良好,各类应用的使用率均高于全国平均水平,且均高于去年同期水平。其中,网络购物的使用率最高,旅行预订的增长最快。

截至 2014 年年底,北京市网民网络购物的使用率为 66.5%,是所有商务类应用中使用率最高的应用。网络购物的快速发展,带动商务交易类应用的整体提升(见附图 20)。

2014 年,旅行预订发展迅速,是商务交易类应用年增长最显著的应用,也是高出全国使用率平均水平最多的。北京市网民旅行预订的使用率为 50.1%,相比 2013 年增长了 13.2 个百分点,年增长率达 35.8%。随着各国对中国免签和延长签证时间等政策的发布,旅行需求激发,促进了在线旅行预订的快速增长,而北京市网民较高的收入水平也为旅行提供了较好的保障。

虽然团购在北京市网民商务类应用中的使用最低,使用率为 37.1%,但相比 2013 年增长了 8.2 个百分点,增长率为 28.4%,是第二大使用率增长最快的互联网应用。2014 年,团购和手机端的进一步融合,向电影票、KTV 等细分领域纵深发展并结合 LBS 向 O2O 深化转型,直接带动团购服务的快速发展。

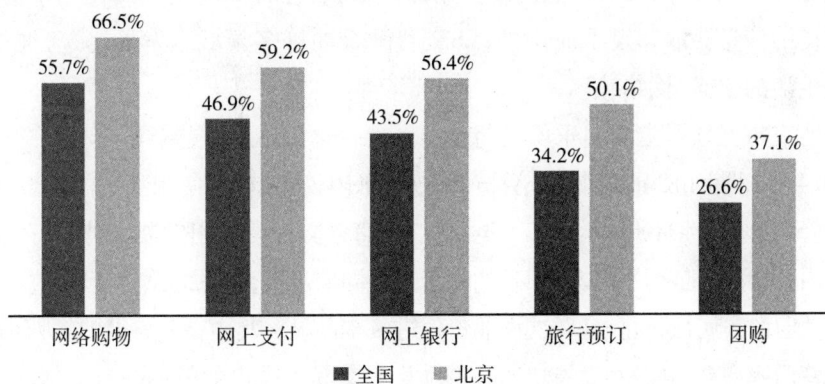

附图 20　北京市与全国网民商务交易类应用的使用对比

资料来源:CNCC,中国互联网络发展状况统计调查。

第四节　北京市互联网发展状况总结及建议

一、总结

1.北京市网民规模增长放缓,手机网民规模发展迅速

截至 2014 年 12 月,北京市网民规模达 1593 万人,互联网普及率为 75.3%,与 2013 年北京市互联网普及率(75.2%)基本持平。随着北京市网民普及率的逐渐饱和,网民规模的增长速度也将逐步放缓,2014 年,北京市网民规模年增长率仅为 2.4%,增长速度有所下降。

截至 2014 年 12 月,我国手机网民规模达 1412 万,在总体网民中占比为 88.6%,较 2013 年增加了 176 万人。2014 年,随着无线网络的发展、智能手机的普及和各类生活应用的推广,北京市手机网民规模发展迅速,北京市网民中手机上网的比例得到较大提升,由 2013 年低于全国平均水平提升至 2014 年的高于全国平均水平 2.8 个百分点。

2.北京市互联网发展从广到深,网民生活全面网络化

北京市网民对互联网的使用深度加大,互联网对网民生活的渗透程度也进一步加大。截至 2014 年 12 月,北京市网民每周人均上网时长达 30.1 小时,比全国平均水平高出 4 个小时。较长的上网时长,说明北京市网民对互联网使用黏度较大。除去上网时长,北京市网民对互联网的使用深度加大,在各类应用上的使用率均较高。除了传统的信息获取和娱乐应用外,LBS、移动金融等多领域也发展迅速,推动北京市网民生活的全面"网络化"。

3.北京市互联网应用娱乐属性向商务属性转化

2014 年,北京市网民在网络音乐、网络视频、网络游戏的使用上,相比 2013 年均有所下降,娱乐属性有所减弱;2014 年,北京市商务交易类应用发展态势良好,各类应用的使用率均高于全国平均水平,且均高于去年同期水平,可见北京市互联网应用正从娱乐属性向商务属性转化,互联网商业价值进一步凸显。其中,网络购物是所有商务类应用中使用率最高的应用,发展快速并带动商务交易类应用的整体提升。网民旅行预订的使用率为 50.1%,相比 2013 年增长了 13.2 个百分点,年增长率达 35.8%,是商务交易类应用年增长最显著的应用,也是高出全国使用率平均水平最多的应用。

二、建议

1.加强网络基础设施建设,支撑互联网应用发展

2013 年 8 月 1 日,国务院印发《"宽带中国"战略及实施方案》,指出宽带是我国经济社会发展的战略性公共基础设施。2014 年,"宽带中国专项行动"持续开展,进一步推动了互联网宽带的建设和普及。宽带建设的不断加强,将推动网民规模的增长以及网络应用的深化,对互联网技术发展和应用创新起到重要的支撑作用。

此外,2014 年中国 4G 商用进程全面启动,根据工信部发布的《通信业经济运行情况》显示,截至 12 月,中国 4G 用户总数达 9728.4 万户,在网民增长放缓背景下,4G 网络的推广带动更多人上网;鼓励运营商继续推广"固网宽带+移动通信"模式的产品,通过互联网 OTT 业务和传统电信业务的组合优惠,以吸引用户接入固定互联网和移动互联网,为网民提供快速便捷的高速宽带网络,促进北京市互联网各项应用的发展。

2. 加强网络安全建设,维护网络信息安全

2014 年,网络安全被提升至新的高度,政府更加重视互联网安全,中央网络安全和信息化领导小组于 2 月份成立,旨在全力打造安全上网环境、投入更多资源开展互联网治理工作,消除网民上网顾虑。网络安全的维护,需要政府、企业、网民三方面群策群力,政府应不断创新网络安全监管机制和管理方法,坚持依法治理,努力为网民营造安全、稳定、可靠的网络环境;企业应不断提升网络安全建设,避免用户个人信息泄露,加大对网民信息的保护力度;网民应不断增强自我安全意识,营造网络安全人人有责、人人维护网络安全的网民意识。

3. 着力 O2O 行业发展,促进线上线下产业融合

根据报告可见北京市网民具有较高的消费能力、较好的互联网应用水平和较强的互联网基础资源,为 O2O 发展奠定了坚实的基础。而 O2O 通过互联网整合线上线下资源,可以推动线上经济和线下经济的协同发展,促进整体经济的快速发展,不仅给互联网新兴行业也给传统行业带来更多的发展机会。

目前,在北京市餐饮、休闲、租车等业务布局已逐步展开,具有较高的用户渗透率,未来,应加大 O2O 扶持力度,拓展至更广的服务领域,尤其加大医疗、教育和家政等的投入,促进线上线下产业的进一步融合。

策划编辑:郑海燕

责任编辑:张　燕

封面设计:肖　辉

责任校对:吕　飞

图书在版编目(CIP)数据

首都互联网发展报告(2015)/佟力强 主编. -北京:人民出版社,2016.1

ISBN 978 - 7 - 01 - 015549 - 4

Ⅰ.①首…　Ⅱ.①佟…　Ⅲ.①互联网络-调查报告-北京市-2015　Ⅳ.①TP393.4

中国版本图书馆 CIP 数据核字(2015)第 284603 号

首都互联网发展报告(2015)

SHOUDU HULIANWANG FAZHAN BAOGAO(2015)

佟力强　主编

人民出版社 出版发行

(100706　北京市东城区隆福寺街 99 号)

北京中科印刷有限公司印刷　新华书店经销

2016 年 1 月第 1 版　2016 年 1 月北京第 1 次印刷

开本:787 毫米×1092 毫米 1/16　印张:20.75

字数:394 千字

ISBN 978 - 7 - 01 - 015549 - 4　定价:55.00 元

邮购地址 100706　北京市东城区隆福寺街 99 号

人民东方图书销售中心　电话 (010)65250042　65289539